高职高专"十二五"规划教材

液压与气压传动系统及维修

主编　刘德彬　杨莉华
主审　蒋祖信　华建慧

北　京

冶金工业出版社

2020

内 容 提 要

本书共分 6 个学习情境。主要内容包括：学习情境 1 液压传动技术认知，主要讲解液压传动工作原理、液压系统组成、流体力学基础；学习情境 2 液压技术技能训练，主要讲解液压阀的结构、工作原理、特点、应用，以及液压基本回路应用、安装调试；学习情境 3 典型液压系统阅读及故障诊断，主要讲解典型液压系统的阅读、故障诊断方法步骤、常见故障及排除、故障诊断实例；学习情境 4 液压技术参考知识与应用，主要讲解液压泵、液压执行元件、液压辅助元件的结构原理、特点、应用，液压系统的使用维护与管理；学习情境 5 液压技能提升，主要讲解液压系统设计方法步骤以及设计范例；学习情境 6 气压传动技术技能训练，主要讲解气压元件结构原理、气动基本回路及安装调试等。

本书为高职高专院校机械制造及自动化专业、机电一体化专业的教学用书，也可供相关专业的师生和技术人员参考阅读。

图书在版编目(CIP)数据

液压与气压传动系统及维修/刘德彬，杨莉华主编 . —北京：冶金工业出版社，2015.7（2020.1 重印）

高职高专"十二五"规划教材

ISBN 978-7-5024-6978-8

Ⅰ.①液…　Ⅱ.①刘…　②杨…　Ⅲ.①液压传动—维修—高等职业教育—教材　②气压传动—维修—高等职业教育—教材　Ⅳ.①TH137　②TH138

中国版本图书馆 CIP 数据核字（2015）第 158089 号

出 版 人　陈玉千
地　　址　北京市东城区嵩祝院北巷 39 号　邮编　100009　电话　(010)64027926
网　　址　www. cnmip. com. cn　电子信箱　yjcbs@ cnmip. com. cn
责任编辑　俞跃春　杜婷婷　美术编辑　彭子赫　版式设计　葛新霞
责任校对　石　静　责任印制　李玉山
ISBN 978-7-5024-6978-8
冶金工业出版社出版发行；各地新华书店经销；北京印刷一厂印刷
2015 年 7 月第 1 版，2020 年 1 月第 5 次印刷
787mm×1092mm　1/16；16.5 印张；397 千字；255 页
43.00 元

冶金工业出版社　投稿电话　(010)64027932　投稿信箱　tougao@ cnmip. com. cn
冶金工业出版社营销中心　电话　(010)64044283　传真　(010)64027893
冶金工业出版社天猫旗舰店　yjgycbs. tmall. com
（本书如有印装质量问题，本社营销中心负责退换）

前 言

"液压与气压传动系统及维修"是机械制造及自动化专业、机电一体化专业的一门专业必修课，是以学生职业能力培养和职业素养养成为重点的一门集理论、实践一体化的课程。课程教学体系基于理实一体化构建，整个教学体系着眼于以技术应用为主、以能力培养为核心的高职高专人才培养目标；以强化实践教学、加强基本技能与综合素质培养为切入点，突破以课堂教学为主的传统教学模式，采用理论与实践的互动、教师与学生的互动教学模式。在教、学、做过程中，将理论有机地贯穿于实践教学过程中，让理论知识与实际应用一一对应，使学生掌握必要的理论知识、实践技能，能够对液压及气压系统进行分析、安装、调试及维护，具备分析排除液压及气压系统故障的能力，具备对液压及气压系统更新改造的能力。

本书内容遵循循序渐进的认识规律，整个学习过程是遵循从"初学者到行家"的职业成长规律来确定学习情境的。全书共6个学习情境：学习情境1为液压传动技术认知、学习情境2为液压技术技能训练、学习情境3为典型液压系统阅读及故障诊断、学习情境4为液压技术参考知识与应用、学习情境5为液压技能提升以及学习情境6为气压传动技术技能训练。

本书由四川机电职业技术学院刘德彬副教授、杨莉华副教授担任主编，四川机电职业技术学院蒋祖信、华建慧副教授担任主审。参加本书编写工作的有四川机电职业技术学院焦莉（编写学习情境1、2）、杨莉华（编写学习情境3、4）、刘德彬（编写学习情境5、6），攀钢轨梁厂的高级技师李强、攀钢冷轧厂的液压点检员邹跃云在编写过程中提出了宝贵的建议和意见，并收集整理提供工厂现场资料，全书由刘德彬统稿。在编写过程中参考了多种相关书籍、资料，在此，对各参考书的编者表示由衷的感谢。

本书配套的教学课件读者可从冶金工业出版社官网（http://www.cnmip.com.cn）教学服务栏目中下载。

由于编者水平所限，书中不妥之处，诚请读者和专家给予批评指正。

编 者
2015 年 3 月

目 录

学习情境 1　液压传动技术认知

任务 1.1　液压传动技术概况

【任务描述】

通过对液压传动知识的介绍，了解液压发展的概况，通过对液压传动的工作原理的讲解，液压传动知识的介绍，要求掌握千斤顶液压系统的工作原理，了解液压传动在机械中的应用。

【学习及素养目标】

(1) 掌握液压传动的工作原理。
(2) 掌握千斤顶的液压传动的工作过程及原理。
(3) 掌握液压传动系统的组成。
(4) 具备团队意识、诚信品质、敬业精神、遵纪守法意识、文明礼貌生产素质。

【所需知识】

1.1.1　液压传动系统的工作原理

从 18 世纪末英国制成世界上第一台水压机算起，液压传动技术已有二三百年的历史。直到 20 世纪 30 年代它才较普遍地用于起重机、机床及工程机械。在第二次世界大战期间，由于战争需要，出现了由响应迅速、精度高的液压控制机构所装备的各种军事武器。第二次世界大战结束后，战后液压技术迅速转向民用工业，液压技术不断应用于各种自动机及自动生产线。

20 世纪 60 年代以后，液压技术随着原子能、空间技术、计算机技术的发展而迅速发展。因此，液压传动真正的发展也只是近三四十年的事。当前液压技术正向迅速、高压、大功率、高效、低噪声、经久耐用、高度集成化的方向发展。同时，新型液压元件和液压系统的计算机辅助设计（CAD）、计算机辅助测试（CAT）、计算机直接控制（CDC）、机电一体化技术、可靠性技术等方面也是当前液压传动及控制技术发展和研究的方向。

我国的液压技术最初应用于机床和锻压设备上，后来又用于拖拉机和工程机械。现在，我国的液压元件随着从国外引进一些液压元件、生产技术以及进行自行设计，现已形成了系列，并在各种机械设备上得到了广泛的使用。

机械的传动方式：

一切机械都有其相应的传动机构，借助于它达到对动力的传递和控制的目的。

机械传动——通过齿轮、齿条、蜗轮、蜗杆等机件直接把动力传送到执行机构的传递方式。

电气传动——利用电力设备，通过调节电参数来传递或控制动力的传动方式。

流体传动——如图 1-1 所示。

图 1-1　流体传动

液压传动是指用液体作为工作介质，借助液体的压力能进行能量传递和控制的一种传动形式。利用各种元件可组成不同功能的基本控制回路，若干基本控制回路再经过有机组合，就可以成为具有一定控制机能的液压传动系统。

液压传动的工作原理可用图 1-2 所示的液压千斤顶的工作原理来说明。

图 1-2（a）中的大液压缸 6 和活塞 7 为执行元件，小液压缸 3 和活塞 2 为动力元件，活塞与缸保持非常良好的配合。活塞能在缸内自如滑动，配合面之间又能实现可靠的密封。单向阀 4、5 保证油液在管路中单向流动，截止阀 9 控制所在管路的通断状态。

千斤顶工作原理如下：截止阀 9 关闭，上提杠杆 1 时，活塞 2 就被带动向上移动。活塞下端密封腔容积增大，造成腔内压力下降，形成局部负压（真空）。此时单向阀 5 将所在管路阻断，油箱 10 中的油液在大气压力作用下推开单向阀 4 沿吸油管进入小缸下腔，吸油过程完成。接着下压杠杆 1，活塞 2 向下移动，下端密封腔容积减小，造成腔内压力升高。

此时单向阀 4 将吸油管路阻断，单向阀 5 则被正向推开，小缸下腔的压力油经连通管路挤入大液压缸 6 的下腔，迫使活塞 7 向上移动，从而推动重物 8 上行。如此反复提压杠杆 1，就能不断将油液压入大液压缸 6 的下腔，迫使活塞 7 不断向上移动，使重物逐渐升起，达到起重的目的。

由此可见，液压传动是通过密闭容器的容积变化，依靠流动液体的压力能来进行能量的转换、传递和控制的。为了便于问题的分析，将液压千斤顶简化为连通器，如图 1-2（b）所示。并假设：

（1）忽略活塞质量力和活塞与液压缸间的摩擦力，不考虑液体流动时的阻力损失；

（2）认为液压缸密封良好，没有泄漏；

（3）液体是不可压缩的。

1.1.1.1　动力学分析

由图 1-2 可见，在大活塞上有外负载力 W，如果在小活塞上作用一个主动力 F 而使连通器处于平衡时，则有：

图 1-2　液压传动工作原理

（a）液压千斤顶工作原理；（b）连通器工作原理

1—杠杆；2，7—活塞；3—小液压缸；4，5—单向阀；6—大液压缸；8—重物；9—截止阀；10—油箱

$$p = \frac{W}{A}$$

根据"帕斯卡"定理，可得：

$$p = \frac{W}{A} = \frac{F}{a} \tag{1-1}$$

或

$$W = \frac{A}{a}F$$

式中，p 为连通器内的液体压力，Pa；A 为大活塞作用面积，m^2；a 为小活塞作用面积，m^2。

由上述分析不难看出，在液压传动系统中，力（或力矩）的传递是靠液体压力来实现的，这就是液压传动的第一个工作特性。同时，液压传动系统本身又是一个力的放大系统，就是一个小小的千斤顶为什么能顶起几吨重物体的实质，在液压传动系统中，系统压力决定于外界负载，这是液压系统一个最重要的概念。

1.1.1.2　运动学分析

由图 1-2 还可看出，当小活塞在主动力 F 作用下向下运动一段距离 h_1 时，小液压缸排出油液的体积应为 $V = ah_1$。若小液压缸排出的油液全部进入大液压缸中，推动大活塞向上运动，其上升距离为 h_2，于是有：

$$V = ah_1 = Ah_2 \tag{1-2}$$

设两活塞的移动时间为 t，可得：

$$Q = \frac{V}{t} = av_1 = Av_2$$

或

$$v_2 = \frac{a}{A}v_1$$

式中　　Q ——流量，指单位时间内流过某截面的液体体积量，m^3/s；

　　　　v_1 ——小活塞的下降速度，m/s；

　　　　v_2 ——大活塞的上升速度，m/s。

由此可以看出，在液压传动系统中速度（或转速）的传递是按液体的"容积变化相等"原则来进行的，这就是液压传动的第二个工作特性。同时还可看出，液压传动系统的输出速度决定于液压缸的流量，这是液压传动的另一个重要概念。并且，只要连续调节进入液压缸的流量就可以连续改变液压系统的输出速度，这就是液压传动系统可以实现无级调速的实质。

1.1.1.3　液压功率

根据前面的动力学分析和运动学分析，液压千斤顶大活塞的输出功率 P_2 为：

$$P_2 = W \cdot v_2 = p \cdot A \cdot \frac{Q}{A} = pQ \qquad (1-3)$$

在液压传动系统中，系统压力 p（N/m^2）和流量 Q（m^3/s）的乘积表示功率 P（N·m/s 或 W），该功率被称为液压功率，它表示液压系统做功的能力。

1.1.2　液压传动系统的组成及液压系统符号

图 1-3（a）所示为一简化的液压传动系统，其工作原理如下。

液压泵 3 由电动机驱动旋转，从油箱 1 经过滤油器 2 吸油。当换向阀 5 的阀芯处于图示位置时，压力油经节流阀 4、换向阀 5 和管道 9 进入液压缸 7 的左腔，推动活塞向右运动。液压缸右腔的油液经管道 6、换向阀 5 和管道 10 流回油箱。改变换向阀 5 阀芯的位置使之处于左端时，液压缸活塞将反向运动。

改变流量控制节流阀 4 的开口大小，可以改变进入液压缸的流量，从而控制液压缸活塞的运动速度。液压泵排出的多余油液经溢流阀 11 和管道 12 流回油箱。液压缸的工作压力取决于负载。液压泵的最大工作压力由溢流阀 11 调定，其调定值应为液压缸的最大工作压力及系统中油液经阀和管道的压力损失之总和。因此，系统的工作压力不会超过溢流阀的调定值。溢流阀对系统还起着过载保护作用。

由上述例子可以看出液压传动系统除了工作介质（液压油）外，主要由四大部分组成：

（1）动力元件——液压泵。它将机械能转换成压力能，向系统提供压力油。

（2）执行元件——液压缸或液压马达。它将压力能转换成机械能，推动负载做功。

（3）控制元件——液压阀（流量、压力、方向控制阀等）。它们对系统中油液的压力、流量和流向进行控制和调节。

（4）辅助元件——系统中除上述三部分以外的其他元件，如油箱、管路、滤油器、蓄能器、管接头、压力表等。由这些元件把各部分连接起来，以支持系统的正常工作。

图 1-3（a）所示液压系统中，各元件以结构符号表示，所构成的系统原理图直观性强，容易理解，但图形复杂，绘制困难。工程实际中均采用元件的标准职能符号绘制液压系统原理图。职能符号仅表示元件的功能，不表示元件的具体结构及参数。图 1-3（b）为采用标准职能符号绘制的液压系统工作原理图，简称液压系统图。

图 1-3 液压传动系统工作原理

(a) 原理图；(b) 符号图

1—油箱；2—滤油器；3—液压泵；4—节流阀；5—换向阀；6，9，10，12—管道；

7—液压缸；8—工作台；11—溢流阀

1.1.3 液压传动系统的优缺点

液压传动的主要优点：

（1）能够方便地实现无级调速，调速范围大。

（2）与机械传动和电气传动相比，在相同功率情况下，液压传动系统的体积较小，质量轻，承载能力大。

（3）工作平稳，换向冲击小，便于实现频繁换向。

（4）便于实现过载保护，而且工作油液能使传动零件实现自润滑因此使用寿命较长。

（5）操纵简单，便于实现自动化，特别是和电气控制联合使用时，易于实现复杂的自动工作循环。

（6）液压元件实现了系列化、标准化和通用化，易于设计、制造和推广应用。

液压传动的主要缺点：

（1）液压传动中不可避免地会出现泄漏，并且液体也不是绝对不可压缩，故无法保证严格的传动比。

（2）液压传动有较多的能量损失（泄漏损失、摩擦损失等），故传动效率不高，不宜作远距离输送。

（3）液压传动对油温的变化比较敏感，不宜在很高或很低的温度下工作。

（4）液压传动出现故障时不易找出原因。

【任务实施】　液压系统工作原理演示

（1）任务实施目的：

通过液压千斤顶工作演示，掌握液压系统工作原理。

（2）任务实施要求：

图 1-4 所示是液压千斤顶的工作原理图。大油缸 9 和大活塞 8 组成举升液压缸。杠杆手柄 1、小油缸 2、小活塞 3、单向阀 4 和 7 组成手动液压泵。如提起手柄使小活塞向上移动，小活塞下端油腔容积增大，形成局部真空，这时单向阀 4 打开，通过吸油管 5 从油箱 12 中吸油；用力压下手柄，小活塞下移，小活塞下腔压力升高，单向阀 4 关闭，单向阀 7 打开，下腔的油液经管道 6 输入举升油缸 9 的下腔，迫使大活塞 8 向上移动，顶起重物。再次提起手柄吸油时，单向阀 7 自动关闭，使油液不能倒流，从而保证了重物不会自行下落。不断地往复扳动手柄，就能不断地把油液压入举升缸下腔，使重物逐渐地升起。如果打开截止阀 11，举升缸下腔的油液通过管道 10、截止阀 11 流回油箱，重物就向下移动。这就是液压千斤顶的工作原理。

图 1-4　液压千斤顶工作原理

1—杠杆手柄；2—小油缸；3—小活塞；4，7—单向阀；5—吸油管；
6，10—管道；8—大活塞；9—大油缸；11—截止阀；12—油箱

通过对上面液压千斤顶工作过程的分析，可以初步了解到液压传动的基本工作原理。液压传动是利用有压力的油液作为传递动力的工作介质。压下杠杆时，小油缸 2 输出压力油，是将机械能转换成油液的压力能，压力油经过管道 6 及单向阀 7，推动大活塞 8 举起重物，是将油液的压力能又转换成机械能。大活塞 8 举升的速度取决于单位时间内流入大油缸 9 中油容积的多少。由此可见，液压传动是一个不同能量的转换过程。

（3）任务实施步骤：

1）对照液压千斤顶工作原理图，学习并了解其结构和工作原理。

2）拆装液压千斤顶，掌握其结构和工作原理。

3）对液压千斤顶进行实际工作演示。

任务1.2　流体力学基础

【任务描述】

学习并了解液压油的物理性质，掌握流体静力学和动力学基础知识，了解液压系统能量损失的原因和计算、流体流经孔口及缝隙流量的计算，掌握空穴现象和液压冲击形成的原因、危害和措施。

【学习及素养目标】

(1) 掌握液压油的物理性质。
(2) 掌握流体静压力和静力学方程。
(3) 了解流体动力学基本概念，掌握连续性方程和伯努利方程。
(4) 掌握流体流经孔口及缝隙流量的计算。
(5) 掌握空穴现象和液压冲击形成的原因、危害和措施。

【所需知识】

1.2.1　基本概念

在液压传动系统中，液压介质担负着转换、传递、控制能量的重要作用。同时，液压介质对系统中液压元件的相对运动表面具有润滑作用，以减少摩擦磨损，延长元件的使用寿命。此外，液压介质具有防锈、冷却、清洗和密封等功用。在能量传递过程中，液压介质的运动规律和介质本身的物理特性有关，因此，首先介绍液压介质的主要物理性质。

1.2.1.1　密度和重度

A　密度

对于均质液体，单位体积内液体的质量称为该液体的密度，以 ρ 表示：

$$\rho = \frac{M}{V} \tag{1-4}$$

式中，M 为液体质量，kg；V 为液体体积，m^3。

各种常见液压介质的密度见表1-1。

表 1-1　介质密度　　　　　　　　(kg/m^3)

介质种类	矿物型液压油	水包油乳化液	油包水乳化液	水乙二醇液压液	磷酸酯液压液
ρ	850~960	990~1000	910~960	1030~1080	1120~1200

液体密度的法定计量单位为 kg/m^3。液体密度随温度变化而变化，但因其变化极其微小，因而在液压传动系统中，通常把液体密度看成常数。

B　重度

对于均质液体，单位体积内液体的重量称为该液体的重度，以 γ 表示：

$$\gamma = \frac{W}{V} \tag{1-5}$$

式中　W——液体重量，N。

液体重度的单位为 N/m³。

由于 $W = gM$，所以液体重度和密度具有如下关系：

$$\gamma = g\rho$$

1.2.1.2　黏性

液体在外力作用下在圆形管道内流动时，由于液体和管壁间的附着力，液体分子间的内聚力的作用，会产生阻碍液体分子相对运动的内摩擦力，其速度分布如图 1-5 所示。因此，液体在其质点间作相对运动时产生阻力的性质称为液体的黏性。液体只有在流动时才会显现黏性，静止液体是不显示黏性的。液体黏性只能延缓、阻碍液体内部的相对运动，但却不能消除这种运动。流动液体黏性的大小，可用黏度表示。

图 1-5　圆管中速度分布

A　黏度种类

黏度是衡量流动液体黏性大小的物理量。我国常用的黏度种类有动力黏度、运动黏度和恩氏黏度。

a　动力黏度

根据牛顿对流动液体内摩擦力的试验研究证明，两层液体间的内摩擦力 F 大小与液体层间的接触面积 A 成正比，与速度梯度 dv/dy 成正比，且与液体性质有关。可表示为

$$F = \mu A \frac{dv}{dy}$$

式中，μ 为液体的动力黏度（或称黏性动力系数），Pa·s；A 为液体层间的接触面积，m²；dv/dy 为速度梯度，s⁻¹。

将上式变换成：

$$\mu = \frac{\tau}{dv/dy} \tag{1-6}$$

式中，τ 为切应力，即液体层间单位面积上的内摩擦力，Pa。

式（1-6）称为牛顿黏性定律，它对牛顿液体和非牛顿液体都是适用的。牛顿液体是指速度梯度变化时，μ 值不变的液体；凡速度梯度变化时，μ 值发生变化的液体称为非牛顿液。由式（1-5）可以看出，流动液体的动力黏度具有明确的物理意义，它表示液体在单位速度梯度下流动时，单位面积上产生的内摩擦力。

b　运动黏度

液体动力黏度与其同温度下密度的比值，称为液体的运动黏度，以 ν 表示：

$$\nu = \frac{\mu}{\rho} \tag{1-7}$$

运动黏度 ν 的法定计量单位为 m²/s。它没有什么物理意义，只因在液压系统的理论分析和计算中经常遇到动力黏度 μ 和密度 ρ 的比值，所以才定义了运动黏度。之所以称为运动黏度，是因为在其量纲（L^2/T）中，只含有长度 L 和时间 T 两个基本量。

通常，我国矿物油均以其在 40℃ 时以 mm^2/s 为单位的运动黏度的平均值来定义其牌号的，如 L-HM46，表示为 N46 号抗磨液压油。在 40°C 时，其运动黏度的平均值为：$46mm^2/s$（黏度范围为 $41.4 \sim 50.6mm^2/s$）。

c　恩氏黏度

恩氏黏度是指被测液体在某一测定温度下，依靠自重从恩氏黏度计的 $\phi 2.8mm$ 测定管中流出 $200cm^3$ 所需时间 t_1 与 20°C 时同体积蒸馏水流出时间 t_2 的比值。用符号 $°E$ 表示：

$$°E = \frac{t_1}{t_2} \tag{1-8}$$

式中　t_2——黏度计的水值，标准恩氏黏度计的水值应等于（51 ± 1）s。

恩氏黏度与运动黏度的换算关系为：

$$\nu = \left(7.31°E - \frac{6.31}{°E}\right) \times 10^{-6}$$

B　黏-温特性

液压介质黏度对温度变化十分敏感。通常，介质黏度随着温度的升高而降低，液压介质黏度随温度变化而变化的程度称为液压介质的黏-温特性，不同种类的液压介质，其黏-温特性也不同。

各种液压介质的黏-温图如图 1-6 所示。

图 1-6　液压介质黏-温图

1—普通液压油；2—高黏度指数液压油；3—油包水乳化液；4—水-乙二醇液压液；5—磷酸酯液压液

C　黏-压特性

当系统压力升高时，液压介质分子间的距离缩小，分子引力增加，因而介质黏度随压力增大。

当系统压力小于 5MPa 时，由压力变化引起的黏度变化很小，因而可以认为黏度为常量。研究表明，各种液压介质的黏度均随压力升高而增大，但不同种类的液压介质，黏度的增加幅度不同。

1.2.2　流体静力学基础

液压传动是以液体作为工作介质进行能量传递的，因此要研究液体处于相对平衡状态下的力学规律及其实际应用。相对平衡是指液体内部各质点间没有相对运动，至于液体本身完全可以和容器一起如同刚体一样做各种运动。因此，液体在相对平衡状态下不呈现黏性，不存在切应力，只有法向的压应力，即静压力。本节主要讨论液体的平衡规律和压强分布规律以及液体对物体壁面的作用力。

1.2.2.1　液体静压力及其特性

作用在液体上的力有两种类型：一种是质量力；另一种是表面力。

质量力作用在液体所有质点上，它的大小与质量成正比，属于这种力的有重力、惯性力等。单位质量液体受到的质量力称为单位质量力，在数值上等于重力加速度。

表面力作用于所研究液体的表面上，如法向力、切向力。表面力可以是其他物体（如活塞、大气层）作用在液体上的力，也可以是一部分液体作用在另一部分液体上的力。对于液体整体来说，其他物体作用在液体上的力属于外力，而液体间作用力属于内力。由于理想液体质点间的内聚力很小，液体不能抵抗拉力或切向力，即使是微小的拉力或切向力都会使液体发生流动。因为静止液体不存在质点间的相对运动，也就不存在拉力或切向力，所以静止液体只能承受压力。

静压力是指静止液体单位面积上所受的法向力，用 p 表示。

若在面积 A 上均匀作用着法向作用力 F，则压力 p 可表示为：

$$p = \frac{F}{A} \tag{1-9}$$

如果已知某点附近 ΔA 面积上作用有 ΔF 的法向力，则该点的压力可定义为：

$$p = \lim_{\Delta A \to 0} \frac{\Delta F}{\Delta A} \tag{1-10}$$

静压力具有下述两个重要特征：

（1）液体静压力垂直于作用面，其方向与该面的内法线方向一致。

（2）静止液体中，任何一点所受到的各方向的静压力都相等。

1.2.2.2　液体静力学方程

静止液体内部受力情况可用图 1-7 来说明。设容器中装满液体，在任意一点 A 处取一微小面积 $\mathrm{d}A$，该点距液面深度为 h，距坐标原点高度为 Z，容器液平面距坐标原点 Z_0。为了求得任意一点 A 的压力，可取 $\mathrm{d}A \cdot h$ 这个液柱为分离体，如图 1-7（b）所示。根据静压力的特性，作用于这个液柱上的力在各方向都呈平衡，现求各作用力在 Z 方向的平衡方程。微小液柱顶面上的作用力为 $p_0 \mathrm{d}A$（方向向下），液柱本身的重力 G（方向向下），液柱底面对液柱的作用力为 $p \mathrm{d}A$（方向向上），则平衡方程为：

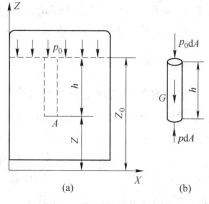

$$p\mathrm{d}A = p_0\mathrm{d}A + \rho gh\mathrm{d}A \qquad (1\text{-}11)$$

式中，$\rho gh\mathrm{d}A$ 为圆柱体的重力 G。

简化后得：

$$p = p_0 + \rho gh \qquad (1\text{-}12)$$

式（1-12）即为液体静压力基本方程。由方程可以看出：

图 1-7　静压力的分布规律

（a）分布规律；（b）受力图

（1）静止液体中任一点的压力均由两部分组成，即液面上的表面压力 p_0 和液体自重引起的对该点的压力 ρgh。当液面上只受大气压 p_a 作用时，距液体表面深度为 h 的任一点的压力为：

$$p = p_a + \rho gh \qquad (1\text{-}13)$$

（2）静止液体内的压力随液体距液面的深度变化呈线性规律分布。

（3）在同一深度上各点的压力相等，压力相等的所有点组成的面为等压面，很显然，在重力作用下静止液体的等压面为一个平面。

1.2.2.3　压力的表示方法及单位

液压系统中的压力就是指压强，液体压力通常有绝对压力、相对压力（表压力）、真空度三种表示方法。

（1）绝对压力。以绝对真空为基准进行度量而得到的压力称为绝对压力。

（2）相对压力。以大气压为基准进行度量而得到的压力称为相对压力。压力表表示的压力实际就是相对压力，因此相对压力也称表压力。

（3）绝对压力与相对压力间的关系。绝对压力与相对压力间的关系可用图 1-8 表示。由图可以看出：

相对压力 = 绝对压力 – 大气压

（4）真空度。当系统压力低于大气压时，系统的相对压力为负值，称这时的系统有了真空。比大气压低的那部分压力数值叫做真空度。由图 1-8 可以看出：

图 1-8　绝对压力与表压力的关系

真空度 = – 相对压力 = 大气压 – 绝对压力

在国际单位制（SI）中，压力的单位是 Pa（帕斯卡，简称为帕，$1\mathrm{Pa} = 1\mathrm{N/m^2}$）。在液压技术中，一般认为这个单位太小，为了方便起见，常用 MPa（兆帕）来表示。

$$1\mathrm{MPa} = 10^6\mathrm{Pa}$$

国际上惯用的压力单位还有 bar（巴），我国过去在工程上还常采用 $\mathrm{kgf/cm^2}$、工程大气压（at）、水柱高、汞柱高等单位来表示压力的单位。它们之间的换算关系如下：

$1\mathrm{bar} = 10^5\mathrm{Pa} = 0.1\mathrm{MPa}$；$1\mathrm{at}$（工程大气压）$= 1\mathrm{kgf/cm^2} = 9.8 \times 10^4\mathrm{Pa}$；$1\mathrm{mH_2O}$（米

水柱）＝ 9.8×10^3 Pa；1mmHg（毫米汞柱）＝ 1.33×10^2 Pa。

在本书中，没有特殊说明，压力单位一律采用法定计量单位 Pa 或 MPa。

1.2.2.4　帕斯卡原理

密封容器内的静止液体，当边界上的压力 p_0 发生变化时，如增加 Δp，则容器内任意一点的压力将增加同一数值 Δp。也就是说，在密封容器内施加于静止液体任一点的压力将以等值传到液体各点。这就是帕斯卡原理或静压传递原理。

在液压传动系统中，通常是外力产生的压力要比液体自重所产生的压力大得多。因此可把式（1-11）中的 $\rho g h$ 项略去，而认为静止液体内部各点的压力处处相等。

根据帕斯卡原理和静压力的特性，液压传动不仅可以进行力的传递，而且还能将力放大和改变力的方向。图 1-9 所示是应用帕斯卡原理推导压力与负载关系的实例。图中垂直液压缸（负载缸）的截面积为 A_1，水平液压缸截面积为 A_2，两

图 1-9　静压传递原理应用实例

个活塞上的外作用力分别为 F_1、F_2，则缸内压力分别为 $p_1 = F_1 / A_1$、$p_2 = F_2 / A_2$。由于两缸充满液体且互相连接，根据帕斯卡原理有 $p_1 = p_2$。因此有：

$$F_2 = \frac{A_2}{A_1} F_1 \tag{1-14}$$

式（1-14）表明，只要 A_1 / A_2 足够大，用很小的力 F_1 就可产生很大的力 F_2。液压千斤顶和水压机就是按此原理制成的。

如果垂直液压缸的活塞上没有负载，即 $F_1 = 0$，则当略去活塞重量及其他阻力时，不论怎样推动水平液压缸的活塞也不能在液体中形成压力。这说明液压系统中的压力是由外界负载决定的，这是液压传动的一个基本概念。

1.2.2.5　液压静压力对固体壁面的作用力

由前所述，如不考虑油液自重产生的那部分压力，压力是均匀分布的，且垂直作用于承压面上。

（1）作用在平面上的静压力。当液体静压力作用的固体表面是一平面，如图 1-10 所示的液压缸活塞的承压面，其作用面积为 A，平面上各点的静压力不仅大小相等，方向也相同。很明显，静压力在平面上的总作用力等于液体的静压力 p 与承压面积 A 的乘积。即方向为承压面的法线方向。

$$F = pA \tag{1-15}$$

（2）作用在曲面上的静压力。当液体静压力作用的固体表面是一曲面，如图 1-11（b）所示锥阀芯表面，作用在曲面上各点液体的静压力虽然大小相等，但方向并不相同，为曲面各点的内法线方向。可以证明，静压力作用在曲面某一方向，如 x 方向上的总作用力 F_x 等于压力 p 与曲面在该方向投影面积 A_x 的乘积。

$$F_x = pA_x = p\frac{\pi d^2}{4} \tag{1-16}$$

以上结论对于任何曲面都是适用的。也就是说，只要压力相等，曲面在该方向的投影面积相等，则静压力在曲面该方向上的总作用力就相等，与曲面的形状无关。如图 1-11 所示，虽然球阀芯与锥阀芯的形状不同，但只要它们的压力相等，轴向投影面积相等，其静压的轴向总作用力就相等。

图 1-10　作用在平面壁上的力

图 1-11　作用在曲面壁上的力
（a）球面；（b）锥面

1.2.3　流体动力学基础

在液压传动系统中，液压油总在不断流动，因此要研究液体在外力作用下的运动规律及作用在流体上的力及这些力和流体运动特性之间的关系。对液压流体力学我们只关心和研究平均作用力和运动之间的关系。本节主要讨论三个基本方程式即液流的连续性方程、伯努利方程和动量方程。

1.2.3.1　基本概念

A　理想液体与实际液体

实际液体是有黏性的，而且有一定的压缩性。研究液体流动规律必须考虑液体这些性质的影响。但在考虑液体的这些性质后，往往会使问题变得很复杂。因此在开始分析问题时，可以先假设液体是没有黏性和压缩性的，这样做可以给研究问题带来很大的方便，也突出了主要问题。然后再考虑黏性和压缩性的作用，并用实验验证等方法对理想化的结论进行补充和修正。一般将既没有黏性又没有压缩性的假想液体称为理想液体，而将既有黏性又有压缩性的液体称为实际液体。

B　稳定流动和非稳定流动

液体流动时，若通过空间某一点处的压力、速度和密度均不随时间变化，就称液体做稳定流动（或称定常流动）。反之，若压力、速度或密度中有一个量是随时间变化的，则称液体做非稳定流动（或称时变流动）。

1.2.3.2　连续性方程——流动液体的质量守恒定律

质量守恒是自然界的客观规律，不可压缩液体的流动过程也遵守质量守恒定律。液体在管道内流动时，如果是稳定流动，则在单位时间内通过各个断面的液体质量是相等的，也就是通过各个断面的流量相等。

图 1-12 所示的管道中，1—1 处的断面面积为 A_1，流动速度为 v_1，液体密度为 ρ_1；在 2—2 处的断面面积为 A_2，流动速度为 v_2，液体密度为 ρ_2。根据质量守恒定律，有：

图 1-12　连续方程

$$\rho_1 v_1 A_1 = \rho_2 v_2 A_2 \qquad (1\text{-}17)$$

由于假设液体为理想液体，无压缩性，故液体的密度 ρ 为常数，即 $\rho_1 = \rho_2$，且通流截面是任取的，所以对于管道中的任意截面，有：

$$A_1 v_1 = A_2 v_2 = Q = 常数 \qquad (1\text{-}18)$$

式（1-18）就是流动液体的连续性方程。它说明理想液体在管道中作稳定流动式，任意截面处的液体流量均相等。

式（1-18）还可以改写成如下形式：

$$\frac{v_1}{v_2} = \frac{A_2}{A_1} \qquad (1\text{-}19)$$

式（1-19）表明，理想液体在管道中作稳定流动时，各截面处液体的流速与其通流截面积成反比。当流量一定时，管道细处流速大，管道粗处流速小。

1.2.3.3　伯努利方程

流动液体的伯努利方程是研究液体运动时的能量转换关系的，液体在流动过程中，其能量转换遵循能量守恒定律。

图 1-13 所示为理想液体流动管流的一部分，管道各处的截面积大小和高低位置都不相同。设管道里的液流做恒定流动。取 1、2 两段液体作控制体积进行分析。这时在 1、2 截面上必须加上控制体积外液体对其的作用力 F_1、F_2。假定在极短的时间 $\mathrm{d}t$ 内，控制体积中液体从 12 位置移动到 $1'2'$ 位置。由于移动距离很小，所以在 1 到 $1'$，2 到 $2'$ 这两小段范围内，断面面积、压力、流速和高度都可以近似认为是不变的。

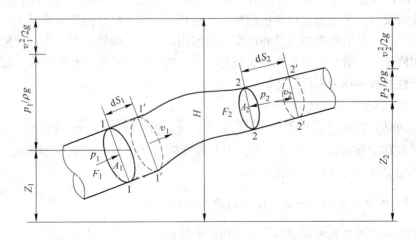

图 1-13　伯努利方程

设 11′、22′ 的断面面积分别为 A_1、A_2，压力分别为 p_1、p_2，平均流速分别为 v_1、v_2，位置高度分别为 Z_1、Z_2。

1、2 两段液体所受的控制体积外液体对其的作用力 F_1 和 F_2，就是 1、2 两个端面上所受到的液体压力的作用力。

在 1、2 端面上的压力作用分别为：

$$F_1 = p_1 A_1$$
$$F_2 = p_2 A_2$$

由于 F_1（推动力）和 F_2（阻力）方向相反，所以由 F_1 和 F_2 作用所做的功为：

$$W = F_1 v_1 \mathrm{d}t - F_2 v_2 \mathrm{d}t = P_1 A_1 v_1 \mathrm{d}t - P_2 A_2 v_2 \mathrm{d}t$$

由液体的连续性原理有：

$$A_1 v_1 = A_2 v_2$$

或

$$A_1 v_1 \mathrm{d}t = A_2 v_2 \mathrm{d}t = \Delta V$$

故得外力作用对控制体积液体所做的功：

$$W = (p_1 - p_2)\Delta V$$

式中，ΔV 为 11′、22′ 液体的体积，m^3。

由于是恒定流动，因此当液体从 12 位置流动到 1′2′ 位置时，1′2′ 段液体的压力、速度与密度等参数都不会发生变化，能量也不会发生变化。控制体积中有能量变化的仅是 11′ 段液体与 22′ 段液体，它们的流速发生了变化，也就是说它们的动能有了变化。

11′ 段、22′ 段液体的动能 E_1、E_2 分别为：

$$E_1 = \frac{1}{2} m_1 v_1^2$$

$$E_2 = \frac{1}{2} m_2 v_2^2$$

式中，m_1、m_2 为 11′、22′ 段液体质量，kg，且 $m_1 = m_2 = m$。

动能变化为：

$$E_2 - E_1 = \frac{1}{2} m v_2^2 - \frac{1}{2} m v_1^2$$

由于液体位置高度的变化，将引起液体势能的改变，即

$$E_3 = mg(Z_2 - Z_1)$$

由以上计算，根据能量守恒定律，外力对控制体所做的功等于控制体机械能的增量，故有：

$$(p_1 - p_2)\Delta V = \left(\frac{1}{2} m v_2^2 - \frac{1}{2} m v_1^2 \right) + mg(Z_2 - Z_1)$$

或

$$p_1 \Delta V + \frac{1}{2} m v_1^2 + mg Z_1 = p_2 \Delta V + \frac{1}{2} m v_2^2 + mg Z_2$$

两边除以 mg，可得单位质量液体的能量守恒方程式：

$$\frac{p_1}{\rho g} + \frac{v_1^2}{2g} + Z_1 = \frac{p_2}{\rho g} + \frac{v_2^2}{2g} + Z_2 = 常数 \tag{1-20}$$

对于任意截面：

$$\frac{p}{\rho g} + \frac{v^2}{2g} + Z = 常数 \tag{1-21}$$

式（1-20）与式（1-21）就是理想液体的伯努利方程，它表明当理想液体在管内作稳定流动时，任意截面处的理想液体均具有三种形式的能量，及压力能、动能、势能。而且三种能量可以相互转换，但总和不变，这就是理想液体的伯努利方程的物理意义。因而，伯努利方程就是能量守恒定律在液体力学中的表达式。

上面已经说过，Z 代表了管道某截面中心处液体质点距离基准面的垂直高度，其量纲为长度 L，通常称为"位置水头"。

$\frac{p}{\rho g}$ 的量纲为

$$\frac{p}{\rho g} = \frac{F/L^2}{F/L^3} = L$$

这又是一个高度，它表示了测压管中液面距离该截面中心的高度，被称为"压力水头"。

$\frac{v^2}{2g}$ 的量纲为

$$\frac{v^2}{2g} = \frac{(L/T)^2}{L/T^2} = L$$

显然，这还是一个高度，它表示液体以速度 v 向上喷射的高度，称为"速度水头"。

三项水头之和（$\frac{p}{\rho g} + \frac{v^2}{2g} + Z$）称为总水头。它说明在理想液体作稳定流动时，管道各处的总水头是相等的，即总水头是一条与基准平面平行的直线，这就是液体伯努利方程的几何意义。

上述伯努利方程仅适用于理想液体在管道中作稳定流动，并且质量力只有重力的条件。实际上，所有液体都具有黏性，液体流动过程中都因克服摩擦而产生能量损失，因而单位重力液体所具有的总能量，沿着流动方向要逐渐减小，所以对实际液体来说，其伯努利方程应为：

$$\frac{p_1}{\rho g} + \frac{a_1 v_1^2}{2g} + Z_1 = \frac{p_2}{\rho g} + \frac{a_2 v_2^2}{2g} + Z_2 + h_W \tag{1-22}$$

式中，a_1、a_2 为两截面处动能修正系数，当液体在管道内呈紊流流动时，$a = 1$，如果为层流流动时，$a = 2$；h_W 为单位重力液体的平均能量损失。

其他符号同前。应注意，式（1-22）中各项，代表两截面上各点比能的平均值。

【例1-1】 图1-14所示为一输油管道，油液密度为 $\rho = 0.9 \times 10 kg/m^3$，已知：$Z = 15m$，1点处压力为 $p_1 = 4.5 \times 10^5$ Pa，2点处压力为 $p_2 = 4 \times 10^5 Pa$，求油液的流动方向。

解： 首先选取过1点的水平面为基准面，对管道1、2两截面分别计算总能量。因为管道为等直径的直管道，所以截面1、2处动能相等，在计算时忽略；又因为1点处为基

图1-14　输油管道

准面，所以 1 截面处的总能为：

$$\frac{p_1}{\rho g} = \frac{4.5 \times 10^5}{0.9 \times 10^3 \times 9.81} = 51\text{m}$$

截面 2 处的总能量为：

$$\frac{p_2}{\rho g} + Z_2 = \frac{4 \times 10^5}{0.9 \times 10^3 \times 9.81} + 15 = 60.3\text{m}$$

由此可以看出，油液从截面 2 流向截面 1。

1.2.4　液压系统的能量损失

通过对实际液体伯努利方程的讨论可知，任何液体都是具有黏性的，因而，液体在流动过程中一定会存在黏性摩擦阻力，产生能量损失，这种能量损失主要表现为压力损失。

1.2.4.1　流体的流动状态

A　层流和紊流

1883 年，英国物理学家雷诺通过实验首先提出了液体的两种流动状态，层流和紊流。其实验装置如图 1-15 (a) 所示。水箱 1 内充满水，由溢流口维持水箱液面恒定。阀 7 开启后，水从玻璃管 6 中流出。打开阀 4，使容器 3 中的红色液体流入玻璃管中。当阀 7 开度较小时，玻璃管中水流速度较慢。红色液体在管 6 中呈一条与轴线平行的直线状，如图 1-15 (b) 所示，它说明液体质点只作有规律的定向运动。当阀 7 开度逐渐开大，水流速

图 1-15　雷诺试验

（a）雷诺实验；（b）层流；（c），（d）过渡状态；（e）紊流
1—水箱；2，4，7—阀；3—容器；5，6—玻璃管

度增加到一定值时，呈直线状的红色液体开始出现波动，如图 1-15（c）、（d）所示。继续开大阀门 7，增加水流速度，红色水线将消失，使整个管 6 内均变成红色，如图 1-15（e）所示。这说明此时的液体除了作定向的轴向流动外，还具有无规律的横向运动。反过来，如果将阀门 7 逐渐关小，使管 6 中水流速度逐渐减慢，在某一速度下，管 6 内又将出现平行管轴线的红色直线。

上述实验表明，液体流动时存在着两种不同的流动状态：一种是液体质点作定向的有规律运动，这种流动状态称为层流；另一种是液体质点做杂乱无章的无规律的运动，这种流动状态则称为紊流。在层流流动和紊流流动之间，有一种不稳定的过渡状态，这种过渡状态，通常按紊流来处理。

层流和紊流是液体流动时性质截然不同的两种流动状态，液体做层流运动时，黏性力起主导作用，其阻力特性符合牛顿内摩擦定理。液体做紊流运动时，惯性力起主要作用，其阻力特性不符合牛顿内摩擦定理。液体流动时的流动状态，须用雷诺数来判断。

　　B　雷诺数

实验证明，液体的流动状态与液体在管道内的流速 v，（圆管）管道直径 d 以及液体的黏度 ν 有关：但无论 v、d、ν 如何变化，只要 vd/ν 的值不变，其流动状态就不变。称无量纲数的组合 "vd/ν" 为雷诺数，并用 Re 表示，即

$$Re = \frac{vd}{\nu} \tag{1-23}$$

这就是说，液流的雷诺数相同，其流动状态就相同。

实验还证明，在管道几何形状相似的情况下，使流动状态变化的雷诺数基本是一个定数。雷诺数的临界值称为临界雷诺数，用 Re_k 表示。当 $Re > Re_k$ 时，流体的流动状态是紊流；当 $Re < Re_k$ 时为层流。

对于工程上经常遇到的非圆截面管道，其雷诺数为：

$$Re = \frac{4vR}{\nu} \tag{1-24}$$

式中，R 为水力半径，m。

水力半径是指液流的有效截面积 A 与湿周 x 之比，即

$$R = \frac{A}{x} \tag{1-25}$$

所谓湿周，即是液体有效截面积的周界长度。

通流截面面积相同的管道，若截面形状不同时，其湿周及水力半径也是不同的，表 1-2 给出了工程上常用的几种不同截面形状通道的湿周及水力半径值。

表 1-2　不同形状通道的水力半径

通道截面形状	有效截面积 A	湿周 x	水力半径 R
	a^2	$4a$	$a/4$

通道截面形状	有效截面积 A	湿周 x	水力半径 R
1.13a	a^2	3.55a	$a/3.55$
1.51a	a^2	7.89a	$a/7.89$
1.52a	a^2	4.56a	$a/4.56$
2.25a　0.45a	a^2	5.4a	$a/5.4$

【例1-2】　在图1-16所示的柱塞和套筒的缝隙中充满油液，若 $d = 60\text{mm}$，$\delta = 0.1\text{mm}$，$L = 120\text{mm}$，试计算柱塞做直线运动和旋转运动两种情况下的液流有效截面积 A，湿周 x 和水力半径 R。

图1-16　水力半径计算

解：当柱塞做直线运动时：

$$有效截面积 A = \frac{\pi(d + 2\delta)^2}{4} - \frac{\pi d^2}{4}$$

$$= \pi(d\delta + \delta^2)$$

$$= (60 \times 0.1 + 0.1^2)\pi = 18.88\text{mm}^2$$

$$湿周\ x = \pi(d + 2\delta) + \pi d = 2\pi(d + \delta) = 2\pi(60 + 0.1) = 377.62\text{mm}$$

$$水力半径\ R = \frac{A}{x} = \frac{18.88}{377.62} = 0.05\text{mm}$$

当柱塞做旋转运动时：

$$有效截面积 A = \delta L = 0.1 \times 120 = 12\text{mm}^2$$

$$湿周\ x = 2L = 2 \times 120 = 240\text{mm}$$

水力半径 $R = \dfrac{A}{x} = \dfrac{12}{240} = 0.05 \text{mm}$

1.2.4.2　能量损失及其计算

A　压力损失

由于液体具有黏性，在管路中流动时又不可避免地存在着摩擦力，因此液体在流动过程中必然要损耗一部分能量。这部分能量损耗主要表现为压力损失。

压力损失有沿程损失和局部损失两种。沿程损失是当液体在直径不变的直管中流过一段距离时，因摩擦而产生的压力损失。局部损失是由于管子截面形状突然变化、液流方向改变或其他形式的液流阻力而引起的压力损失。总的压力损失等于沿程损失与局部损失之和。

由于零件结构不同（尺寸的偏差与表面粗糙度的不同），因此，要准确地计算出总的压力损失的数值是比较困难的，但压力损失又是液压传动中一个必须考虑的因素，它关系到确定系统所需的供油压力和系统工作时的温升，所以，生产实践中也希望压力损失尽可能小些。

实践证明：液体的沿程压力损失与管道长度、单位体积的动能成正比，与管径成反比。若其沿程阻力系数为 λ，则沿程压力损失 Δp_λ 为

$$\Delta p_\lambda = \lambda \frac{l}{d} \frac{\rho v^2}{2} \tag{1-26}$$

式中，λ 为沿程压力损失系数，其取值可利用经验公式计算，见表 1-3；l 为液体流经管路的长度；d 为管路内径；v 为液体的平均流速。

表 1-3　管道内的沿程阻力系数 λ

液流状态	不同情况的管道		λ 的计算
层 流	等温时的金属圆形管道（如对水）		$\lambda = 64/Re$
	对于非等温（靠近管壁液流层被冷却）时的金属管道或截面不圆以及弯成圆滑曲线的管道		$\lambda = 75/Re$
	弯曲的软管，特别是弯曲半径较小时		$\lambda = 108/Re$
紊 流	除与 Re 有关外，还与管壁的粗糙度有关	$Re < 10^5$	$\lambda = 0.3164\,Re^{-0.25}$
	对于内壁光滑的管道	$10^5 < Re < 10^7$	$\lambda = 0.0032 + 0.221\,Re^{-0.237}$

局部压力损失 Δp_ξ 可按下式计算：

$$\Delta p_\xi = \xi \frac{\rho v^2}{2} \tag{1-27}$$

式中，ξ 为局部阻力系数，液体流经这些局部障碍物时的流动现象很复杂，具体数据可通过实验测定或查阅有关液压传动设计手册。

管路系统中的压力损失等于所有管路系统中的沿程压力损失和局部压力损失之和，即

$$\sum \Delta p = \sum \Delta p_\lambda + \sum \Delta p_\xi = \sum \left(\lambda \frac{l}{d} + \xi \right) \frac{\rho v^2}{2} \tag{1-28}$$

利用上式进行计算时，只有在各局部障碍之间有足够的距离时才正确。因为当液体流

过一个局部障碍后，要在直管中流过一段距离，液体才能稳定，否则其局部阻力系数可能比正常情况大 2 ~ 3 倍。因此，一般希望在两个障碍之间直管的长度 $l > (10 ~ 20)d$。

由于压力损失的必然存在性，因此，泵的额定压力要略大于系统工作时所需的最大工作压力。一般可将系统工作所需的最大工作压力乘以一个 1.3 ~ 1.5 的系数来估算，即 $p_p = (1.3 ~ 1.5)p$，或者根据液压泵到液压缸之间采用的液压元件估算总压力损失 $\sum \Delta p$，那么液压泵的出口工作压力为液压缸所需的工作压力 p 与估算的总压力损失 $\sum \Delta p$ 之和，即

$$p_p = p + \sum \Delta p \tag{1-29}$$

式中，p_p 为液压泵的出口工作压力；p 为液压缸的工作压力。

B　流量损失

在液压系统中，各液压元件都有相对运动的表面，如液压缸内表面和活塞外表面。因为要有相对运动，所以它们之间都有一定的间隙，如果间隙的一边为高压油，另一边为低压油，那么高压油就会经间隙流向低压区，从而造成泄漏。同时，由于液压元件密封不完善，因此，一部分油液也会向外部泄漏。这种泄漏会造成实际流量有所减少，这就是我们所说的流量损失。

流量损失影响运动速度，而泄漏又难以绝对避免，所以在液压系统中泵的额定流量要略大于系统工作时所需的最大流量。通常也可以用系统工作所需的最大流量乘以一个 1.1 ~ 1.3 的系数来估算。

1.2.5　流体流经孔口及缝隙的流量

在液压传动系统中常遇到油液流经小孔或间隙的情况，如节流调速中的节流小孔、液压元件相对运动表面间的各种间隙。研究液体流经这些小孔和间隙的流量压力特性，对于研究节流调速性能、计算泄漏都是很重要的。

1.2.5.1　小孔流动

小孔可以根据孔长度 l 与孔径 d 的比值分为三种：$l/d \leqslant 0.5$ 时，称为薄壁小孔；$0.5 < l/d \leqslant 4$ 时，称为短孔；$l/d > 4$ 时，称为细长孔。

A　液体流经薄壁小孔的流量

液体流经薄壁小孔的情况如图 1-17 所示。液流在小孔上游大约 $d/2$ 处开始加速并从四周流向小孔。由于流线不能突然转折到与管轴线平行，在液体惯性的作用下，外层流线逐渐向管轴方向收缩，逐渐过渡到与管轴线方向平行，从而形成收缩截面 A_c。对于圆孔，约在小孔下游 $d/2$ 处完成收缩。

液流收缩的程度取决于 Re、孔口及边缘形状、孔口距管道内壁的距离等因素。对于圆形小孔，当管道直径 D 与小孔直径 d 之比 $D/d \geqslant 7$ 时，流

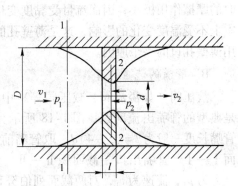

图 1-17　液体在薄壁小孔中的流动

速的收缩作用不受管壁的影响，称为完全收缩。反之，管壁对收缩程度有影响时，则称为不完全收缩。

对于图 1 – 17 所示的通过薄壁小孔的液流，取截面 1—1 和 2—2 为计算截面。设截面 1—1 处的压力和平均速度分别为 p_1、v_1，截面 2—2 处的压力和平均速度分别为 p_2、v_2。

由于选轴线为参考基准，则 $Z_1 = Z_2$，其伯努利方程为：

$$\frac{p_1}{\rho g} + \frac{v_1^2}{2g} = \frac{p_2}{\rho g} + \frac{v_2^2}{2g} + \zeta \frac{v_2^2}{2g}$$

式中，ζ 为薄壁小孔的局部阻力系数。

由于 $d \ll D$，$v_1 \ll v_2$，故 v_1 可忽略不计。因而上式可以简化为：

$$\frac{p_1}{\rho g} = \frac{p_2}{\rho g} + (1 + \zeta) \frac{v_2^2}{2g}$$

变换成

$$v_2 = \frac{1}{\sqrt{1 + \zeta}} \sqrt{\frac{2}{\rho}(p_1 - p_2)} = \rho \sqrt{\frac{2}{\rho} \Delta p} \qquad (1\text{-}30)$$

式中，ρ 为流速系数。

设收缩喉部截面积为 A_c，并令其与小孔截面积 A 之比为 $\frac{A_c}{A} = \varepsilon$，则 ε 称为收缩系数。于是，孔口流出的流量则为：

$$Q = \varepsilon A v_2 = \varepsilon \rho A \sqrt{\frac{2}{\rho} \Delta p}$$

若令 $\mu = \varepsilon \cdot \rho$，则 μ 称为流量系数。故上式可写成：

$$Q = \mu A \sqrt{\frac{2}{\rho} \Delta p} \qquad (1\text{-}31)$$

实验证明，当 $D/d \geqslant 7$ 时，孔口出流的液流能达到完全收缩。在这种情况下，收缩系数为 $\varepsilon = 0.63 \sim 0.64$，薄壁小孔的局部阻力系数 $\xi = 0.05 \sim 0.06$，因而其流速系数为 $\rho = 0.97 \sim 0.98$，那么、流量系数则为 $\mu = 0.6 \sim 0.62$。

由式（1-30）可以看出，薄壁小孔出流时，其孔口前后压差与流速的平方成比例。

在液压系统中，液体流经薄壁孔口时，其流动状态多为紊流。由于液体流经薄壁孔口时的摩擦作用极小，因而流量受黏度变化的影响很小，即液体流经薄壁孔口时，其流量基本上不受温度变化的影响，这是薄壁孔的一个重要特点，也就是为什么液压系统均希望采用薄壁孔口的一个原因。

B　管嘴的流量计算

液压阀（如溢流阀、减压阀等）中的阻尼孔是典型的管嘴出流问题。图 1-18 所示为一管嘴，管嘴长度一般为 $l = (3 \sim 4) d$。取管嘴前管道处截面 Ⅰ—Ⅰ、管嘴出口端截面积 Ⅱ—Ⅱ，设管道处压力为 p_1，流速为 v_1，对两截面列伯努利方程：

$$\frac{p_1}{\rho g} + \frac{v_1^2}{2g} = \frac{p_2}{\rho g} + \frac{v_2^2}{2g} + \zeta \frac{v_2^2}{2g}$$

图 1-18　管嘴出流

式中，p_2 为管嘴出口端压力；v_2 为管嘴出口端流速；ζ 为薄壁小孔的局部阻力系数。

由于 $v_1 \ll v_2$，故 v_1 可以忽略，上式简化并变换后，得管嘴的液体流速为：

$$v_2 = \frac{1}{\sqrt{1+\zeta}} \sqrt{\frac{2}{\rho}(p_1 - p_2)} = \rho \sqrt{\frac{2}{\rho}\Delta p} \tag{1-32}$$

式中，ρ 为管嘴流速系数。

如管嘴截面积为 A，则通过管嘴的流量 Q 为：

$$Q = Av_2 = \rho A \sqrt{\frac{2}{\rho}\Delta p} = \mu A \sqrt{\frac{2}{\rho}\Delta p} \tag{1-33}$$

由此不难看出，管嘴的流量公式和孔口的流量公式是完全一样的。实验证明，管嘴较孔口的阻力较大，其局部阻力系数 $\xi = 0.8 \sim 0.82$。因此其流量系数也较大。即 $\mu = 0.8 \sim 0.82$。

C　细长孔的流量计算。

液体流经细长孔时，其流量计算和管路流量计算相同，在单位时间内流过直管道的液体流量是一个抛物线体的体积，其计算式为：

$$Q = \frac{\pi d^4}{128\mu l}\Delta p \tag{1-34}$$

1.2.5.2　缝隙流量计算

工程中经常遇到缝隙中的流动问题，如柱塞泵的滑靴是利用缝隙流动中的压力来降低滑靴和斜盘间的摩擦，静压轴承和静压导轨也是利用缝隙流动中的压力将轴、工作台浮起来，滑阀是利用缝隙流动达到润滑目的。工程上用到的缝隙主要有：平行平板缝隙、同心或偏心环形缝隙、平行平板间的径向流动等几种。在缝隙流动中，由于缝隙高度很小，因而液体在缝隙中均属层流流动。

A　平行平板缝隙的流量计算

图 1-19 所示为一由两固定平行平板构成的平行缝隙，液体在缝隙两端压差作用下从左向右流动。设缝隙高度为 h，缝隙宽度为 b。在缝隙中心线处取一单元宽度、长 为 l、高为 $2y$ 的微元体。

图 1-19　平行平板缝隙

在单位时间内，在单位宽度上通过缝隙的液体体积为：

$$Q = \frac{h^3}{12\mu l}\Delta p$$

通过宽度为 b 的流量为

$$Q = \frac{bh^3}{12\mu l}\Delta p \tag{1-35}$$

其平均流速为：

$$v_m = \frac{Q}{A} = \frac{h^2}{12\mu l}\Delta p$$

从式（1-35）可以看出，通过平行平板缝隙的流量和缝隙两端的压差成正比，这与圆管中层流时流量与压差的关系是一样的。同时，还可看出，缝隙流量与缝隙高度的三次方成比例。在实际系统中，为了减少泄漏量，首先应当减少缝隙高度，这是行之有效的方法。

B　环形缝隙的流量计

在液压元件中，如滑阀阀芯与阀体间、液压缸缸体与活塞间所构成的缝隙均为环形缝隙，工程中遇到的环形缝隙有同心和偏心两种环形缝隙。

a　同心环形缝隙

同心环形缝隙的实质，是平面缝隙，只是将平面缝隙弯曲成圆环而已，于是，环形缝隙的周长 πD 即相当于平面缝隙的缝隙宽度 b。因而，其流量公式可写成：

$$Q = \frac{\pi D h^3}{12\mu l}\Delta p \tag{1-36}$$

式中，D 为直径，m；h 为半径缝隙，m。

b　偏心环形缝隙

图 1-20 所示为一个偏心环形缝隙，由图已知偏心距为 e，对应于整个环形缝隙的总流量为：

$$Q = \frac{\pi D h^3}{12\mu l}\Delta p(1 + 1.5\varepsilon^2) \tag{1-37}$$

式中，h 为半径缝隙，$h = R - r$；ε 为相对偏心率，$\varepsilon = e/h$。

图 1-20　偏心环形缝隙

当 $\varepsilon = 0$ 时，即环形同心时，式（1-36）和式（1-37）完全一样，当 $\varepsilon = 1$ 时，及偏心距达到最大值时，其流量为同心时的 2.5 倍。由此可见，偏心对环形缝隙的泄漏量影响较大，为了减少液压元件中的缝隙泄漏，应尽量使其处于同心状态。

1.2.6　空穴现象及液压冲击

1.2.6.1　液压冲击现象

在液压系统中，当极快地换向或关闭液压回路时，液流速度会急速地改变（变向或停止）。由于流动液体的惯性或运动部件的惯性，系统内的压力会突然升高或降低，这种现象称为液压冲击（水力学中称为水锤现象）。

液压冲击的危害是很大的。发生液压冲击时管路中的冲击压力往往剧增很多倍，使按工作压力设计的管道破裂。此外，所产生的液压冲击波会引起液压系统的振动和冲击噪声。因此在设计液压系统时要考虑这些因素，应当尽量减少液压冲击的影响。为此，一般可采用如下措施：

（1）缓慢关闭阀门，削减冲击波的强度。

（2）在阀门前设置蓄能器，以减小冲击波传播的距离。

（3）应将管中流速限制在适当范围内，或采用橡胶软管，减小液压冲击。

（4）在系统中装置安全阀，可起卸载作用。

1.2.6.2　空穴现象

一般液体中溶解有空气。水中溶解有约 2% 体积的空气，液压油中溶解有 6%~12% 体积的空气。成溶解状态的气体对油液体积弹性模量没有影响，成游离状态的小气泡则对油液体积弹性模量产生显著的影响。空气的溶解度与压力成正比。当压力降低时，原先压力较高时溶解于油液中的气体成为过饱和状态，于是就要分解出游离状态微小气泡，其速率是较低的，但当压力低于空气分离压 P_g 时，溶解的气体就要以很高速度分解出来，成为游离微小气泡，并聚合长大，使原来充满油液的管道变为混有许多气泡的不连续状态，这种现象称为空穴现象。油液的空气分离压随油温及空气溶解度而变化，当油温 $t = 50℃$ 时，$P_g < 4 \times 10^6 Pa$（0.4bar）（绝对压力）。

管道中发生空穴现象时，气泡随着液流进入高压区时，体积急剧缩小，气泡又凝结成液体，形成局部真空，周围液体质点以极大速度来填补这一空间，使气泡凝结处瞬间局部压力可高达数十帕，温度可达近千度。在气泡凝结附近壁面，因反复受到液压冲击与高温作用，以及油液中逸出气体具有较强的酸化作用，金属表面产生腐蚀。因空穴产生的腐蚀，一般称为气蚀。

泵吸入管路的连接、密封不严使空气进入管道，回油管高出油面使空气冲入油中而被泵吸油管吸入油路以及泵吸油管道阻力过大，流速过高均是造成空穴的原因。此外，当油液流经节流部位，流速增高，压力降低，在节流部位前后压差比不小于 3.5 时，将发生节流空穴。

空穴现象，会引起系统的振动，产生冲击、噪声、气蚀，使工作状态恶化，应采取如下预防措施：

（1）限制泵吸油口距离油面的高度，泵吸油口要有足够的管径，滤油器压力损失要小，自吸能力差的泵用辅助供油。

（2）管路密封要好，防止空气渗入。

（3）节流口压力降要小，一般控制节流口前后压差比小于 3.5。

【任务实施】　液压实训中心设备、元件认知

（1）任务实施目的：

了解液压实验台及设备，认知各液压元件，通过对实物的观察和接触，为今后的学习和实训打下基础。

（2）任务实施要求：

1）领会液压实训中心的规章制度和安全文明操作要求。

2）认识液压系统组成元件的外形结构和在液压系统中的相互关系。

3）了解液压综合实验台的组成及结构。

4）了解液压综合实验台的性能、特点及使用要求。

（3）任务实施步骤：

1）液压实验室规章制度和安全教育。

2）观察液压元件、液压实验台外形结构，将原件安装到液压实验台。

3）完成认知实习报告，报告内容以上述学习任务为提纲。

思考与练习

1-1　什么是液压传动？简述其工作原理。

1-2　液压传动系统由哪几部分组成，各有何作用？

1-3　液压传动的优缺点有哪些？

1-4　黏度测定单位有哪些？

1-5　某液压油体积为 200cm^3，密度 $900\text{kg}/\text{m}^3$，在 50℃ 时流过恩氏黏度计所需时间 $t_1 = 153\text{s}$，20℃ 时 200cm^3 的蒸馏水流过恩氏黏度计所需时间 $t_2 = 51\text{s}$。问该液压油的恩氏黏度 $°\text{E}_{50}$、运动黏度 ν、动力黏度 μ 各为多少？

1-6　液压系统的压力、速度、功率取决于什么？

1-7　液压介质的物理特性有哪些？

1-8　怎样选择液压介质，怎样控制液压介质的污染？

1-9　帕斯卡定理、连续性方程、伯努利方程定律的基本内容是什么？

1-10　在图 1-21 所示的密闭容器中装有水，液面高 $h = 0.4\text{m}$，容器上部充满压力为 p 的气体，管内液柱高 $H = 1\text{m}$，其上端与大气相通，求容器中气体绝对压力为多少？相对压力为多少？

图 1-21　密闭气体

1-11　通流截面积的变化对压力有何影响？请举例说明。

1-12　如图 1-22 所示的液压千斤顶中，小活塞直径 $d = 10\text{mm}$，大活塞直径 $D = 40\text{mm}$，重物 $G = 50000\text{N}$，小活塞行程 20mm，杠杆 $L = 500\text{mm}$，$l = 25\text{mm}$，请为该液压系统计算以下问题：（1）杠杆端需加多少力才能顶起重物？（2）此时液体内所产生的压力为多少？（3）杠杆每上下一次，重物升高多少？

图 1-22 液压千斤顶

1-13 如图 1-23 所示，液压缸直径 $D = 80\text{mm}$，顶端有一直径 $d = 3.5\text{mm}$ 的小孔，当活塞上施加 $F = 5000\text{N}$ 的作用力时，有油液从小孔中流出，并流回到油箱，假设在 F 作用下，活塞匀速移动，并忽略流动损失，已知孔口流速系数 $\rho = 0.97$，流量系数 $\mu = 0.6$，试求：（1）作用在液压缸缸底壁上的作用力。（2）活塞移动的速度。

图 1-23 液压缸

学习情境 2 液压技术技能训练

任务 2.1 方向控制阀及方向控制回路

【任务描述】

深刻认识液压控制阀的控制机理、分类，理解并掌握方向控制阀的典型结构、工作原理和性能特点，掌握方向控制回路的特点及主要类型，培养安装、连接和调试方向控制回路的实践能力。

【学习及素养目标】

（1）掌握液压阀的作用和分类。

（2）掌握方向控制阀的工作原理、基本结构、使用方法及在回路中的作用。

（3）培养拆装方向控制阀的实践能力。

（4）培养安装、连接和调试方向控制回路的实践能力。

（5）能够排除实验过程中出现的故障。

【所需知识】

2.1.1 液压阀简介

液压控制阀简称液压阀，是组成液压系统的核心元件。其主要作用是控制液压系统中油液的压力、流量大小及流动方向，基于其作用它可分为方向阀、压力阀和流量阀三大类。它们具有不同的功能，其中压力阀和流量阀利用通流截面的节流作用控制着系统的压力和流量，而方向阀则利用通流通道的更换控制着油液的流动方向。这就是说，尽管液压阀存在着各种各样不同的类型，但它们之间还是保持着一些基本共性：

（1）在结构上，所有的阀都由阀体、阀芯（锥阀或滑阀）和驱使阀芯动作的元、部件（如弹簧、电磁铁）组成。

（2）在工作原理上，所有阀的开口大小，阀进、出口间压差以及流过阀的流量之间的关系都符合孔口流量公式，仅是各种阀控制的参数各不相同而已。

2.1.1.1 液压阀的分类

液压控制阀可按以下特性进行分类，见表 2-1。

2.1.1.2 对液压阀的基本要求

为了让液压传动系统能正常稳定地工作，对液压阀有以下基本要求。

表2-1 液压控制阀分类表

分类方法	种 类	详 细 分 类
按用途分	压力控制阀	溢流阀、顺序阀、卸荷阀、平衡阀、减压阀、比例压力控制阀、缓冲阀、仪表截止阀、限压切断阀、压力继电器
	流量控制阀	普通节流阀、调速阀、分流阀、集流阀、比例流量控制阀
	方向控制阀	普通单向阀、液控单向阀、换向阀、行程减速阀、充液阀、梭阀、比例方向阀
按结构分	滑 阀	圆柱滑阀、旋转阀、平板滑阀
	座 阀	锥阀、球阀、喷嘴挡板阀
	射流管阀	射流阀
按操作方式分	手动阀	手把及手轮、踏板、杠杆
	机动阀	挡块及碰块、弹簧、液压、气动
	电动阀	电磁铁控制、伺服电动机和步进电动机控制
按连接方式分	管式连接	螺纹连接式、法兰连接式液压控制阀
	板式及叠加式连接	单层连接板式、双层连接板式、整体连接板式、叠加阀
	插装式连接	螺纹式（二通、三通、四通）插装阀、法兰式二通插装阀
按其他方式分	开关或定值控制阀	压力控制阀、流量控制阀、方向控制阀
按控制方式分	电液比例阀	电液比例压力、电源比例流量阀、电液比例换向阀、电流比例复合阀、电液比例多路阀
	伺服阀	单级、两级（喷嘴挡板式、动圈式）电液流量伺服阀、三级电液流量伺服阀
	数字控制阀	数字控制压力、流量阀及方向阀

（1）动作灵敏、工作可靠、工作时冲击和振动小；

（2）密封性能要好，内泄漏要少，无外泄漏；

（3）油液流动时压力损失要小；

（4）结构紧凑，安装、调试和维护方便，通用性好。

2.1.2 方向控制阀及故障处理

方向控制阀的作用是控制液压系统中油液的流动方向。方向控制阀的工作原理是利用阀芯和阀体间相对位置的改变，以实现油路之间接通或断开，从而满足系统对油液流动方向的要求。

方向控制阀按其结构和功能不同可分为单向阀和换向阀两类。

2.1.2.1 单向阀

单向阀可分为普通单向阀和液控单向阀两种。

A 普通单向阀

a 结构及原理

普通单向阀（简称单向阀）的作用是控制油液只能向一个方向流动，反向流动则截止，故又称止回阀。对单向阀的基本要求是：正向导通时压力损失要小，反向截止时密封性能要好。

图 2-1 所示为单向阀的结构,单向阀主要组成部分是:阀体、阀芯和弹簧。当压力油从 P_1 口进入单向阀时,克服弹簧 3 作用在阀芯 2 上的力,使阀芯向右移动,打开阀口,并通过阀芯上的径向孔 a、轴向孔 b 从阀体右端的通口 P_2 流出;当压力油从 P_2 流入时,油压以及弹簧力将阀芯压紧在阀体 1 上,使阀口关闭,油液无法从 P_2 口流向 P_1 口。

图 2-1　单向阀

(a) 管式连接单向阀;(b) 板式连接单向阀;(c) 图形符号

1—阀体;2—阀芯;3—弹簧

单向阀弹簧的刚度一般选得较小,阀的正向开启压力一般在 0.03～0.05MPa。如采用刚度较大的弹簧,使其开启压力达 0.3～0.6MPa,则可用作背压阀。

b　应用

单向阀在液压系统中的应用主要有以下几种:

(1) 安置在液压泵的出油口,可防止当泵检修或多泵合流系统停泵时油液倒流,在系统中作为背压阀使用。

(2) 安装在不同油路之间,防止油路间相互干扰。

(3) 与其他液压阀如节流阀、顺序阀、减压阀等组合成单向控制阀,执行单向通流功能,如单向节流阀、单向顺序阀、单向减压阀、高低压泵回路切换用卸荷阀、蓄能器回路卸荷阀等。

(4) 其他需要控制液流单向流动的场合,如单向阀群组的半桥和全桥与其他阀组成的回路。

c　注意事项

(1) 在具体选用单向阀时,要根据需要合理选择开启压力外,开启压力越高,油中所含气体越多,越容易产生振动。

(2) 选用单向阀时,在油液流动反向出口无背压的油路中可选用内泄式,否则选用外泄式,以降低控制油的压力,而外泄式的泄油口必须无压回油,否则会抵消一部分控制压力。

(3) 单向阀的工作流量应与阀的额定流量相匹配,当通过单向阀的流量远小于额定流量时,单向阀有时会产生振动。

(4) 安装单向阀时,要认清单向阀进出油口的方向,否则会影响液压系统的正常工作,特别是单向阀用在泵的出口,如反向安装时可能损坏泵或烧坏电动机。

B　液控单向阀

a　结构及原理

液控单向阀有普通型［图 2-2 (a)］和带卸荷阀芯型［图 2-2 (b)］两种。与普通单向阀相比，在结构上增加了控制油腔 a、控制活塞 L 及控制油口 K。当控制口 K 处无控制压力油通入时，其作用和普通单向阀一样。当控制口 K 有控制压力油，且其作用在控制活塞 1 上的液压力超过 P_2 压力和弹簧作用在阀芯 2 上的合力时，控制活塞 1 使阀芯 2 右移，通油口 P_1 和 P_2 接通，油液便可在两个方向自由流动。为了减少控制活塞移动的阻力，控制活塞制成阶梯状并设一外泄油口 L。

图 2-2　液控单向阀
(a) 普通型液控单向阀；(b) 带卸荷阀芯型液控单向阀；(c) 图形符号
1—控制活塞；2—锥阀芯；3—卸荷阀芯

在高压系统中，液控单向阀反向开启前 P_2 口的压力很高，所以，反向开启的控制压力也较高，且当控制活塞推开单向阀心时，高压封闭回路内油液的压力突然释放，会产生很大的冲击，为了避免这种现象且减少控制压力，可采用如图 2-2 (b) 所示的带卸荷阀芯的液控单向阀。在控制活塞推开锥阀芯 2 之前，先将卸荷阀芯 3 顶开，P_2 和 P_1 腔之间产生微小的缝隙，使 P_2 腔压力降低到一定程度，然后再顶开单向阀芯实现 P_2 到 P_1 的反向流动。

b　主要性能指标

(1) 正向最低开启压力。指阀芯开启时 a 腔的最低压力，由于阀芯上端的弹簧很软，故阀的正向最低开启压力一般在 0.03～0.05MPa。

(2) 反向泄漏量。指液流反向时进入阀座孔处的泄漏量，性能良好的液控单向阀应无反向泄漏量或极小。当系统有较高保压要求时应选用锥阀式液控单向阀。

(3) 压力损失。指控制口压力为零时液控单向阀通过额定流量时的压力降。它包含两部分：一是由于弹簧力、摩擦力等造成的开启压力损失。二是液流的流动损失。为减小压力损失，可选用开启压力低的液控单向阀。

(4) 反向开启最低控制压力。指能使单向阀打开的控制口最低压力。一般来说，外泄式比内泄式反向开启最低控制压力低，带卸载阀芯的比不带卸载阀芯的反向开启最低控制压力低。

(5) 控制口起作用时的压力损失。当液控单向阀在控制活塞作用下打开时，不论此时是正向流动还是反向流动，它的压力损失仅是由油液的流动阻力而产生的，与弹簧力无关。因此，在相同流量下，它的压力损失要小于控制活塞不起作用时的正向流动压力损失。

c　应用

液控单向阀既可以对反向液流起截止作用，而且密封性能好，又可以在一定条件下允许正反向液流自由通过，因此常用于液压系统的保压、锁紧和平衡回路。

如图 2-3 所示的液压锁就是液控单向阀的典型应用，它可以产生锁紧油缸、避免倒灌和控制重物下放速度的作用。

d　注意事项

（1）选用液控单向阀时，应考虑液控单向阀所需要的控制压力，此外，还应考虑系统压力变化对控制油路压力变化的影响，以免出现误开启。

（2）液控单向阀回路设计应确保反向油流有足够的控制压力，以保证阀芯的开启。

图 2-3　液压锁

（3）内泄式和外泄式液控单向阀，分别应用于反向出口腔油流背压较低和较高的应用场所，以降低控制压力。

（4）当液控单向阀从控制活塞将阀芯引开，使反向油流通过，到卸掉控制油，控制活塞返回，使阀芯更新关闭的过程中，控制活塞容腔中的油要从控制油口排出。如果控制油路回油背压较高，排油不通畅，则控制活塞不能迅速返回，阀芯的关闭速度也要受到影响，这对需要快速切断反向油流的系统来说无法满足快速性能要求。为此，可采用外泄式结构的液控单向阀，将压力油引入外泄口，强迫控制活塞迅速返回。

2.1.2.2　换向阀

换向阀是利用改变阀芯与阀体的相对位置，控制相应油路的接通、切断或换向，从而现对执行元件运动方向的控制。换向阀的阀芯的结构形式有：滑阀式、转阀式和锥阀式等，其中滑阀式阀芯应用最为广泛。

A　换向原理

图 2-4 所示为滑阀式换向阀的工作原理。当阀芯移到右端时［图 2-4（a）］，泵的流量流向 A 口，液压缸左腔进油，右腔回油，活塞便向右运动。阀芯在中间位置时［图 2-4（b）］，流体的全部通路均被切断，活塞不运动。当阀芯移到左端时［图 2-4（c）］，泵的流量流向 B 口，液压缸右腔进油，左腔回油，活塞便向左运动。因而通过阀芯移动可实现执行元件的正、反向运动或停止。

(a)　　　　　　　　　　　(b)　　　　　　　　　　　(c)

图 2-4　滑阀式换向阀的工作原理

B　换向阀的分类

换向阀按阀芯在阀体内的工作位置数和换向阀所控制的油口通路数分为：二位二通、二位三通、二位四通、二位五通等类型（见表 2-2）。不同的位数和通路数是由阀体上的沿割槽和阀芯上台肩的不同组合形成的。将五通阀的两个回油口 T_1 和 T_2 沟通成一个油口 T，便可成为四通阀。

表 2-2　常用换向阀的结构原理和图形符号

位　和　通	结构原理图	图形符号
二位二通		
二位三通		
二位四通		
二位五通		
三位四通		
三位五通		

按换向阀的操作方式不同，换向阀可分为：手动换向阀、机动换向阀、电动换向阀、液动换向阀和电液动换向阀等类型，其中数电动换向阀最为常见，后面将作重点阐述。常见的滑阀操纵方式如图 2-5 所示。

图 2-5　滑阀操纵方式

（a）手动式；（b）机动式；（c）电磁动；（d）弹簧控制；（e）液动；（f）液压先导控制；（g）电液控制

C　换向阀的符号表示

表 2-2 列出了几种常用滑阀式换向阀的结构原理图以及与之相对应的图形符号，下面对换向阀的图形符号作以下说明：

（1）用方格数表示阀的工作位置数，三格即三个工作位置。

（2）在一个方格内，箭头"↑""↓"或堵塞符号"⊥""⊤"与方格相交点数为油口通路数。箭头仅表示两油口相通，并不表示实际流向；"⊥"表示该油口不通，处于截止状态。

（3）P 表示进油口，T 表示回油口，A 和 B 表示连接其他两个工作油路的油口。

（4）控制方式和复位弹簧的符号画在方格的两侧。

（5）三位阀的中位，二位阀靠有弹簧的那一位为常态位置。绘制液压系统图时，换向阀的符号与油路的连接应画在常态位上。

D　三位换向阀的中位机能

a　位机能概述

三位换向阀中位时各油口的连通方式称为中位机能。中位机能不同的同规格阀，其阀体通用，仅阀芯台肩结构、尺寸及内部通孔情况不同。表 2-3 列出了常用的几种三位阀中位机能的结构原理、机能代号、图形符号及技能特点和作用。

表 2-3　三位换向阀中位滑阀机能

机能代号	结构原理图	中位图形符号	机能特点和作用
O			各油口全部封闭，缸两腔封闭，系统不卸荷。液压缸充满油，从静止到启动平稳；制动时运动惯性引起液压冲击较大；换向位置精度高
H			各油口全部连通，系统卸荷，缸成浮动状态。液压缸两腔接油箱，从静止到启动有冲击；制动时油口互通，故制动较 O 型平稳；但换向位置变动大

机能代号	结构原理图	中位图形符号	机能特点和作用
P			压力油 P 与缸两腔连通，可形成差动回路，回油门封闭。从静止到启动较平稳；制动时缸两腔均通压力油，故制动平稳；换向位置变动比 H 型的小，应用广泛
Y			油泵不卸荷，缸两腔通回油，缸成浮动状态。由于缸两腔接油箱，从静止到启动有冲击，制动性能介于 O 型与 H 型之间
K			油泵卸荷，液压缸一腔封闭一腔接回油。两个方向换向时性能不同
M			油泵卸荷，缸两腔封闭。从静止到启动较平稳；制动性能与 O 型相同；可用于油泵卸荷液压缸锁紧的液压回路中
X			各油口半开启接通，P 口保持一定的压力；换向性能介于 O 型和 H 型之间

三位阀中位机能不同，处于中位时其对系统的控制性能也不相同。在分析和选择时，通常需考虑执行元件的换向精度和平稳性要求；是否需要保压、或卸荷；是否需要"浮动"或可以在任意位置停止等。

（1）系统保压与卸荷。阀在中位时，当 P 口被堵塞（如 O 型、Y 型、P 型），系统保压，液压泵能向多缸系统或其他执行元件供压力油；当 P 口与 T 口接通时（如 H 型、M 型），系统卸荷，可节约能量，但不能与其他缸并联用。

（2）换向平稳性和精度。阀在中位，当液压缸的 A、B 两口都堵塞时（如 O 型、M 型），换向过程不平稳，易产生液压冲击，但换向精度高。反之，A、B 两口都与 T 口连通时（如 H 型、Y 型），换向平稳，冲击小，但换向前冲量大，换向位置精度不高。

（3）液压缸"浮动"和在任意位置上的停止。阀在中位，当 A、B 两口互通时（如 H 型、Y 型），卧式液压缸呈"浮动"状态，可利用其他机构移动工作台，调整位置。当 A、B 两口封闭或与 P 口连接（非差动情况），液压缸可在任意位置停止并被锁住。

b　中位机能的运用

（1）当系统有保压要求时：

1）选用油口 P 是封闭式的中位机能，如 O 型、Y 型。这时一个液压泵可用于多缸的液压系统；

2）选用油口 P 和油口 T 接通但不畅通的形式，如 X 型。系统能保持一定压力，可供压力要求小的控制油路使用。

（2）当系统有卸荷要求时：

应选用油口 P 与 T 畅通的形式。如 H 型、K 型、M 型。这时液压泵可卸荷。

（3）当系统对换向精度要求较高时：

应选用工作油口 A、B 都封闭的形式，如 O 型、M 型。这时液压缸的换向精度高，但换向过程中易产生液压冲击，换向平稳性差。

（4）当系统对换向平稳性要求较高时：

应选用 A 口、B 口都接通 T 口的形式，如 Y 型。这时换向平稳性好，冲击小。但换向过程中执行元件不易迅速制动，换向精度低。

（5）若系统对启动平稳性要求较高时：

应选用油口 A、B 都不通 O 口的形式，如 O 型、P 型、M 型。这时液压缸某一腔的油液在启动时能起到缓冲作用，因而可保证启动的平稳性。

（6）当系统要求执行元件能浮动时：

应选用油口 A、B 相连通的形式，如 H 型。可通过某些机械装置按需要改变执行元件的位置。

（7）当要求执行元件能在任意位置上停留

选用 A、B 油口都与 P 口相通的形式（差动连接式液压缸除外），如 P 型。这时液压缸左右两腔作用力相等，液压缸不动。

E　几种常用的换向阀

a　手动换向阀

图 2-6 所示为手动换向阀及其图形符号。图 2-6（a）所示为弹簧自动复位结构的阀，松开手柄，阀芯靠弹簧力恢复至中位（常态位），适用于动作频繁、持续工作时间较短的场合，操作比较方便，常用于工程机械。图 2-6（b）所示为弹簧钢球定位结构的阀，当松开手柄后，阀仍然保持在所需的工作位置上，适用于机床、液压机、船舶等需要保持工作状态时间较长的情况。将多个手动换向阀组合在一起，可以操纵多个执行元件的运动，

便构成多路阀。

图 2-6　三位四通手动换向阀

（a）弹簧自动复位结构；（b）弹簧钢球定位结构

b　机动换向阀

图 2-7 所示为机动换向阀及其图形符号，它利用安装在运动部件上的挡块或凸轮来压迫阀芯端部的滚轮来使阀芯移动，从而实现液流通、断或改变流向。这种阀通常是二位阀，利用弹簧复位。机动换向阀结构简单，换向时阀口逐渐打开或关闭，故换向平稳、可靠、位置精度高，常用于控制运动部件的行程，或快慢速度的转换。其缺点是它必须安装在运动部件附近，一般油路较长。

c　电磁换向阀

工作原理：

电磁换向阀是利用电磁铁的电磁吸力推动阀芯移

图 2-7　机动换向阀

1—弹簧；2—阀芯；3—阀体；
4—滚轮；5—行程挡块

动来改变液流流向。这类阀操纵方便，布局布置灵活，易实现动作转换的自动化，因此应用最广泛。图 2-8 和图 2-9 所示为电磁换向阀的结构和图形符号。

图 2-8　二位二通电磁阀

1—阀芯；2—弹簧；3—阀体；4—推杆；5—密封圈；6—电磁铁；7—手动推杆

图 2-9　三位四通电磁阀

1—阀体；2—阀芯；3—定位套；4—对中弹簧；5—挡圈；6—推杆；7—环；
8—线圈；9—铁心；10—导套；11—插头组件

电磁阀的电磁铁按使用电源不同，分为交流和直流电磁铁两种。图 2-8 是交流电磁铁的电磁阀，使用电压为 220V 或 380V。图 2-9 是直流电磁铁的电磁阀，使用电压为 24V。按电磁铁的铁心能否浸泡在油里，分为干式和湿式电磁铁。

交流电磁铁使用方便，起动力大，吸合、释放快，动作时间最快约为 10ms；但工作时冲击和噪声较大，为避免线圈过热，换向频率不能超过 60 次/min；启动电流大，在阀芯被卡时易烧毁电圈。

直流电磁铁体积小，工作可靠；冲击小，允许换向频率为 120 次/min，最高可达 300 次/min，使用寿命比交流电磁铁使用寿命长；但启动力比交流电磁铁小，需要有直流电源。干式电磁铁不允许油液进入电磁铁内部，在阀芯推杆的周围要有可靠的密封。湿式电磁铁可以浸泡在油液中工作，换向阀的相对运动件之间就不需要密封装置，这就减少了阀芯的运动阻力，提高了换向的可靠性。因此已逐渐取代传统的干式电磁铁。

选用注意事项：

（1）电磁阀中的电磁铁有直流式、交流式、自整流式，而结构上又分为干式和湿式。各种电磁铁的吸力特性、励磁电流、最高切换频率、机械强度、冲击电压、吸合冲击、换向时间等特性不同，必须选用合适的电磁铁。特殊的电磁铁有安全防爆式、耐压防爆式，而高湿度环境使用时要进行热处理，高温环境使用时要注意绝缘性。

（2）注意检查电磁阀的滑阀机能是否符合要求，电磁阀有很多滑阀机能，出厂时还有正装和反装的区别，所以在使用时一定要检查滑阀机能是否与要求一致。换向阀的中位滑阀机能关系到执行机构停止状态下的安全性，必须考虑内泄漏和背压情况。另外，最大流量值随滑阀机能的不同会有很大变化，应注意。

（3）注意电磁阀的切换时间及过渡位置机能，换向阀的阀芯形状影响阀芯开口面积，阀芯位移的变化规律、阀的切换时间及过渡及过渡位置时执行机构的动作情况，必须认真选择。

（4）电磁阀使用时的压力、流量不要超过制造厂样本上的额定压力、额定流量。否则液压卡紧现象和液动力影响往往引起动作不良，尤其在液压缸回路中，活塞杆外伸和内缩时回油流量是不同的，内缩时回油流量比泵的输出流量还大，流量放大倍数等于缸两腔活塞面积之比，要特别注意。还要注意的是，四通阀堵住 A 口或 B 口只用一侧流动时，额定流量显著减小。压力损失对液压系统的回路效率有很大影响，所以确定阀的通径时不仅考虑阀本身，而且要综合考虑回路中所有阀的压力损失、管路阻力等。

（5）注意回油口 T 的压力不能超过允许值。因为 T 口的工作压力受到限制，当四通电磁阀堵住一个或两个油口，当作三通阀或二通电磁阀使用时，若系统压力值超过该电磁换向阀所允许的背压值，则 T 口不能堵住。

（6）注意双电磁铁电磁阀的两个电磁铁不能同时通电，对交流电磁铁，两电磁铁同时通电，可造成换向阀发热而烧坏；对于直流电磁铁，则由于阀芯位置不固定，引起系统误动作。因此，在设计电磁阀的电控系统时，应使两个电磁铁通断电有互锁关系。

安装注意事项：

（1）电磁换向阀的轴线必须按水平方向安装，如垂直方向安装，受阀芯、衔铁等零件质量影响、将造成换向或复位的不正常。

（2）一般电磁阀两端的油腔是泄油腔或回油腔，应检查该腔压力是否过高。如果在系统中多个电磁阀的泄油或回油管道接在一起造成背压过高，则应将它们分别单独接油箱。

（3）安装底板表面应磨削加工，同时应有平面度要求，不得凸起。否则，板式连接电磁换向阀与底板的接合处会渗油。

（4）安装螺钉不能拧得太松。否则板式连接电磁换向阀与底板的接合处会渗油。

（5）注意控制电源参数应与电磁阀一致。否则有可能造成换向阀不能正常工作或烧毁电磁铁。

使用注意事项：

（1）使用前一定要清楚电磁阀上电磁铁使用电源的种类和额定电压，并按要求接上电源。

（2）检查电磁阀的滑阀机能是否符合要求。电磁阀有很多滑阀机能，出厂时还有正装和反装的区别，所以在使用时一定要检查滑阀机能是否与要求一致，以免影响系统的正常工作。

（3）注意所使用油液的清洁度，由于电磁阀的阀芯与阀体孔之间配合间隙较小，通常只有 0.006 ~ 0.015mm，如有较大的杂质进入这个间隙就可能使阀芯卡死，所以必须严格控制油液的过滤精度。采用湿式电磁铁的电磁阀，由于油液进入电磁铁内，油液中的磁性材料颗粒会吸附在铁芯上，影响电磁铁的吸合动作。所以用湿式电磁阀的系统要注意对磁性材料颗粒的过滤。

（4）不要使电磁阀的回油口 T 的压力超过允许的回油背压，目前额定压力为 21MPa 和 31.5MPa 的电磁换向阀，其回油口 T 允许的回路背压通常仅为 6.3 ~ 7.0MPa，超过此值时电磁阀的换向和复位性能就要受到影响。因此 T 口工作压力受到限制，当四通电磁阀堵住一个或两个油口当成三通电磁阀或二通电磁阀使用时，若系统工作压力超过 6.3 ~ 7.0MPa，就不能把 T 口堵住。

（5）不要使双电磁铁电磁阀的两个电磁铁同时通电，如果两个电磁铁同时通电，则不能很好地吸合。对于交流电磁铁来说，造成线圈发热以致烧坏。对于直流电磁铁虽不能烧坏，但使阀芯位置不固定，而引起系统误动作。故应使两个电磁铁通电时间互锁，以免出现同时通电的情况。

（6）电磁换向阀最大的通流量一般应在额定流量之内，不得超过额定流量的120%，否则容易导致压力损失过大，引起发热和噪声。

（7）由于电磁铁的吸力一般不超过90N，因此电磁换向阀只适用于压力不太高、流量不太大的场合。

d 液动换向阀

液动换向阀是利用控制油路的压力油来改变阀芯位置的换向阀。图2-10为三位四通液动换向阀的结构及其图形符号。当 K_1 和 K_2 都通油箱时，阀芯在弹簧和定位套作用下处于图示位置（中位）；当控制油路的压力油从控制油口 K_1 进入滑阀左腔、右腔经控制油口 K_2 接通回油时，阀芯右移，使 P 与 A 相通、B 与 T 相通；当 K_2 接压力油、K_1 接回油时，阀芯左移，使 P 与 B 相通、A 与 T 相通。

图2-10 三位四通液动换向阀

液动换向阀结构简单、动作平稳可靠、液压驱动力大，适用于高压、大流量的液压系统。该阀较少单独使用，常与电磁换向阀联合使用。

e 电液换向阀

电液换向阀是由电磁换向阀和液动换向阀组合而成的复合阀。其中电磁换向阀为先导阀，它用以改变控制油路的方向；液动换向阀为主阀，它实现主油路的换向。图2-11为电液换向阀的结构及其图形符号。

图2-11 电液换向阀

(a) 结构图；(b) 符号图

1，7—单向阀；2，6—节流阀；3，5—电磁铁；4—电磁换向阀阀芯；8—液动换向阀阀芯由图 2-11 可见，当两个电磁铁都不通电时，电磁换向阀处于中位，液动换向阀阀芯两端都接通油箱，在弹簧的作用下也处于中位。电磁铁 3 通电时，电磁换向阀阀芯移向右位，压力油经单向阀 1 接通液动换向阀阀芯的左端，其右端的油则经节流阀 6 和液动换向阀而接通油箱，于是主阀芯右移，实现 P 与 A 相通、B 与 T 相通，移动速度由节流阀 6 的开口大小决定；同理，当电磁铁 5 通电，电磁换向阀阀芯移向左位，液动换向阀阀芯也移向左位，实现 P 与 B 相通、A 与 T 相通，其移动速度又节流阀 2 的开口大小决定。

电磁换向阀的中位机能为 Y 型，这样，在先导阀不通电时，能使主阀芯可靠地停在中位。电液换向阀综合了电磁阀和液动阀的优点，适用于高压、大流量的场合。

f　电磁球阀

电磁球阀是一种以电磁铁的推力为驱动力推动钢球来实现油路通断的电磁换向阀。

图 2-12 所示为二位三通电磁球阀。当电磁铁 8 断电时，钢球 5 在弹簧 7 的作用下压紧在左阀座 4 的孔上，油口 P 与 A 通，T 关闭。当电磁铁 8 通电时，电磁推力经杠杆放大后，通过操纵杆 2 克服弹簧力将钢球压向右阀座 6 的孔上，使油口 P 与 A 不通，A 与 T 相通，实现换向。

图 2-12　电磁球式换向阀（二位三通）

1—支点；2—操纵杆；3—杠杆；4—左阀座；5—钢球；6—右阀座；7—弹簧；8—电磁铁

电磁球阀具有密封性好，反应速度快，使用压力高和适应能力强等优点。主要用在超高压小流量的液压系统中或作二通插装阀的先导阀。

g　多路换向阀

多路换向阀是一种集中布置的手动换向阀，常用于工程机械等要求集中操纵多个执行元件的设备中。按组合方式不同可分为并联式、串联式和顺序单动式三种，其图形符号如图 2-13 所示。在并联多路式的换向阀的油路中，泵可同时向各个执行元件供油（这时负荷小的执行元件先动作，若负载相同，则执行元件的流量之和等于泵的流量），也可只向其中的一个或几个执行元件供油。串联式多路换向阀的油路中，泵只能依次向各个执行元件供油。其中第一阀的回油口与第二阀的进油口相连，各执行元件可以单独动作，也可以同时动作。在各个执行元件同时动作的情况下，多个负载压力之和不应超过泵的工作压力，但每个执行元件都可以获得很高的运动速度。顺序单动式多路换向阀的油路中，泵只能顺序向各个执行元件分别供油。操作前一个阀就切断了后面阀的油路，从而可以避免各执行元件动作间的相互干扰，并防止其误动作。

图 2-13　多路换向阀

（a）并联式；（b）串联式；（c）顺序单动式

2.1.2.3　方向控制阀主要故障及处理

（1）单向阀泄漏严重或不起单向作用：

1）锥阀与阀座密封不严；

2）锥阀或阀座被拉毛或在环形密封面上有污物；

3）阀芯卡死，油流反向流动时锥阀不能关闭；

4）弹簧漏装或歪斜，使阀芯不能复位。

（2）换向阀不换向：

1）电磁铁吸力不足，不能推动阀芯运动；

2）直流电磁铁剩磁大，使阀芯不能复位；

3）对中弹簧轴线歪斜，使阀芯在阀内卡死；

4）阀芯被拉毛，在阀体内卡死；

5）油污污染严重，堵塞滑动间隙，导致阀芯卡死；

6）由于阀芯、阀体加工精度差，产生径向卡紧力，使阀芯卡死。

2.1.3　方向控制回路及故障处理

方向控制回路是控制执行元件的启动、停止及换向的回路。通常包括换向回路和锁紧回路。

2.1.3.1　换向回路

运动部件的换向，一般采用各种换向阀来实现，在容积调速的闭式回路中，也可以利用双向变量泵来实现执行元件的换向。

对单作用液压缸，可采用二位三通换向阀进行换向。双作用液压缸则一般采用二位四通（或五通）、三位四通（或五通）换向阀来进行换向，其换向阀的控制方式可根据不同用途进行选取。

图 2-14 所示为采用二位四通电磁换向阀的换向回路。其特点是使用方便，易于实现

自动化，但换向冲击大，适用与小流量和平稳性要求不高的场合。对于流量较大（大于 63L/min）、换向精度和平稳性要求较高的液压系统，通常采用液动或电液动换向阀的换向回路。

2.1.3.2　锁紧回路

锁紧回路的功能是使执行元件停止在规定位置上，且能防止因外界影响而发生漂移或窜动。

通常采用 O 型或 M 型中位机能的三位换向阀构成锁紧回路，当换向阀中位接入回路时，执行元件的进、出油口都被封闭，可将执行元件锁紧不动。这种锁紧回路由于受到滑阀泄漏的影响，锁紧效果较差。

图 2-15 所示为采用液控单向阀的锁紧回路。在液压缸的两侧油路上串接液控单向阀（液压锁），并采用中位机能为 H 型的三位换向阀，活塞可以在行程的任何位置停止并锁紧，其锁紧效果只受液压缸泄漏的影响，因此其锁紧效果较好。

图 2-14　换向回路　　　　　　　　　　　图 2-15　锁紧回路

采用液控单向阀的锁紧回路，换向阀的中位机能应使液控单向阀的控制油液卸压（换向阀的中位机能应采用 H 型或 Y 型），以保证换向阀中位接入回路时，液控单向阀能立即关闭，活塞停止运动并锁紧。若换向阀的中位机能采用 O 型或 M 型，当换向阀处于中位时，由于控制油液仍然存在压力，液控单向阀不能立即关闭，直到换向阀由于泄漏使控制油液压力下降到一定值后，液控单向阀才能关闭，这就降低了锁紧效果。

2.1.3.3　方向控制回路常见故障分析

在液压系统中，方向控制回路是利用各种方向控制阀去控制油流的接通、切断或改变方向，或者利用双向液压泵改变进、出油的方向，达到控制执行元件的运动状态（运动或停止）和运动方向的改变（前进或后退，上升或下降）的目的。图 2-16 所示为使用方向控制阀使液压缸换向的例子，常见的故障有以下两种。

（1）换向阀不换向。其原因为：

1）电磁铁吸力不足，不能推动阀芯移动。

2）直流电磁铁剩磁大，使阀芯不能复位。

3）阀芯被拉毛，在阀体内卡死不能动作。

4）对中弹簧轴线歪斜，使阀芯在阀体内卡死不能动作。

5）由于阀芯、阀体加工精度差，产生径向卡紧力，使阀芯卡死不能动作。

6）油液污染严重，堵塞滑阀间隙，导致阀芯卡死不能动作。

（2）单向阀泄漏严重或不起单向作用，其原因为：

1）锥阀与阀座密封不严。

2）弹簧漏装或歪斜，使阀芯不能复位。

3）锥阀或阀座被拉毛或在环形密封面上有污物。

4）阀芯卡死，油液反响流动时锥阀不能关闭。

图 2-16　方向控制回路
1—溢流阀；2—液压缸；3—电磁换向阀；
4—单向阀；5—油泵；6—压力表；7—过滤器

【任务实施】　方向控制回路安装调试及故障排除

（1）任务实施目的：

1）加深理解锁紧回路的组成及工作原理。

2）加深理解换向回路的组成及工作原理。

（2）任务实施要求：

1）拟订锁紧回路实验方案（包括液压系统原理图）。

2）确定控制方式。

3）写出实验操作步骤。

（3）任务实施步骤：

1）根据液压回路原理图（图 2-17 ~ 图 2-19）正确连接各液压元件，实现规定的动作。

图 2-17　手动换向回路　　图 2-18　用液控单向阀的锁紧回路　　图 2-19　三位四通电磁换向回路

2）安装回路所需元器件，用透明油管连接回路。经检查确定无误后接通电源，连接三位四通电磁换向阀，启动电气控制面板上的电源开关；对照实验回路原理图，检查连接是否正确。确认无误后，进入下一步。

3）启动液压泵开关，调节液压泵的转速使压力表达到预定压力，利用三位四通电磁换向阀的换向功能使活塞进行往复运动；进行液压回路调试。先松开溢流阀，启动油泵，让泵空转1~2min，慢慢调节溢流阀，使泵的出口压力调至适当值（YYG-P-20型液压教学实验台，压力调至2MPa）。

4）操纵控制面板，检验油缸伸缩动作能否实现，若不能达到预定动作，检查各液压元件连接是否正确、各液压元件的调节是否合理、电气线路是否存在故障等。更正后重新开始实验，直至工作循环顺利实现。

5）根据每个回路的原理解说，进行逐项实验。实验完毕后，清理试验台，将各元器件放入原来的位置。

讨论：当换向阀处在中位时，油缸不能锁紧。有哪些可能原因造成该故障？

任务2.2 压力控制阀及压力控制回路

【任务描述】

掌握压力控制阀的典型结构、工作原理和性能特点，掌握压力控制回路的特点及主要类型，培养安装、连接和调试压力控制回路的实践能力。

【学习及素养目标】

（1）掌握压力控制阀的工作原理、基本结构、使用方法及在回路中的作用。
（2）培养拆装压力控制阀的实践能力。
（3）培养安装、连接和调试压力控制回路的实践能力。
（4）能够排除实验过程中出现的故障。

【所需知识】

2.2.1 压力控制阀及故障处理

在液压系统中，控制液体压力的阀（溢流阀、减压阀）和控制执行元件或电器元件等在某一压力下产生动作的阀（顺序阀、压力继电器等）统称为压力控制阀。其共同特点是，利用作用于阀芯上的液体压力和弹簧力相平衡的原理进行工作。基于其结构和功能的不同可分为溢流阀、减压阀、顺序阀和压力继电器等。在具体的液压系统中，根据工作需要的不同，对压力控制的要求是各不相同的：有的需要限制液压系统的最高压力，如安全阀；有的需要稳定液压系统中某处的压力值（或者压力差，压力比等），如溢流阀、减压阀等定压阀；还有的是利用液压力作为信号控制其动作，如顺序阀、压力继电器等。

2.2.1.1 溢流阀

A 直动式溢流阀

图2-20所示为滑阀型直动式溢流阀的结构及图形符号。压力油从进口P进入阀后，

经孔 f 和阻力孔 g 后作用在阀芯 4 的底面 c 上。当进口压力较低时，阀芯在弹簧 2 预调力作用下处于最下端，P 与 T 口隔断，阀处于关闭状态。

(a)　　　　　　　　　　　(b)　　　　　　　　　　　(c)

图 2-20　直动式滑阀型溢流阀

(a) 结构图；(b) 图形符号；(c) 效果图

1—调节螺母；2—弹簧；3—上盖；4—阀芯；5—阀体

当进口 P 处压力升高至作用在阀芯底面上的液压力大于弹簧预调力时，阀芯开始向上运动，阀口打开，油液从 P 口经 T 口溢流回油箱。在流量改变时，阀口开度也改变，但因阀芯的移动量很小，所以作用阀芯上的弹簧力变化也很小，当有油液流过溢流阀口时，溢流阀进口处的压力基本保持定值。

直动式溢流阀是利用阀芯上端的弹簧力直接与下端面的液压力相平衡来进行压力控制的。因此，当压力或流量较大时这类阀的弹簧的刚度较大，结构尺寸也较大。同时，阀的开口大，弹簧力有较大的变化量，造成所控制的压力随流量的变化而有较大的变化。再由于弹簧较硬，调节比较费力，所以这类阀只适用于系统压力较低、流量不大的场合，最大调整压力为 2.5MPa，或作为先导式溢流阀的先导阀使用。

B　先导式溢流阀

先导式溢流阀由主阀和先导阀两部分组成。先导阀的结构和工作原理与直动式溢流阀相同，先导阀内的弹簧用来调定主阀的溢流压力。主阀控制溢流量，主阀的弹簧不起调压作用，仅是为了克服摩擦力使主阀芯及时复位而设置的，该弹簧又称稳压弹簧。

图 2-21 (a) 所示为先导式溢流阀结构，图 2-21 (b) 所示为先导式溢流阀的图形符号。在先导式溢流阀结构中下部是主阀芯，上部是先导调压阀。压力油通过进油口（图中未示出）进入油腔 P 后，经主阀芯 5 的轴向孔 g 进入阀芯下端，同时油液又经阻力孔 e 进入主阀芯 5 的上腔，并经 b 孔、a 孔作用于先导阀的阀芯 3 上。当系统压力低于先导阀的调定压力时，先导阀芯闭合，主阀阀芯在稳压弹簧 4 的作用下处于最下端位置不，将溢流口封闭。当系统压力升高、作用在先导阀芯 3 上的液压力大于先导阀调压弹簧的调定压力

时，先导阀被打开，油液经主阀芯内的阻力孔、先导阀口、回油口 T 流回油箱。这时由于主阀芯上阻力孔 e 的阻力作用而产生了压力降，使主阀芯上腔油压 P_1 小于下端的油压 P。当此压力差对阀芯的液压力超过弹簧力 F_s 时，主阀芯向上被抬起，进油腔 P 和回油腔 T 相通，实现了溢流作用。调节先导阀的调节螺母 1，便可调节溢流阀的工作压力。

图 2-21 先导式溢流阀结构及符号

（a）结构图；（b）图形符号；（c）效果图

1—调节螺母；2—调压弹簧；3—先导阀阀芯；4—稳压弹簧；5—主阀阀芯

当溢流阀起溢流定压作用时，作用在阀芯上的力（不计摩擦力）的平衡方程为

$$pA = p_1 A + F_s = p_1 A + K(x_0 + \Delta x)$$

或
$$p = p_1 + \frac{F_s}{A} = p_1 + \frac{K(x_0 + \Delta x)}{A} \tag{2-1}$$

式中，p 为进油腔压力；p_1 为主阀芯上腔压力；A 为阀芯的端面积；F_s 为稳压弹簧 4 的作用力；K 为主阀芯弹簧的刚度；x_0 为弹簧的预压缩量；Δx 为弹簧的附加压缩量。

从式（2-1）可见，由于上腔存在压力 p_1，所以稳压弹簧 4 的刚度可以较小，F_s 的变化也较小，p_1 基本上是定值。先导式溢流阀在溢流量变化较大时，阀口可以上下波动，但进口处的压力 p 变化则较小，这就克服了直动式溢流阀的缺点。同时，先导阀的阀孔一般做得较小，调压弹簧 2 的刚度也不大，因此调压比较轻便。

这种结构的阀是利用压力差使主阀芯上下移动将主阀口开启和关闭的，主阀芯弹簧很小，因此，即使是控制高压大流量的液压系统其结构尺寸仍然较为紧凑、小巧而且噪声低、压力稳定，但是不如直动式溢流阀响应快。通常适用于中、高压系统。

C 溢流阀的性能要求

（1）溢流阀的调压范围要大；

（2）当流过溢流阀的流量变化时，系统中压力变化要小，启闭特性要好；

（3）灵敏度要高；

（4）工作稳定，没有振动和噪声；

（5）当溢流阀关闭时，泄漏量要小。

D 溢流阀的应用

a 作调压、稳压阀

溢流阀有溢流时，可维持阀进口亦即系统压力恒定。如图 2-22（a）所示定量泵节流调速的系统中，定量泵多余的油液经溢流阀溢流回油箱，液压泵的工作压力决定于溢流阀的调整压力且基本保持恒定。在定量泵系统中，溢流阀与节流阀并联。此时溢流阀常开溢油，随着机构所需油量的不同，阀门的溢油量时大时小，以调节及平衡进入液压系统中的油量，使液压系统中之压力保持恒定。溢流阀的调整压力等于系统的工作压力。由于溢流部分损耗功率，故一般只应用于小功率待定量泵的系统中。

　　b　作安全阀

系统统超载时，溢流阀才打开，对系统起过载保护作用，而平时溢流阀关闭。如图 2-22（b）所示变量泵的系统中，当阀前压力不超过某一预调值时，此阀关闭不溢油。当阀前压力超过此预调值时，阀立即打开，油流回油箱或低压回路，因而可防止液压系统过载。注意安全阀多用于带变量泵的系统，其所控制的过载压力，一般比系统的工作压力高 8%～10%。

　　c　作背压阀

溢流阀（一般为直动式的）装在系统的回油路上，产生一定的回油阻力，以改善执行元件的运动平稳性。

　　d　使系统卸荷

如图 2-22（c）所示，用换向阀将溢流阀的遥控口和油箱连接，可使系统卸荷。

　　e　实现远程调压

图 2-22（d）所示，将溢流阀的遥控口和调压较低的溢流阀连通时，其主阀芯上腔油压由低压溢流阀调节（先导阀不再起调压作用），即实现远程调压。

图 2-22　溢流阀的应用

（a）调压溢流；（b）安全保护；（c）使泵卸荷；（d）远程调压

　　f　用作顺序阀

将溢流阀顶盖加工出一个泄油口，而堵死主阀与顶盖相连的轴向孔，并将主阀溢油口作为二次压力出油口，即可作顺序阀用。

　　g　用作卸荷溢流阀

一般常用于泵、蓄能器系统中。泵在正常工作时，向蓄能器供油，当蓄能器中油压达到需要压力时，通过系统压力，操纵溢流阀，使泵卸荷，系统就由蓄能器供油而正常工作；当蓄能器油压下降时，溢流阀关闭，油泵继续向蓄能器供油，从而保证系统的正常工作。

E 溢流阀的安装及使用

在搭建液压系统时，安装溢流阀时应注意下述事项：

（1）注意 Y 型与 Y1 型中压溢流阀的区别。Y1 型中压溢流阀与 Y 型作用原理、用途完全相同，但压力比较稳定，超调量较小，机构较复杂，进出油口与 Y 型相反。

（2）避免将压力表接在溢流阀的遥控口上。液压系统工作时，若将压力表接在溢流阀的遥控口上，则压力表指针抖动，且溢流阀有一定的声响。将压力表改接在溢流阀的进油口，则问题得到解决。原因是压力表中的弹簧管和溢流阀先导阀的弹簧易产生共振。同时，把压力表接在溢流阀的遥控口也不能正确反映溢流阀的进口压力。

（3）高压下，避免突然使溢流阀卸荷。当高压时，如果突然使溢流阀卸荷，将导致液压力远大于弹簧力而失去力平衡，使弹簧损坏。溢流量过大会使液压缸产生冲击振动造成溢流阀和缸体损坏。

2.2.1.2 减压阀

减压阀分定压、定差和定比减压阀三种，其中最常用的是定压减压阀，如不指明，通常所称的减压阀即为定压减压阀。

A 减压阀的工作原理

减压阀是一种利用液流流过缝隙产生压降的原理，使出口压力低于进口压力的压力控制阀。减压阀分为直动式和先导式两种。其中直动式很少单独使用，先导式应用较多。

a 直动式减压阀

图 2-23 所示为直动式减压阀的结构和图形符号。当阀芯处在原始位置上时，它的阀口 a 是打开的，阀的进、出油口相通。阀芯下腔与出口压力油相通，出口压力未达到弹簧预调力时阀口全开，阀芯不动。当出口压力达到弹簧预调力时，阀芯上移，阀口开度 X_R 关小。如忽略其他阻力，仅考虑阀芯上的液压力和弹簧力相平衡的条件，则可以认为出口压力基本上维持在某一定值（调定值）上。这时如出口压力减小，阀芯下移，阀口开度 X_R 开大，阀口处阻力减小，压降减小，使出口压力回生，达到调定值。反之，如出口压力增大，则阀芯上移，阀口开度 X_R 关小，阀口阻力增大，压降增大，使出口压力下降，达到调定值。

b 先导式减压阀

图 2-24 所示为先导式减压阀，减压阀与溢流阀有以下几点不同之处：

（1）减压阀为出口压力控制，保证出口压力为定值；溢流阀为进口压力控制，保证进口压力恒定。

（2）常态时减压阀阀口常开，溢流阀阀口常闭。

（3）减压阀串联在系统中，其出口油液通执行元件，因此泄漏油需单独引回油箱（外泄）；溢流阀的出口直接接油箱，它是并联在系统中，因此泄漏油引至出口（内泄）。

B 减压阀的选用

选择减压阀的主要依据是它们在系统中的作用、额定压力、最大流量、压力损失值，工作性能参数和使用寿命等。通常按照液压系统的最大压力和通过阀的流量，从产品样本样本选择减压阀的规格（压力等级和通径）。

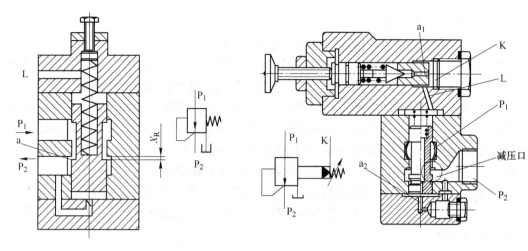

图 2-23　直动式减压阀工作原理　　　　　　图 2-24　先导式减压阀

L—泄油口；P_1—进油口；P_2—出油口

（1）减压阀的调定压力根据其工作情况而决定，注意减压阀不能控制输出油液流量的大小，当减压后的流量需要控制时，应另设流量控制阀。减压阀的流量规格应由实际通过该阀的最大流量选取。在使用中不宜超过推荐的额定流量。

（2）不要使通过减压阀的流量远小于其额定流量。否则，易产生振动或其他不稳定现象。这时，要在回路上采取必要的措施。

（3）减压阀的各项性能指标对液压系统都有影响，可根据系统的要求按样本上的性能曲线选用减压阀。

（4）要注意先导式减压阀的泄漏量比其他控制阀大，这种阀的泄漏量可多达 1L/min以上，而且只要阀处于工作状态，泄漏始终存在。在选择液压泵容量时，要充分考虑到这一点。

（5）注意减压阀的最低调节压力，应保证一次压力与二次压力之差为 0.3 ~ 1MPa。

C　减压阀的使用注意事项

（1）螺纹及法兰连接的减压阀与单向减压阀有两个进油口及一个回油口，板式连接的减压阀与单向减压阀有一个进油口及一个回油口。安装时必须注意将泄油口直接接回油箱，并保持泄油路的畅通，泄油孔有背压时，会造成减压阀及单向减压阀不正常工作。

（2）顺时针调节手柄为压力升高，逆时针调节手柄为压力降低。

（3）当有必要接入压力表测量进口压力时，可拧出塞在壳体上的 M14 × 1.5 螺塞，而换入相应的管接头。

（4）当阀工作时，常因空气渗入使油乳化而引起压力的波动和产生噪声，因此必须注意不使空气进入油内。

（5）当油泵及油路压力正常，而减压阀二次油路压力过低或压力等于零时，应将阀盖拆开，检查泄油管是否堵塞，调压锥阀、阻尼孔是否清洁。

（6）减压阀的超调现象较严重，一次压力和二次压力相差越大，超调也将越大，在设计系统时应注意。

（7）单向减压阀，由减压阀和单向元件组成，其作用与减压阀相同，其反向油流由单向元件自由通过,不受减压阀的限制。

D 减压阀的应用范围

减压阀常用于降低系统某一支路油液的压力,使该二次油路的压力稳定且低于系统的调定压力。如夹紧油路、控制油路和润滑油路。必须说明的是,减压阀出口压力还与出口的负载有关,若因负载建立的压力低于调定压力,则出口压力由负载决定,此时减压阀不起减压作用。应用减压阀必有压力损失,这将增加功耗和使油液发热。当分支油路压力比主油路压力低很多,且流量又很大时,常采用高、低压泵分别供油,而不宜采用减压阀。

与溢流阀相同的是,减压阀也可以在先导阀的遥控口接远程调压阀实现远程控制或多级调压。

2.2.1.3 顺序阀

顺序阀用来控制多个执行元件的顺序动作。通过改变控制方式、泄油方式和二次油路的接法,顺序阀还可具有其他功能,如作背压阀、平衡阀或卸荷阀用。

A 工作原理和结构

顺序阀也有直动式和先导式之分,根据控制压力来源的不同,它有内控式和外控式之分;根据泄油方式,它有内泄式和外泄式两种。在理论上组合起来就有 8 种类型,其中针对直动式顺序阀,有内控内泄式、内控外泄式、外控内泄式和外控外泄式 4 种,如图 2-25 所示。

图 2-25 直动式顺序阀类型图
(a) 内控外泄式;(b) 内控内泄式;(c) 外控外泄式;(d) 外控内泄式

图 2-26 和图 2-27 所示分别是直动式和先导式顺序阀的结构图和图形符号。从图中可以看出,顺序阀的结构和工作原理与溢流阀很相似,其主要差别在于溢流阀有自动恒压调节作用,其出油口接油箱,因此其泄漏油内泄至出口;而顺序阀只有开启和关闭两种状态,当顺序阀进油口压力低于调压弹簧的调定压力时,阀口关闭。当进油口压力高于调压弹簧的调定压力时,进、出油口接通,出油口的压力油使其后面的执行元件动作,出口油路的压力由负载决定,因此它的泄油口需要单独通油箱(外泄)。调整弹簧的预压缩量,即能调节打开顺序阀所需的压力。

若将图 2-26 和图 2-27 所示顺序阀的下盖旋转 90°或 180°安装,去除外控口 C 的螺塞,并从外控口 C 引入压力油控制阀芯动作。这种阀称为外控顺序阀。该阀口的开启和闭合与阀的主油路进油口压力无关,而只决定于控制口 C 引入的控制压力。

若将上盖旋转 90°或 180°安装,使泄油口 L 与出油口 P_2 相通(阀体上开有沟通孔道,图中未示出),并将外泄油口 L 堵死,便成为外控内泄式顺序阀。外控内泄式顺序阀只用于出口接油箱的场合,常用于卸荷,故称为卸荷阀。

图 2-26　直动式顺序阀

（a）结构图；（b）图形符号

图 2-27　先导式顺序阀

（a）结构图；（b）图形符号

1—阀体；2—阻力孔；3—阀盖

B　顺序阀的性能、应用及选择

顺序阀的主要性能与溢流阀相仿。此外，顺序阀为使执行元件准确地实现顺序动作，要求阀的调压偏差小，因而调压弹簧的刚度小一些好。另外，阀关闭时，在进口压力作用下各密封部位的内泄漏应尽可能小，否则可能引起误动作。

顺序阀在液压系统中的应用主要有：

（1）控制多个元件的顺序动作。

（2）内控内泄式顺序阀与单向阀组成平衡阀，保持垂直放置的液压缸不因自重而下落。

（3）外控内泄式顺序阀可在双泵供油系统中，当系统所需流量较小时，使大流量泵卸荷。卸荷阀便是由先导式外控顺序阀与单向阀组成的。

（4）用内控内泄式顺序阀接在液压缸回油路上，作背压阀用，产生背压，以使活塞的运动速度稳定。

在选用顺序阀时，要注意：

（1）顺序阀的规格主要根据通过该阀的最高压力和最大流量来选取。

（2）顺序动作小，顺序阀的调定压力应比先动作的执行元件的工作压力至少高 0.5MPa，以免压力波动产生误动作。

（3）顺序阀可分为内控式和外控式两种，前者用阀进口处的压力控制阀芯的启闭；后者用外部控制压力油控制阀芯的启闭（也称液控顺序阀）；顺序阀有直动式和先导式两种，前者用于低压系统，后者用于中高压系统。

（4）内控式直动顺序阀工作原理与直动式溢流阀相似，两者的区别在于：二次油路即出口压力油不接回油箱，因而泄漏油口必须单独接回油箱。

（5）注意卸荷溢流阀与外控顺序阀作卸荷阀的区别。

（6）注意外控顺序阀与直控顺序阀的区别。

2.2.1.4　压力继电器

A　结构原理及性能

压力继电器是利用系统中压力变化，控制电路通断的液压-电气转换元件。它在油液压力达到其设定压力时，发出电信号，控制电气元件动作，实现泵的加载或卸荷、执行元件的顺序动作或系统的安全保护和连锁等功能。

图 2-28 所示为柱塞式压力继电器的结构。当油液压力达到压力继电器的设定压力时，作用在柱塞 1 上的力通过顶杆 2 合上微动开关 4，发出电信号。即当 $p > p_s$（调定压力）时，微动开关闭合，发出电信号；$p < p_s$ 时，微动开关断开，电信号撤销。

压力继电器的主要性能包括：

（1）调压范围。指能发出电信号的最低工作压力和最高工作压力之间的范围。

（2）灵敏度和通断调节区间。压力升高，继电器接通电信号的压力（开启压力）和压力下降，继电器复位切断电信号的压力（闭合压力）之差为压力继电器的灵敏度。为避免压力波动时继电器时通时断，要求开启压力和闭合压力间有一可调节的差值，称为通断调节区间。

（3）重复精度。在一定的设定压力下，多次升压（或降压）过程中，开启压力和闭合压力本身的差值称为重复精度。

（4）升压或降压动作时间。压力由卸荷压力升到设定压力，微动开关触点闭合发出电信号的时间，称为升压动作时间，反之称为降压动作时间。

B　压力继电器的使用

压力继电器常见故障是由于阀芯、推杆的径向卡紧导致微动开关灵敏度降低和损坏；微动开关空行程过大等原因引起。在使用压力继电器时，要注意：

（1）当阀芯或推杆发生径向卡紧时，摩擦力增加。这个摩擦阻力与阀芯和推杆的运动方向相反，因而使压力继电器的灵敏度降低。

图 2-28　压力继电器
1—柱塞；2—顶杆；3—调节螺钉；4—微动开关

（2）在使用中由于微动开关支架变形，或零位可调部分松动，都会使原来调整好的微动开关最小空行程变大，使灵敏度降低。

（3）压力继电器的泄油腔如不直接接回油箱，由于泄油口背压过高，也会使灵敏度降低。

（4）差动式压力继电器的微动开关和泄油腔用橡胶膜隔开，因此当进油腔和泄油腔接反时，压力油即冲破橡胶隔膜进入微动开关，从而损坏微动开关。

（5）由于调压弹簧腔和泄油腔相通，调节螺钉处无密封装置，因此当泄油压力过高时，在调节螺钉处出现外泄漏现象，所以泄油腔必须直接接回油箱。

（6）在死挡铁定位的节流调速回路中，压力继电器的安装位置应与流量控制阀同侧，且紧靠液压缸。

压力继电器在液压系统中的应用很广。如刀具移到指定位置碰到挡铁或负载过大时的自动退刀，润滑系统发生故障时的工作机械自动停车，系统工作程序的自动换接等，都是典型的例子。

2.2.2　压力控制回路及故障处理

2.2.2.1　调压回路

调压回路的功用是使液压系统整体或部分压力保持恒定或不超过某一个调定值。在定量泵系统中，液压泵的供油压力可以通过溢流阀来调节。在变量泵系统中用安全阀来限定系统的最高压力，防止系统过载。若系统中需要两种以上的压力则可以采用多级调压回路。

A 单级调压回路

图 2-29 （a）所示的定量泵系统中，用节流阀调节进入液压缸的流量，定量泵输出的流量大于进入液压缸的流量，而多余的油液便从溢流阀流回油箱。调节溢流阀的压力便可以调节液压泵的供油压力，溢流阀的调定压力必须大于液压缸最高工作压力和油路中各种压力损失之和。

图 2-29 （b）所示的变量泵系统中，系统正常工作时，溢流阀阀口关闭，系统过载时，溢流阀的阀口打开，多余油液从溢流阀流回油箱，从而限定系统的最高压力，防止系统过载。

(a)   (b)

图 2-29 单级调压阀

（a）定量泵系统；（b）变量泵系统

B 二级调压回路

图 2-30 所示为二级调压回路，可以实现两种不同的压力控制。由定量泵供油，溢流阀 2 和溢流阀 4 各调一级，当二位二通电磁阀 3 处于图示位置时，系统压力由溢流阀 2 调定，当电磁阀 3 通电时，电磁阀 3 上位工作，系统压力由溢流阀 4 调定，但溢流阀 4 的调定压力必须低于溢流阀 2 的调定压力，否则溢流阀 4 不起作用。

C 多级调压回路

图 2-31 所示为三级远程调压回路，远程调压阀 2、3 通过三位四通电磁换向阀 4 接在先导式溢流阀 1 的遥控口上，液压泵 5 的最大压力随 4 左、右、中位置的不同而分别由远程调压阀 2、3 及阀 1 调定。主溢流阀 1 的设定压力必须大于每个远程调压阀的调定压力。

2.2.2.2 减压回路

当泵的输出压力是高压而局部回路或支路要求低压时，可以采用减压回路，如机床液压系统中的定位、夹紧、回路分析以及液压元件的控制油路等，它们往往要求比主油路较低的压力。减压回路较为简单，一般是在所需低压的支路上串接减压阀。采用减压回路虽能方便地获得某支路稳定的低压，但压力油经减压阀口时要产生压力损失，这是它的缺点。

图 2-30　二级调压回路
1—定量泵；2，4—溢流阀；3—电磁阀

图 2-31　多级调压回路
1—主溢流阀；2，3—远程调压阀；
4—三位四通电磁换向阀；5—液压泵

　　最常见的减压回路为通过定值减压阀与主油路相连，如图 2-32（a）所示。回路中的单向阀为主油路压力降低（低于减压阀调整压力）时防止油液倒流，起短时保压作用，减压回路中也可以采用类似两级或多级调压的方法获得两级或多级减压。图 2-32（b）所示为利用先导式减压阀 5 的远控口接一远控溢流阀 6，则可由阀 5、阀 6 各调得一种低压。但要注意，阀 6 的调定压力值一定要低于阀 1 的调定减压值。

（a）　　　　　　　　　　　　　　　　　（b）

图 2-32　减压回路
（a）采用定值减压阀的减压回路；（b）二级减压回路
1，6—溢流阀；2—定值减压阀；3—单向阀；4—液压缸；5—先导式减压阀

　　为了使减压回路工作可靠，减压阀的最低调整压力不应小于 0.5MPa，最高调整压力至少应比系统压力小 0.5MPa。当减压回路中的执行元件需要调速时，调速元件应放在减压阀的后面，以避免减压阀泄漏（指由减压阀泄油口流回油箱的油液）对执行元件的速度

产生影响。

2.2.2.3　卸荷回路

在液压系统工作中，有时执行元件短时间停止工作，不需要液压系统传递能量，或者执行元件在某段工作时间内保持一定的力，而运动速度极慢，甚至停止运动，在这种情况下，不需要液压泵输出油液，或只需要很小流量的液压油，于是液压泵输出的压力油全部或绝大部分从溢流阀流回油箱，造成能量的无谓消耗，引起油液发热，使油液加快变质，而且还影响液压系统的性能及泵的寿命。为此，需要采用卸荷回路，即卸荷回路的功用是指在液压泵驱动电动机不频繁启闭的情况下，使液压泵在功率输出接近于零的情况下运转，以减少功率损耗，降低系统发热，延长泵和电动机的寿命。因为液压泵的输出功率为其流量和压力的乘积，因而，两者任一近似为零，功率损耗即近似为零。因此液压泵的卸荷有流量卸荷和压力卸荷两种。前者主要是使用变量泵，使变量泵仅为补偿泄漏而以最小流量运转，此方法比较简单，但泵仍处在高压状态下运行，磨损比较严重；压力卸荷的方法是使泵在接近零压下运转。

常见的压力卸荷方式有以下几种：

（1）利用二位二通阀的卸荷回路。图 2-33 所示为二位二通换向阀的卸荷回路，当二位二通阀左位工作时，泵输出的油液经二位二通换向阀直接流回油箱，液压泵卸荷。此时二位二通换向阀的额定流量必须和泵的流量相匹配。

（2）利用换向阀中位机能卸荷回路。M 型、H 型和 K 型中位机能的三位换向阀处于中位时，泵即卸荷，如图 2-34 所示为采用 M 型中位机能的电液换向阀的卸荷回路，这种回路切换时压力冲击小，但回路中必须设置单向阀，以使系统能保持 0.3MPa 左右的压力，供操纵控制油路之用。

图 2-33　利用二位二通阀的卸荷回路　　　图 2-34　利用换向阀中位机能卸荷回路

（3）利用先导型溢流阀的远程控制口卸荷。图 2-35 所示为一种用先导型溢流阀的卸荷回路，当先导型溢流阀的远程控制口直接与二位二通电磁阀相连，泵的输出以很低的压力位溢流回油箱。这种卸荷回路卸荷压力小，切换时冲击也小。

2.2.2.4　保压回路

在液压系统中，常要求液压执行机构在一定的行程位置上停止运动或在有微小的位移下稳定地维持住一定的压力，这就要采用保压回路。最简单的保压回路是密封性能较好的液控单向阀的回路，但是，阀类元件处的泄漏使得这种回路的保压时间不能维持太久。常用的保压回路有以下几种：

（1）利用液压泵的保压回路。利用液压泵的保压回路也就是在保压过程中，液压泵仍以较高的压力（保压所需压力）工作，此时，若采用定量泵则压力油几乎全经溢流阀流回油箱，系统功率损失大，易发热，故只在

图 2-35　先导型溢流阀的远程控制口卸荷回路

小功率的系统且保压时间较短的场合下才使用；若采用变量泵，在保压时泵的压力较高，但输出流量几乎等于零，因而，液压系统的功率损失小，这种保压方法能随泄漏量的变化而自动调整输出流量，因而其效率也较高。

（2）利用蓄能器的保压回路。图 2-36 所示为利用蓄能器的保压回路，当主换向阀在左位工作时，液压泵向液压缸和蓄能器同时供油，并推动活塞右移；当液压缸向前运动且压紧工件，进油路压力升高至调定值，卸荷阀打开，泵即卸荷，单向阀自动关闭，液压缸则由蓄能器保压。缸压不足时，卸荷阀关闭，液压泵又向蓄能器供油。

2.2.2.5　增压回路

如果系统或系统的某一支油路需要压力较高但流量又不大的压力油，而采用高压泵又不经济，或者根本就没有必要增设高压力的液压泵时，就常采用增压回路，这样不仅易于选择液压泵，而且系统工作较可靠，噪声小。增压回路中提高压力的主要元件是增压缸或增压器。

图 2-36　利用蓄能器的保压回路

（1）单作用增压缸的增压回路。图 2-37 所示为利用增压缸的单作用增压回路，当系统在图示位置工作时，系统的供油压力 p_1 进入增压缸的大活塞腔，此时在小活塞腔即可得到所需的较高压力 p_2；当二位四通电磁换向阀右位接入系统时，增压缸返回，辅助油箱中的油液经单向阀补入小活塞。因而该回路只能间歇增压，所以称之为单作用增压回路。

（2）双作用增压缸的增压回路。图 2-38 所示为采用双作用增压缸的增压回路，能连续输出高压油。当液压缸的活塞左移，遇到大的负载时，系统压力升高，打开顺序阀 1，油液经阀 1、二位四通换向阀 3 进入双作用液压缸 2 中，增压缸活塞无论左移或右移，均能输出高压油。只要换向阀 3 不断切换，增压缸就不断地往复运动，高压油就连续经单向阀 5 或 6 进入液压缸 4 的右腔。液压缸 4 向右运动时增压回路不起作用。

图 2-37 单作用增压缸的增压回路

图 2-38 双作用增压缸的增压回路
1—顺序阀；2，4—液压缸；
3—换向阀；5，6—单向阀

2.2.2.6 平衡回路

平衡回路的功用在于防止垂直或倾斜放置的液压缸和与之相连的工作部件因自重而自行下落。图 2-39 所示为采用单向顺序阀的平衡回路，当 1YA 得电后活塞下行时，回油路上就存在着一定的背压；只要将这个背压调得能支承住活塞和与之相连的工作部件自重，活塞就可以平稳地下落。当换向阀处于中位时，活塞就停止运动，不再继续下移。这种回路当活塞向下快速运动时功率损失大，锁住时活塞和与之相连的工作部件会因单向顺序阀和换向阀的泄漏而缓慢下落，因此它只适用于工作部件质量不大、活塞锁住时定位要求不高的场合。图 2-40 所示为采用液控顺序阀的平衡回路。当活塞下行时，控制压力油打开液控顺序阀，背压消失，因而回路效率较高；当停止工作时，液控顺序阀关闭以防止活塞和工作部件因自重而下降。这种平衡回路的优点是只有上腔进油时活塞才下行，比较安全可靠；缺点是，活塞下行时平稳性较差。这是因为活塞下行时，液压缸上腔油压降低，将

图 2-39 采用顺序阀的平衡回路

图 2-40 采用液控顺序阀的平衡回路

使液控顺序阀关闭。当顺序阀关闭时，因活塞停止下行，使液压缸上腔油压升高，又打开液控顺序阀。因此液控顺序阀始终工作于启闭的过渡状态，因而影响工作的平稳性。这种回路适用于运动部件质量不很大、停留时间较短的液压系统中。

2.2.2.7　压力控制回路常见故障分析

压力控制回路是利用各种压力控制阀来控制液压系统压力的回路，用于实现调压（稳压）、减压、增压、多级压力控制、卸荷、保压等控制，以满足系统中各种执行元件对力或转矩上的要求。压力控制系统性能基本是由压力控制阀决定的，因此压力控制阀性能的好坏直接影响到压力控制系统。

A　压力控制回路常见故障

以图 2-41 所示的压力控制回路为例，该系统常见故障有：

（1）压力调不上去。

（2）压力过高，调不下来。

（3）压力振动、摆动大。

B　压力调不上去的故障原因

（1）先导式溢流阀的主阀阻尼孔堵塞，滑阀在下端油压作用下，克服上腔的液压力和主阀弹簧力，使主阀上移，调弹簧失去对主阀的控制作用，因此主阀在较低的压力下打开溢流口溢流。系统中，正常工作的压力阀，有时突然出现故障往往是这种原因。

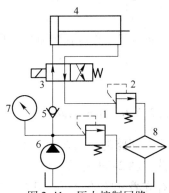

图 2-41　压力控制回路

1，2—溢流阀；3—二位四通电磁换向阀；
4—液压缸；5—单向阀；6—油泵；
7—压力表；8—过滤器

（2）溢流阀的调压弹簧太软、装错或漏装。

（3）阀芯被毛刺或其他污物卡死于开口位置不能关闭。

（4）阀芯和阀座关闭不严，泄漏严重。

C　压力过高、调不下来的故障原因

（1）安装时，阀的进出油口接错，没有压力油去推动阀芯移动，因此阀芯打不开。

（2）阀芯被毛刺或污物卡死于关闭位置，主阀不能开启。

（3）先导阀前的阻尼孔堵塞，导致主阀不能开启。

D　压力振动、摆动大的故障原因

（1）阀芯与阀座接触不良。

（2）阀芯在阀体内移动不灵活。

（3）油液中混有空气。

（4）阻尼孔直径过大，阻尼作用弱。

（5）与相近的阀产生了共振。

【任务实施】 压力控制回路安装调试及故障排除

（1）任务实施目的：

1）加深理解卸荷回路的组成及工作原理。

2）加深理解平衡回路的组成及工作原理。

（2）任务实施要求：

1）拟订卸荷回路，平衡回路实验方案（包括液压系统原理图）。

2）确定控制方式。

3）写出实验操作步骤。

（3）任务实施步骤：

1）按照液压回路原理图的要求，取出所要用的液压元件。

2）将液压组件安装在试验台面板的合理位置，固定牢靠。

3）通过快速接头和液压软管按回路要求连接管路，要求连接可靠。

4）对照实验回路原理图，检查连接是否正确。

5）确认无误后，进入下一步。进行液压回路调试。先松开溢流阀，启动油泵，让泵空转 1~2min，慢慢调节溢流阀，使泵的出口压力调至适当值（YYG-P-20 型液压教学实验台，压力调至 2MPa。调节节流阀、平衡阀至适当开度。

6）根据每个回路的原理解说，进行逐项实验。实验完毕后，清理试验台，将各元器件放入原来的位置。

任务 2.3　流量控制阀及流量控制回路

【任务描述】

掌握流量控制阀的典型结构、工作原理和性能特点，掌握流量控制回路的特点及主要类型，培养安装、连接和调试流量控制回路的实践能力。

【学习及素养目标】

（1）掌握流量控制阀的工作原理、基本结构、使用方法及在回路中的作用。

（2）培养拆装流量控制阀的实践能力。

（3）培养安装、连接和调试流量控制回路的实践能力。

（4）能够排除实验过程中出现的故障。

【所需知识】

2.3.1　流量控制阀及故障处理

流量控制阀是通过改变可变节流口面积大小，从而控制通过阀的流量，达到调节执行元件（缸或马达）运动速度的阀类元件。常用的流量控制阀有节流阀、调速阀等。

2.3.1.1　节流阀

A　节流阀的结构与原理

图 2-42 所示为一种典型的节流阀结构图和图形符号。油液从进油口 P_1 进入，经阀芯上的三角槽节流口，从出油口 P_2 流出。转动手柄可使推杆推动阀芯做轴向移动，从而改

变节流口的通流面积，调节节流阀流量的大小。节流阀结构简单，制造容易，体积小，但负载和温度的变化对流量的稳定性影响较大，因此只适用于负载和温度变化不大，或速度稳定性要求较低的液压系统。

图 2-42　节流阀结构和图形符号

(a) 结构图；(b) 图形符号；(c) 阀口结构图

节流阀在液压系统中主要与定量泵、溢流阀和执行元件组成节流调速系统，调节其开口，便可调节执行元件运动速度的大小；也可用于试验系统中用作加载，起负载阻力作用；在液流压力容易发生突变的地方安装节流阀，起压力缓冲作用。

B　节流阀的特性

a　流量特性

节流阀的流量特性决定于节流口的结构形式。但无论节流口采用何种形式，一般情况下，节流阀的流量特性可用公式 $q_v = CA\Delta p^m$（其中 C 为流量系数，A 为节流口开口面积，Δp 为压差，m 为节流指数）来描述。在一定压差下，改变节流口面积 A，就可调节通过阀口的流量。

b　流量的稳定性

（1）压差 Δp 对流量稳定性的影响。在使用中，当阀口前后压差变化时，使流量不稳定。节流指数 m 越大，Δp 的变化对流量的影响越大，因此阀口制成薄壁孔（$m = 0.5$）比制成细长孔（$m = 1$）的好。

（2）温度对流量稳定性的影响。油温的变化引起油液黏度的变化，从而对流量发生影响。黏度变化对细长孔流量的影响较大，薄壁小孔的流量不受黏度影响。

（3）孔口形状对流量稳定性的影响。能维持最小稳定流量是流量阀的一个重要性能，该值越小，表示阀的稳定性越好。实践证明，最小稳定流量与节流口截面形状有关，圆形节流口最好，而方形和三角形次之，但方形和三角形节流口便于连续而均匀地调节其开口量，所以在流量控制阀上应用较多。

C　节流阀的性能要求

（1）有较大的流量调节范围，调节时，流量变化均匀，调节性能好。

（2）不易堵塞，特别是小流量时不易堵塞。

（3）节流阀前后压差发生变化时，通过阀的流量变化要小。

（4）通过阀的流量受温度的影响要小。

（5）内泄漏小，即节流阀全关闭时，进油腔压力调节至公称压力时，从阀芯和阀体配合间隙处由进油腔泄漏到出油腔的流量要小。

（6）正向压力损失要小，正向压力损失指节流阀全开，流过公称流量时进油腔与出油腔之间的油液压力差值，一般不超过 0.4MPa。

2.3.1.2　调速阀

A　调速阀的结构及原理

图 2-43 所示为调速阀进行调速的工作原理。液压泵出口（即调速阀进口）压力 p_1 由溢流阀调定，基本上保持恒定。调速阀出口处的压力由负载 F 决定。当 F 增加时，调速阀进出口压差 $p_1 - p_2$ 将减小。如在系统中装的是普通节流阀，则由于压差的变化，影响通过节流阀的流量，从而使活塞运动速度不能保持恒定。

图 2-43　调速阀的工作原理
（a）结构；（b）图形符号；（c）简化的图形符号

调速阀是在节流阀的前面串联了一个定差式减压阀，使油液先经减压阀产生一次压力变化，将压力变到与 p_2 匹配。利用减压阀阀芯的自动调节作用，使节流阀前后压差 $\Delta p = p_\mathrm{m} - p_2$ 基本保持不变。

减压阀阀芯上端的油腔 b 通过孔道 a 和节流阀后的油腔相通，压力为 p_2，而其肩部腔 c 和下端油腔 d，通过孔道 f 和 e 与节流阀前的油腔相通，压力为 p_m。活塞负载 F 增加时，p_2 升高，于是作用在减压阀阀芯上端的液压力增加，阀芯下移，减压阀的开口加大，压降减小，因而使 p_m 也升高，结果使节流阀前后的压差 $p_\mathrm{m} - p_2$ 保持不变。反之亦然。这样就使通过调速阀的流量恒定不变，活塞运动的速度稳定，不受负载变化的影响。

调速阀与节流阀的特性比较如图 2-44 所示。从图中可看出，节流阀的流量随压差的变化较大，而调速阀在进、出口压差 Δp 大于一定值（Δp_{min}）后，流量基本保持不变。这是因为在压差很小时，减压阀阀芯在弹簧力作用下处于最下端位置，阀口全开，减压阀不起减压作用的缘故。

图 2-44 　调速阀和节流阀的流量特性

对于速度稳定性要求较高的液压系统，需要用温度补偿调速阀。这种阀中有热膨胀系数大的聚氯乙烯塑料推杆，当温度升高时其受热伸长使阀口关小，以补偿因油变稀流量变大造成流量增加，维持其流量基本不变。

B　流量阀的选用原则及使用

a　流量阀选用原则

根据液压控制节流阀调速系统的工作要求选取合适类型的流量控制阀，在此前提下，可以参考如下的流量阀选用原则：

（1）流量阀的压力等级要与系统要求相符。

（2）根据系统执行机构所需的最大流量来选择流量阀的公称流量，流量阀的公称流量要比负载所需的最大流量略大一些，以使阀在大流量区间有一定的调节裕量；同时也要考虑阀的最小稳定流量范围能满足系统执行机构低速控制要求。

（3）流量阀的流量控制精度、重复精度及动态性能等要满足液压系统工作精度的要求。

（4）如果系统要求流量阀对温度变化不敏感，可采用具有温度补偿功能的流量阀。

（5）要考虑流量阀的安装空间大小、阀的质量以及油口连接尺寸，要符合系统设计要求。

b　流量阀使用注意事项

在使用流量阀时要注意以下事项：

（1）要以通过阀的实际流量（不是按泵的流量），作为选择阀的主要参数之一。若通过阀的实际流量确定小了，将导致阀的规格（容量）选得偏小、使阀的局部压力损失过大，引起油温过高等弊端，严重时会造成系统不能正常工作。

（2）控制阀的使用压力、流量，不要超过其额定值。如流量控制阀的使用压力、流量超过其额定值，就易产生液压卡紧和液动力，对控制阀工作品质产生不良影响。

（3）要注意节流阀、调速阀的最小稳定流量应符合要求。节流阀和调速阀的最小稳定流量，关系着执行元件的最低工作速度是否能实现。要保证调速阀对流量（即对执行元件的速度）的控制精度；调速阀需要有一定的压差，普通调速阀其压差不应小于 0.5MPa。高精度调速阀，其压差高达 1MPa。别外，环境温度变化较大时，应选用带温度补偿的调速阀。

（4）注意普通调速阀启动时存在流量跳跃现象。这种流量跳跃现象，会影响执行元件速度的平稳性。为此，应采取相应的措施。

（5）注意溢流节流阀只能接在执行机构的进油路上。溢流节流阀中的节流阀进出口的压差与作用在溢流节流阀阀芯上的弹簧力平衡，该弹簧是个软弹簧，若将溢流节流阀用于执行机构的回油路上，其出口必然通油箱，即溢流节流阀的弹簧腔通油箱，此时假若负载减小，溢流节流阀的进口压力就要增加，该压力很容易克服弹簧力，使进入溢流节流阀的油主要经溢流节流阀中的溢流阀口流回油箱，而不能再由节流阀来控制。

2.3.1.3　节流阀和调速阀常见故障及排除方法

A　节流阀使用易出现的问题及排除方法

节流阀使用中的主要问题是流量调节失灵、流量不稳定和泄漏量增大。

（1）流量调节失灵主要原因是阀芯径向卡住，这时应进行清洗，排出脏物。

（2）流量不稳定。节流阀和单向节流阀当节流口调节好并锁紧后，有时会出现流量不稳定现象，尤其在小流量时更易发生。这主要是锁紧装置松动、节流口部分堵塞、油温升高、负载变化等引起的。这时应采用取拧紧锁紧装置，油液过滤，加强油温控制，尽可能使负载变化小或不变化等措施。

（3）泄漏量增加。主要是密封面磨损过大造成的，应更换阀芯。

（4）阀芯反力过大。行程节流阀和单向行程节流阀的阀芯反力过大，这主要是阀芯径向卡住和泄油口堵住，此时，行程节流阀和单向行程节流阀的泄油口一定要单独接回油箱。

B　调速阀使用时易出现的问题及排除方法

（1）流量调节失灵。调节节流部分时出油腔流量不发生变化，其主要原因是阀芯径向卡住和节流部分发生故障等。减压阀芯或节流阀芯在全关闭位置时，径向卡住会调节节流口开度而使阀流出油腔的流量不发生变化。当节流调节部分发生故障时，会使调节螺杆不能轴向移动，使出油腔流量也不发生变化。发生阀芯卡住或节流调节部分故障时，应进行清洗和修复。

（2）流量不稳定。调速阀当节流口调整好锁紧后，有时会出现流量不稳定现象，特别在最小稳定流量时极易发生，其主要原因是锁紧装置松动，节流口部分堵塞，油温升高，进、出油腔最小压差过低和进、出油腔接反。

油流反向通过调速阀时，减压阀对节流阀不起压力补偿作用，使调速阀变成节流阀。当进出油腔油液压力发生变化时，流经的流量就会发生变化，从而引起流量不稳定。因此在使用时要注意进、出油腔的位置不能接反。

（3）内泄漏量增大。调速阀节流口关闭时，是靠间隙密封的，因此不可避免有一定的泄漏量。当密封面磨损过大时，会引起内泄漏量增加，使流量不稳定，特别是影响到最小稳定流量。

C　节流阀和调速阀常见故障

节流阀和调速阀常见故障一是节流调节失灵或调节范围小，二是由综合因素影响节流阀或调速阀的工作性能，导致运动速度不稳定。产生这些故障的原因及排除方法见表2-4。

表 2-4　节流阀、调速阀常见故障及排除方法

现　象	原　因	方　法
作用失灵或调节范围不大	阀芯与孔的间隙过大，造成泄漏，使调节不起作用	更换或修复磨损零件
	节流口阻塞或阀芯卡住	清洗或更换
	节流阀结构不良	选用节流特性好的节流阀
	密封件损坏	更换密封件
运动速度不稳定	油口杂质堆积或黏附在节流口边上，使通流面积减小	清洗元件，更换液压油
	节流阀性能差，由于振动使节流口变化	增加节流锁紧装置
	节流阀内部或外部泄漏	检查零件精度或配合间隙，修正或更换超差零件
	负载变化	改换调速阀
	油温升高，使油的黏度降低，使速度逐步增高	在油温稳定后，调节节流阀或增加散热装置
	混入空气	系统排气
	阻力装置阻塞	清洗元件

2.3.2　速度控制回路及故障处理

速度控制回路是研究液压系统的速度调节和变换问题，常用的速度控制回路有调速回路、快速回路、速度换接回路等，本节中分别对上述三种回路进行介绍。

2.3.2.1　调速回路

调速回路是用来调节执行元件的工作速度。由公式 $v = q/A$ 和 $n_M = q/V_M$ 可知：液压缸的工作速度 v 是由输入流量 q 和缸的有效面积 A 决定的，液压马达的转速 n_M 是由输入流量 q 和马达的排量 V_M 决定的。因此，控制进入液压缸或液压马达的流量 q 或改变液压马达的排量 V_M 即可以实现对执行元件速度的调节。调速回路主要有以下三种方式：

（1）节流调速回路：由定量泵供油，用流量阀调节进入或流出执行机构的流量来实现调速。

（2）容积调速回路：用调节变量泵或变量马达的排量来调速。

（3）容积节流调速回路：用限压变量泵供油，由流量阀调节进入执行机构的流量，并使变量泵的流量与调节阀的调节流量相适应来实现调速。此外还可采用几个定量泵并联，按不同速度需要，启动一个泵或几个泵供油实现分级调速。

A　节流调速回路

节流调速回路是通过调节流量阀的通流截面积大小来改变进入执行机构的流量，从而实现运动速度的调节。按流量控制阀在液压系统中的位置不同可分为进油、回油和旁通三种节流调速回路。

a　进油节流调速回路

进油调速回路是将节流阀装在执行机构的进油路上，起调速作用，如图 2-45（a）所示。液压泵的供油压力是由溢流阀调定的，调节节流阀开口面积，便能控制进入液压缸的流量，即可以调节液压缸的运动速度，泵多余的油液经溢流阀流回油箱。这种回路活塞往返运动均为进油节流调速回路，也可以用单向节流阀串联在换向阀和液压缸进油腔之间，实现单向进油节流调速。

图 2-45　进油节流调速回路
（a）调速回路；（b）速度-负载特性曲线

图 2-45（b）为进油节流调速回路的速度-负载特性曲线，它反映了回路中执行元件的速度 v 随负载 F 变化而变化的规律：曲线越陡，则说明速度受负载的影响越大，即速度刚性越差；曲线越平缓，则说明速度受负载的影响越小，即速度刚性越好。因此，从速度—负载特性曲线可知：

（1）当节流阀通流面积 A_T 不变时，活塞的运动速度 V 随负载 F 的增加而降低，因此这种调速的速度—负载特性曲线较软。

（2）当节流阀通流面积 A_T 一定时，重载区域曲线比轻载区域曲线陡，速度刚性越差。

（3）当负载不变时，速度刚性随节流阀通流面积的增大而降低，即高速时速度刚性低。

（4）在液压泵的供油压力 p_p 已调定的情况下，液压缸的最大承载能力 $F_{max}=p_p A$ 是恒定不变的（液压缸活塞有效面积不变），是恒推力（恒转矩）调速。

进油节流调速回路适用于轻载、低速、负载变化不大和对速度稳定性要求不高的小功率液压系统且要求系统负载为正值（负载的运动方向与活塞的运动方向相反）。

b　回油节流调速回路

回油调速回路是将节流阀装在执行机构的回油路上，起调速作用。图 2-46 所示为节流阀串联在液压缸的回油路上，活塞的往复运动也属于回油节流调速。它是用节流阀调节液压缸的回油流量，也就控制了进入液压缸的流量，因此同进油节流调速回路一样可达到调速的目的。

回油节流调速回路的速度-负载特性曲线与进油节流调速回路完全相同。但是这两种调速回路也存在不同之处：回油节流调速回路由于液压缸的回油腔存在背压，因而能够承

受一定的负值负载，故其运动平稳性较好；回油节流调速
回路，经过节流阀的发热后的油液直接流回油箱冷却，对
液压缸泄漏影响较小；回油节流调速回路，在停车后，液
压缸回油腔中的油液会由于泄漏而形成空隙，重新启动时
由于进油路上没有节流阀控制流量，会使活塞产生前冲。

    c   旁路节流调速回路

    图 2-47（a）所示为节流阀设置在与执行元件并联的
支路上，用它来调节从支路流回油箱的流量，以间接控制
进入液压缸的流量，从而达到调速的目的。回路中溢流阀
的阀口常闭，起安全保护作用，因此液压泵的供油压力是
随负载而变化。

图 2-46   回油节流调速回路

    如图 2-47（b）所示为旁路节流调速回路的速度-负载特性曲线，由图可知该回路的
特点：

    （1）增大节流阀的通流面积，活塞运动速度变小；当节流阀的通流面积不变时，负载
增加活塞的运动速度下降很快。

    （2）在负载一定时，节流阀的通流面积越小（活塞运动越高）其速度刚性越高，能
承受的最大负载就越大。

    （3）液压泵的供油压力随负载的变化而变化，回路中只有节流损失而无溢流损失，因
此这种回路的效率较高。

    （4）因液压缸的回油腔无背压力，所以其运动平稳性较差，不能承受负值负载。

    使用节流阀的节流调速回路，其速度刚性都比较低，在变负载下的运动平稳性也都较
差，这主要是由于负载变化引起的节流阀前后压力差变化所产生的后果。如果用调速阀来
代替节流阀，由图 2-45（b）和图 2-47（b）中可知，采用调速阀后速度-负载特性曲线非
常平缓，即提高了节流调速回路的速度刚性和运动平稳性，但会增大功率损失，降低回路
效率。

        (a)   (b)

图 2-47   旁路节流调速回路

（a）调速回路；（b）速度-负载特性曲线

B 容积调速回路

容积调速回路是通过改变液压泵或液压马达的排量来实现调速的。这种调速回路因无溢流流和节流损失，故功率损失小，系统效率高，常用于大功率的液压系统。

根据液压泵和液压马达组合方式不同，容积调速回路有变量泵和定量（或液压缸）容积调速回路、定量泵和变量马达容积调速回路、变量泵和变量马达容积调速回路三种。

a 变量泵和定量执行元件容积调速回路

图 2-48（a）所示为变量泵和液压缸组成的开式容积调速回路。改变液压泵 1 的排量就能调节液压缸活塞的运动速度，2 为安全阀。图 2-48（b）所示为变量泵和定量马达组成的闭式容积调速回路。定量马达 5 的输出转速是通过改变变量泵 3 的排量来实现的，4 为安全阀，辅助泵 1 是用来向闭式油路补油，其供油压力由低压溢流阀 6 来调定。

图 2-48 变量泵和定量执行元件容积调速回路

（a）开式容积调速回路；（b）闭式容积调速回路

1—液压泵；2，4—安全阀；3—变量泵；5—定量马达；6—溢流阀

变量泵和定量执行元件容积回路的特性如下：

（1）若不计压力和流量损失，液压缸活塞的运动速度 $v = q/A$，液压马达的转速 $n_M = q/V_M$，由于液压缸的有效面积 A 和液压马达的排量 V_M 为定值，所以调节变量泵的排量，即改变了变量泵的流量 q 便可以调节液压缸活塞的运动速度或液压马达的转速，且调速范围较大。

（2）若不计压力和流量损失，液压马达的输出转矩 $T_M = p_p \cdot V_M/2\pi$，液压缸的推力 $F = p_p A$，其中 V_M 和 A 为定值，p_p 为变量泵的压力，由溢流阀 4 调定，液压马达（或液压缸）输出的最大转矩（或推力）不变，故这种调速属恒转矩（或恒推力）调速。

（3）若不计压力和流量损失，液压马达（或液压缸）的输出功率等于液压泵的输入功率，即 $P_M = P_p = p_p V_p n_p = p_p V_M n_M$。式中的压力 p_p、液压马达的排量 V_M 为常数，因此液压马达的输出功率随转速 n_M 呈线性变化。

b 定量泵和变量马达容积调速回路

如图 2-49 所示，定量泵的输出流量不变，调节变量马达的排量 V_M，即可以改变液压马达的转速。3 为安全阀，1 为辅助泵，其供油压力由低压溢流阀 5 调定。

该回路的特性如下：

（1）根据 $n_M = q_p / V_M$ 可知液压马达的输出转速 n_M 与排量 V_M 成反比，但 V_M 过小，则液压马达的输出转矩将减小，甚至不能带动负载，故这种调速回路的调速范围较小。

（2）由液压马达的转矩公式 $T_M = p_p V_M / 2\pi$ 可知，若 V_M 减小，n_M 上升，则 T_M 下降。

（3）定量泵的输出流量 q_p 是不变的，泵的压力由安全阀 3 调定。若不计压力和流量损失，则液压马达输出的最大功率 $P_M = P_p = q_p p_p$ 是不变的，故这种调速是恒功率调速。

图 2-49　定量泵和变量马达容积调速回路
1—定量泵；2—单向阀；3—安全阀；
4—单向变量马达；5—溢流阀

c　变量泵和变量马达容积调速回路

如图 2-50 所示，双向变量泵 3 可以正反向供油，双向变量马达 10 便能正反向旋转，单向阀 4 和 5 用于实现双向补油，溢流阀 2 的调定压力应略高于溢流阀 9 的调定压力，以保证液控换向阀动作时，回路中的部分热油经溢流阀 9 排回油箱，此时的补油泵 1 向回路输送冷却油液，这种调速回路是上述两种调速回路的组合，即调节变量泵 3 和变量马达 10 的排量均可改变液压马达的转速，所以其工作特性也是上述两种调速回路的综合，其理想情况下的特性曲线如图 2-51 所示。

图 2-50　变量泵和变量马达容积调速回路
1—补油泵；2，6，7，9—溢流阀；3—双向变量泵；
4，5—单向阀；8—液动换向阀；10—变量马达

图 2-51　变量泵和变量马达容积
调速回路工作特性曲线

这种回路在低速段将马达的排量固定在最大值上，由小到大调节泵的排量来调速，其最大输出转矩不变；在高速段将泵的排量固定在最大值上，由大到小调节液压马达的排量来调速，其最大输出功率不变。回路总的调速范围等于液压泵的调速范围与液压马达的调速范围的乘积，所以它适用于机床主运动等大功率的液压系统。

C　容积节流调速回路

容积节流调速回路采用变量泵供油，用流量阀控制进入液压缸的流量，以调节液压缸活塞的运动速度，并可使液压泵的供油量自动地与液压缸所需的流量相适应，这种调速回路没有流量损失，回路效率较高，速度刚性比容积调速回路好。

图 2-52 所示为限压式变量泵和调速阀组成的容积节流调速回路。调速阀装在进油路上（也可装在回油路上），调节调速阀便可以改变进入液压缸的流量，而限压式变量泵的输出流量 q_p 与通过调速阀进入液压缸的流量 q_1 相适应。例如，当减小调速阀的通流截面积 A 时，在关小调速阀阀口的瞬间，泵的输出流量还来不及改变，于是出现了 $q_p > q_1$，导致泵的出口压力 p_p 增大，其反馈作用使变量泵的输出流量 q_p 自动减小到与调速阀的流量 q_1 相一致。反之，将调速阀的通流面积增大时，将出现 $q_p < q_1$，迫使泵的出口压力降低，其输出流量将自动增大到 $q_p \approx q_1$ 为止。

图 2-53 所示为限压式变量泵和调速阀联合调速的特性曲线。图中曲线 1 为限压式变量泵的压力和流量特性曲线，曲线 2 为调速阀在某一开口的压力和流量特性曲线。a 点为液压缸 Δp 的工作点，此时通过调速阀进入液压缸的流量为 q_1，压力为 p_1。液压泵的工作点在 b 点，泵的输出流量与调速阀相适应均为 q_1，泵的工作压力为 p_p。如果限压式变量泵的限压螺钉调整得合理，在不计管路损失的情况下，可使调速阀保持最小稳定压差值，一般 $\Delta p = 0.5\text{MPa}$。此时，不仅能使活塞的运动速度不随负载而变化，而且通过调速阀的功率损失（图中阴影部分的面积）为最小，这种情况说明变量泵的限压值调节最为合理。如果 p_p 调得过低，会使 $\Delta p < 0.5\text{MPa}$，这时调速阀中的减压阀将不能正常工作，输出流量随液压缸压力增加而下降，使活塞运动速度不稳定。如果在调节限压螺钉时将 Δp 调得过大，则功率损失增大，油液容易发热。

图 2-52　限压式变量泵和调速阀
容积节流调速回路

图 2-53　限压式变量泵和调速阀
联合调速的特性曲线
1—限压式变量泵的压力-流量特性曲线；
2—调速阀在某一开口的压力-流量特性曲线

2.3.2.2　快速运动回路

快速运动回路是使执行元件在空载时获得所需的高速运动，以提高系统的工作效率，常用的快速运动回路有以下几种。

A　差动连接快速运动回路

如图 2-54 所示，该回路是单杆液压缸通过二位三通电磁换向阀 4 形成差动连接。当只有电磁铁 1YA 得电时，换向阀左位工作，压力油将同时进入液压缸的左右两腔，由于活塞左端受力面积大，液压缸形成差动连接使活塞右移，实现快速运动；这时，当电磁铁 3YA 得电时，换向阀右位进入工作，差动连接则被切断，压力油只能进入缸的左腔，液压缸右腔经调速阀5回油，实现快速运动完成工作进给；当电磁铁2YA、3YA同时得电时，压力油经阀3、阀6、阀4进入液压缸右腔，缸左腔回油，活塞快速退回。

B 双泵供油的快速运动回路

如图2-55所示，该回路是为双泵供油的快速运动回路。液压泵1为高压小流量泵，其流量应略大于最大工进速度所需的流量，其流量与泵2流量之和应等于液压系统快速运动所需的流量，其工作压力由溢流阀5调定。泵2为低压大流量泵（两泵的流量也可相等），其工作压力应低于液控顺序阀3的调定压力。

图2-54 差动连接快速运动回路

1—定量泵；2—溢流阀；3—三位四通换向阀；

4—二位三通换向阀；5—单向调速阀

图2-55 双泵供油的快速运动回路

1—高压小流量泵；2—低压大流量泵；

3—顺序阀；4—单向阀；5—溢流阀

空载时，液压系统的压力低于液控顺序阀3的调定压力，阀3关闭，泵2输出的油液经单向阀4与泵1输出的油液汇集在一起进入液压缸，从而实现快速运动。当系统工作进给承受负载时，系统的压力升高至大于阀3的调定压力，阀3打开，单向阀4关闭，泵2的油液经阀3流回油箱，泵2处于卸荷状态。此时系统仅由小泵1供油，实现快速进给，其工作压力有阀5调节。

这种快速回路功率利用合理，效率较高，缺点是回路较复杂，成本较高。常用于快、慢速差值较大的组合机床、注塑机等设备的液压系统中。

C 采用蓄能器的快速运动回路

对于间歇运转的液压机械，当执行元件间歇或低速运动时，泵向蓄能器充油。而在工作循环中，当某一工作阶段执行元件需要快速运动时，蓄能器作为泵的辅助动力源，可与泵同时向系统提供压力油。

如图2-56所示为将换向阀移到阀右位时，蓄能器所储存的液压油即可释放出来加到液压缸，活塞快速前进。例如，活塞在做加压等操作时，液压泵即可对蓄能器充压（蓄油）。当换向阀移到阀左位时，蓄能器液压油和泵排出的液压油同时送到液压缸的活塞杆端，活塞快速回行。这样，系统中可选用流量较小的油泵及功率较小的电动机，可节约能源并降低油温。

D 采用增速缸的快速回路

如图 2-57 所示，该回路中的增速缸是由活塞缸和柱塞缸复合而成。当电磁铁 1YA 通电，换向阀左位工作，液压泵输出的压力油经柱塞孔进入 3 腔，使活塞快进，增速缸 1 腔内产生局部真空，便通过液控单向阀 5 从油箱 6 中补油。活塞快进结束时，使电磁铁 3YA 通电，阀 4 右位工作，压力油便同时进入增速缸 1 腔和 3 腔，此时因活塞有效工作面积增大，便可获得大的推力、低速运动，以实现工作进给。当电磁铁 2YA 通电时，压力油进入 3 腔，同时打开液控单向阀 5，活塞快退。这种回路功率利用较合理，但结构较为复杂，常用于液压机液压系统。

图 2-56 采用蓄能器的快速运动回路

图 2-57 采用增速缸的快速回路
1，2，3—增压缸腔体；4—二位二通换向阀；
5—液控单向阀；6—高位油箱

2.3.2.3 速度转换回路

设备工作部件在实现自动工作循环过程中，需要进行速度的转换。例如，由快速转换成慢速的工作，或两种慢速的转换等。这种实现速度转换的回路，应能保证速度转换的平稳、可靠，不出现前冲的现象。

A 快慢速转换回路

（1）用电磁换向阀的快慢速转换回路。如图 2-58 所示，该回路是利用二位二通电磁换向阀与调速阀并联实现快速转慢速的回路。当图中电磁铁 1YA 和 3YA 同时通电时，压力油经阀 4 进入液压缸左腔，缸右腔回油，工作部件实现快进；当运动部件上上的挡块碰到行程开关使 3YA 电磁铁断电时，阀 4 油路断开，调速阀 5 进入油路。压力油经调速阀 5 进入油路。压力油经调速阀 5 进入缸左腔，缸的右腔回油，工作部件以阀 5 调节的速度实现工作进给。这种速度转换回路，速度换接快，行程调节比较灵活，电磁阀可安装在液压站的阀板上，也便于实现自动控制，应用很广泛。其缺点是平稳性较差。

（2）用行程阀的快慢速转换回路。如图 2-59 所示，该回路是用单向行程阀的快慢速转换回路。当电磁铁1YA通电时,压力油进入液压缸左腔,缸右腔经行程阀5回油,工作部件实现快速运动。当工作部件上的挡块压下行程阀时,其回路被切断,缸右腔油液只能经过调速阀流回油箱,从而转变为慢速运动。

图2-58　用电磁换向阀的快慢速转换回路　　　　图2-59　用行程阀的快慢速转换回路
1—定量泵;2—溢流阀;3—三位四通换向阀;　　　　1—定量泵;2—先导式溢流阀;3—二位四通电磁换向阀;
4—二位二通换向阀;5—调速阀;6—压力继电器　　　　4—单向阀;5—行程阀;6—调速阀

在这种回路中,行程阀的阀口是逐渐关闭(或开启)的,速度的换接比较平稳,比采用电器元件更可靠,其缺点是行程阀必须安装在运动部件附近,有时管路接得很长,压力损失较大。因此多用于大比量生产的专机液压系统中。

B　两种慢速转换回路

(1)调速阀串联的慢速转换回路。如图2-60所示,该回路是由调速阀3和4串联组成的慢速转换回路。当电磁铁1YA通电时,压力油经调速阀3和二位电磁阀左位进入液压缸左腔,缸右腔回油,运动部件得到由阀3调节的第一种慢速运动。当电磁铁1YA和3YA同时通电时,压力油须经调速阀3和4进入缸的左腔,缸右腔回油。由于调速阀4的开口比调速阀3的开口小,因而运动部件得到由阀4调节的第二种更慢的运动速度,实现了两种慢速的转换。

在这种回路中,调速阀4的开口必须比调速阀3的开口小,否则调速阀4将不起作用。该种回路常用于组合机床中实现二次进给的油路中。

(2)调速阀并联的慢速转换回路。如图2-61(a)所示,该回路是调速阀4和5并联组成的慢速转换回路。当电磁铁1YA通电时,压力油经调速阀4进入液压缸左腔,缸右腔回油,工作部件得到由阀4调节的第一种慢速运动,这时阀5不起作用;当电磁铁1YA和3YA同时通电时,压力油须经调速阀5进入缸的左腔,缸右腔回油。工作部件得到由阀5调节的第二种慢速运动,这时阀4不起作用。

这种回路当一个调速阀工作时,另一个调速阀的油路被封死,其减压阀口全开。当电磁换向阀换位其出油口与油路接通的瞬时,压力突然减小,减压阀口来不及关小,瞬时流量增加,会使工作部件出现前冲现象。

图 2-60 调速阀串联的慢速转换回路
1—单向定量泵；2—三位四通电磁换向阀；
3，4—调速阀；5—二位二通电磁换向阀

图 2-61 调速阀并联的慢速转换回路
（a）改进前；（b）改进后
1—定量泵；2—溢流阀；3，6—换向阀；4，5—调速阀

如果将二位三通换向阀换用二位五通换向阀，并按图 2-61（b）所示接法连接。当一个调速阀工作时，另一个调速阀仍有油液流过，且它的阀口前后保持一定的差值，其内部减压阀开口较小，换向阀换位使其接入油路工作时，出口压力不会减小，因而可克服工作部件的前冲现象，使速度换接平稳。但这种回路有一定的能量损失。

2.3.2.4 速度控制回路常见故障分析

液压系统在工作过程中，除了必须满足主机对力或扭矩的需要之外，还要通过速度控制回路满足其对运动速度的要求。如图 2-62 所示的速度控制回路常见故障有：

（1）载荷增加导致进给速度显著下降。其原因有：

1）液压缸活塞或系统中某一或几个元件的泄漏随载荷压力增高而显著加大。

2）调速阀中的减压阀卡死于打开位置，则在负载增加时通过节流阀的流量下降。

3）液压系统中油温升高，油液黏度下降，导致泄漏增加。

图 2-62 节流调速回路
1—溢流阀；2—节流阀；3—电磁换向阀；
4—液压缸；5—单向阀；6—油泵；
7—压力表；8—过滤器

（2）执行机构（液压缸、液压马达）无低速进给。其原因有：

1）调速阀中定差减压阀的弹簧过软，使节流阀前后压差低于 $0.2 \sim 0.35\text{MPa}$，导致通过调速阀的小流量不稳定。

2）调速阀中减压阀卡死，造成节流阀前后压差随外负载而变。常见的是由于小进给时负载较小，导致最小进给量增大。

3）节流阀的节流口堵塞，导致无小流量或进入小流量的油液不稳定。

（3）执行机构（液压缸、液压马达）出现爬行。其原因有：

1）系统中进入空气。

2）节流阀的阀口堵塞，系统泄漏不稳定，调速阀中减压阀不灵活，造成流量不稳定而引起爬行。

3）由于油缸于执行机构连接不同心，活塞杆密封压得过紧，活塞弯曲变形等原因，导致液压缸工作行程时摩擦阻力变化较大而引起爬行。

4）在回油节流调速系统中，液压缸背压不足，外负载变化时，导致液压缸速度变化。

5）液压泵流量脉动大，溢流阀振动造成系统压力脉动大，使液压缸输入压力油波动而引起爬行。

【任务实施】　速度控制回路安装调试及故障排除

（1）任务实施目的：

1）加深理解调速回路的组成及工作原理。

2）加深理解快速运动回路的组成及工作原理。

3）加深理解速度换接回路的组成及工作原理。

（2）任务实施要求：

1）拟订回路，回路实验方案（包括液压系统原理图）。

2）确定控制方式。

3）写出实验操作步骤。

（3）任务实施步骤：

1）按照液压回路原理图的要求，取出所要用的液压元件。

2）将液压组件安装在试验台面板的合理位置，固定牢靠。

3）通过快速接头和液压软管按回路要求连接管路，要求连接可靠。

4）对照实验回路原理图，检查连接是否正确。

5）确认无误后，进入下一步。进行液压回路调试。先松开溢流阀，启动油泵，让泵空转 1~2min，慢慢调节溢流阀，使泵的出口压力调至适当值（YYG-P-20 型液压教学实验台，压力调至 2MPa）。调节节流阀或调速阀至适当开度。

6）根据每个回路的原理解说，进行逐项实验进行实验分析，并完成实验报告。实验完毕后，清理试验台，将各元器件放入原来的位置。

任务 2.4　多缸工作控制回路

【任务描述】

　　液压多缸工作控制回路是液压系统中用一个液压泵向多个液压缸输送压力油，使各液压缸完成预定功能的控制回路。包括顺序动作回路、同步回路、互锁回路和快慢速互不干扰回路。

【学习及素养目标】

（1）掌握多缸工作控制回路的组成、性能及工作原理。

（2）掌握各种液压元件在回路中的作用。

（3）培养安装、连接和调试液压系统回路的实践能力。

（4）能够排除实验过程中出现的故障。

【所需知识】

在液压系统中，一个油源往往要驱动多个液压缸或液压马达工作。系统工作时，要求这些执行元件或顺序动作，或同步动作，或互锁，或防止互相干扰，因而需要实现这些要求的各种多缸工作控制回路。

2.4.1　顺序动作回路安装调试及故障排除

顺序动作回路的功用是使多缸液压系统中的各液压缸按规定的顺序动作。它可分为行程控制回路和压力控制回路两大类。

2.4.1.1　行程控制的顺序动作回路

如图 2-63（a）所示，该回路是用行程阀 2 及电磁阀 1 控制 A、B 两液压缸实现①、②、③、④工作顺序的回路，在图示状态下 A、B 两液压缸活塞均处于右端位置。当电磁阀 1 通电时，压力油进入 B 缸右腔，B 缸左腔回油，其活塞右移实现动作①；当 B 缸工作部件上的挡块压下行程阀 2 后，压力油进入 A 缸右腔，A 缸左腔回油，其活塞左移实现动作②。当电磁阀 1 断电时，压力油先进入 B 缸左腔，B 缸右腔回油，其活塞左移，实现动作③；当 B 缸运动部件上的挡块离开行程阀使其恢复下位工作时，压力油经行程阀进入 A 缸的左腔，A 缸右腔回油，其活塞右移实现动作④。

这种回路工作可靠，动作顺序的换接平稳，但改变工作顺序困难，且管路长，压力损失大，不易安装。主要用于专用机械的液压系统。

如图 2-63（b）所示，该回路是用行程开关控制电磁换向阀 3、4 的通电顺序来实现 A、B 两液压缸按①、②、③、④顺序动作的回路。在图示状态下，电磁阀 3、4 均不通电，两液压缸的活塞均处于右端位置。当电磁阀 3 通电时，压力油进入 A 缸的右腔，其左腔回油，活塞左移实现动作①；当 A 缸工作部件上的挡块碰到行程开关 S_1 时，S_1 发出信号使电磁阀 4 通电换为左位工作。这时压力油进入 B 缸右腔，缸左腔回油，活塞左移实现动作②；当 B 缸工作部件上的挡块碰到行程开关 S_2 时，S_2 发出信号使电磁阀 3 断电换为右位工作。这时压力油进入 A 缸左腔，其右腔回油，活塞右移实现动作③；当 A 缸工作部件上的挡块碰到行程开关 S_3 时，S_3 发出信号使电磁阀 4 断电换为右位工作。这时压力油进入 B 缸左腔，缸右腔回油，活塞右移实现动作④。当 B 缸工作部件上的挡块碰到行程开关 S_4 时，S_4 发出信号使电磁阀 3 通电，开始下一个工作循环。

这种回路的优点是控制灵活方便，其动作顺序更换容易，液压系统简单，易实现自动控制。但顺序转换时有冲击声，位置精度与工作部件的速度和质量有关，而可靠性则由

图 2-63　行程控制顺序动作回路

（a）用行程阀控制；（b）用行程开关控制

电器元件的质量决定。

2.4.1.2　压力控制的顺序动作回路

如图 2-64 所示，该回路为用普通单向顺序阀 2、3 与电磁换向阀 1 配合动作，使 A、B 两液压缸实现①、②、③、④顺序动作回路。图示位置，换向阀 1 处于中位停止状态，A、B 两液压缸的活塞均处于中位停止状态，A、B 两液压缸的活塞均处于左端位置。当电磁铁 1YA 通电，阀 1 左位工作时，压力油先进入 A 缸左腔，其右腔经阀 2 中单向阀回油，其活塞右移实现动作①；当 A 缸活塞行至终点停止时，系统压力升高。当压力升高到阀 3 中顺序阀的调定压力时，顺序阀开启，压力油进入 B 缸左腔，B 缸右腔回油，活塞右移实现动作②。

图 2-64　压力控制的顺序动作回路

当电磁铁 2YA 通电，阀 1 右位工作时，压力油先进入 B 缸右腔，B 缸左腔经阀 3 中的单向阀回油，其活塞左移实现动作③；当 B 缸活塞左移至终点停止时，系统压力升高。当压力升高到阀 2 中顺序阀的调定压力时，顺序阀开启，压力油进入 A 缸右腔，A 缸左腔回油，活塞左移实现动作④。当 A 缸活塞左移至终点时，可用行程开关控制电磁换向阀 1 断电换为中位停止，也可再使 1YA 电磁铁通电开始下一个工作循环。

这种回路工作可靠，可以按照要求调整液压缸的动作顺序。顺序阀的调整压力应比先动作液压缸的最高工作压力高（中压系统应高 0.8MPa 左右），以免在系统压力波动较大时产生误动作。

2.4.2　同步回路安装调试及故障排除

使两个或多个液压缸在运动中保持相同速度或相同位移的回路，称为同步回路。例如龙门刨床的横梁，轧钢机的液压系统均需同步运动回路。

2.4.2.1　用调速阀控制的同步回路

如图 2-65 所示，该回路为用两个单向调速阀控制并联液压缸的同步回路。图中两个调速阀可分别调节进入两个并联液压缸下腔的流量，使两液压缸向上伸出的速度相等，这种回路可用于两液压缸有效工作面积相等时，也可以用以两缸有效面积不相等时。其结构简单，使用方便，且可以调速。其缺点是受油温变化和调速阀性能差异的影响，不易保证位置同步，速度的同步精度也较低，一般为 5% ~ 7%，用于同步精度要求不高的液压系统。

2.4.2.2　带补偿装置的串联液压缸同步回路

如图 2-66 所示，该回路中的两个液压缸 A、B 串联，B 缸下腔的有效工作面积等于 A 缸上腔的有效工作面积。若无泄漏两缸可同步下行。但有泄漏及制造误差，因此同步误差较大。采用液控单向阀 3、电磁换向阀 2 和 4 组成的补偿装置可使两缸每一次下行终点的位置同步误差得到补偿。

图 2-65　调速阀控制并联液压缸的同步回路图　　　　图 2-66　带补偿装置的串联
1—泵；2—溢流阀；3—换向阀；　　　　　　　　　　　　液压缸同步回路
4，5—单向调速阀

其补偿的原理是：当换向阀 1 右位工作时，压力油进入 B 缸上腔，B 缸下腔油液流入 A 缸上腔，A 缸下腔回油，这时两活塞同步下行。若 A 缸活塞先到达终点，它就触动行程开关 S_1 使电磁阀 4 通电换为上位工作。这时压力油经阀 4 将液控单向阀 3 打开，同时继续进入 B 缸上腔，B 缸下腔的油液可经单向阀 3 及电磁换向阀 2 流回油箱，使 B 缸活塞能继续下行到终点位置。若 B 缸活塞先到达终点，它就触动行程开关 S_2 使电磁阀 2 通电换为右位工作。这时压力油可经阀 2、阀 3 继续进入 A 缸上腔，使 A 缸活塞继续下行到终点位置。

这种回路适用于终点位置同步精度要求较高的小负载液压系统。

2.4.3　互锁回路安装调试及故障排除

在多缸工作的液压系统中，有时要求在一个液压缸运动时不允许另一个液压缸有任何运动，因此常采用液压缸互锁回路。

如图 2-67 所示，该回路为双缸并联互锁回路。当三位六通电磁换向阀 3 处于中位，液压缸 B 停止工作时，二位二通液动换向阀 1 右端的控制油路（虚线）经阀 3 中位与油箱连通，因此其左位接入系统。这时压力油可经阀 1、阀 2 进入 A 缸使其工作。当阀 3 左位或右位工作时，压力油可进入 B 缸

图 2-67　双缸并联互锁回路

使其工作。这时压力油还进入了阀 1 右端使其右位接入系统，因而切断了 A 缸的进油路，使 A 缸不能工作，从而实现了两缸运动的互锁。

2.4.4　多缸快慢速互不干扰回路安装调试及故障排除

在一泵多缸的液压系统中，往往会出现由于一个液压缸转为快速运动的瞬时，吸入相当大的流量而造成系统压力的下降，影响其他液压缸工作的平稳性。因此，在速度平稳性要求较高的多缸系统中，常采用快慢速互不干扰回路。

如图 2-68 所示，该回路为采用双泵分别供油的快慢速互不干扰回路。液压缸 A、B 均需完成"快进→工进→快退"自动工作循环，且要求工进速度平稳。该油路的特点是：两缸的"快进"和"快退"均由低压大流量泵 2 供油，两缸的工进均由高压小流量泵 1 供油。快速和慢速的供油渠道不同，因而避免了互相的干扰。

图 2-68　采用双泵分别供油的快慢速互不干扰回路

图示位置电磁换向阀 7、8、11、12 均不通电，液压缸 A、B 活塞均处于左端位置。当阀 11、阀 12 通电左位工作时，泵 2 供油，压力油经阀 7、阀 11 与 A 缸两腔相通，使 A

缸活塞差动快进；同时泵 2 的压力油经阀 8、阀 12 与 B 缸两腔相连，使 B 缸活塞差动快进。当阀 7、阀 8 通电左位工作时，阀 11、阀 12 断电换为右位时，液压泵 2 的油路被封闭不能进入液压缸 A、B。泵 1 供油，压力油经调速阀 5、换向阀 7 左位、单向阀 9、换向阀 11 右位进入 A 缸左腔，A 缸右腔经阀 11 右位，阀 7 左位回油，A 缸活塞实现工进，同时泵 1 压力油经调速阀 6、换向阀 8 左位、单向阀 10、换向阀 12 右位进入 B 缸左腔，B 缸右腔经阀 12 右位、阀 8 左位回油，B 缸活塞实现工进。这时若 A 缸工进完毕，使阀 7、阀 11 均通电换为左位，则 A 缸换为泵 2 供油快退。其油路为：泵 2 经阀 11 左位进入 A 缸右腔，A 缸左腔经阀 11 左位、阀 7 左位回油。这时由于 A 缸不由泵 1 供油，因而不会影响 B 缸工进速度的平稳性。当 B 缸工进结束，阀 8、阀 12 均通电换为左位，也由泵 2 供油实现快退。由于快退时为空载，对速度平稳性要求不高，故 B 缸转为快退时，对 A 缸快退无太大影响。

两缸工进时的工作压力由泵 1 出口处的溢流阀 3 确定，压力较高；两缸快速时的工作压力由泵 2 出口处的溢流阀 4 限定，压力较低。

任务 2.5 叠加阀和插装阀

【任务描述】

叠加阀是在板式阀集成化基础上发展起来的新型液压元件。插装阀是根据各类控制阀阀口在功能上都可视作固定的、或可调的、或可控液阻的原理，发展起来的一类覆盖压力、流量、方向以及比例控制等的新型控制阀类。

【学习及素养目标】

（1）掌握叠加阀和插装阀的结构、工作原理。
（2）掌握叠加阀和插装阀在回路中的作用。
（3）培养拆装叠加阀和插装阀的实践能力。
（4）能够排除实验过程中出现的故障。

【所需知识】

2.5.1 叠加阀

2.5.1.1 概述

叠加式液压阀简称叠加阀，它是在板式阀集成化基础上发展起来的新型液压元件。是液压系统集成化的一种方式，由叠加阀组成的叠加阀系统如图 2-69 所示。叠加阀系统最下面一般为底板，其上有进、回油口及执行元件的接口。一个叠加阀组一般控制一个执行元件。如系统中有几个执行元件需要集中控制，可将几个叠加阀组竖立并排安装在多连底版块上。

（1）叠加阀的优点：
1）标准化、通用化、集成化程度高，设计、加工、装配周期短。

（a） （b）

图 2-69 叠加阀组成的系统

（a）结构图；（b）符号图

1—电磁换向阀；2—液控单向阀；3—单向节流阀；

4—减压阀；5—底板；6—液压缸

2）用叠加阀组成的液压系统结构紧凑、体积小、质量轻及外形美观。

3）叠加阀可以集中配置在液压站上，也可以分散装配在设备上，配置形式灵活，系统变化时，元件重新组合叠装方便、迅速。

4）因不用油管连接，压力损失小，泄漏少，振动小，噪声小，动作平稳使用安全可靠，维修方便。

（2）叠加阀的缺点：

1）回路的形式较少，通径较小。

2）品种规格尚不能满足较复杂和大功率液压系统的需要。

目前我国已生产 $\phi6mm$、$\phi10mm$、$\phi16mm$、$\phi20mm$、$\phi32mm$ 五个通径系列的叠加阀，其连接尺寸符合 ISO 4401 国际标准，最高工作压力为 20MPa。目前已广泛应用于冶金、机床、工程机械等领域。

2.5.1.2 叠加式溢流阀

先导型叠加式溢流阀由主阀和先导阀两部分组成，如图 2-70 所示。主阀芯 6 为单向阀二级同心结构，先导阀为锥阀式结构。图 2-70（a）所示为 Y_1-F-10D-P/T 型溢流阀的结构原理图，其中 Y 表示溢流阀、F 表示压力等级（$p=20MPa$）、10 表示为 $\phi10mm$ 通径系列、D 表示叠加阀、P/T 表示该元件进油口为 P、出油口为 T，图 2-70（b）为其图形符号。

叠加式溢流阀的工作原理与一般的先导式溢流阀相同。它利用主阀芯两端的压力差来移动主阀芯，以改变阀口的开度。油腔 e 和进油口 P 相通，孔 c 和回油口 T 相通，压力油作用于主阀芯 6 的右端，同时经阻尼小孔 d 流入阀芯左端，并经小孔 a 作用于锥阀 3

图 2-70 叠加式溢流阀

(a) 结构原理；(b) 符号

1—推杆；2，5—弹簧；3—锥阀；4—阀座；6—主阀芯

上。当系统压力低于溢流阀的调定压力时，锥阀 3 关闭，阻尼孔 d 没有液流流过，主阀芯两端液压力相等，阀芯 6 在弹簧 5 作用下处于关闭位置。当系统压力升高并达到溢流阀的调定值时，锥阀 3 在液压力作用下压缩先导阀弹簧 2 并使阀口打开，于是 b 腔的油液经锥阀阀口和孔 c 流入 T 口。当油液通过主阀芯上的阻尼孔 d 时产生压力降，使主阀芯两端产生压力差，在这个压力差的作用下，主阀芯克服弹簧力和摩擦力向左移动，使阀口打开，溢流阀便实现在一定压力下溢流。调节弹簧 2 的预压缩量便可改变该叠加式溢流阀的调整压力。

2.5.1.3 叠加式调速阀

图 2-71（a）所示为 QA-F6/10D-BU 型单向调速阀的结构原理图。QA 表示流量阀、F 表示压力等级为 20MPa、6/10 表示该阀阀芯通径为 $\phi6mm$，而其接口尺寸属于 $\phi10mm$ 系列的叠加式调速阀，BU 表示该阀适用于出口节流（回油路）调速的液压缸 B 腔油路上，其工作原理与一般调速阀基本相同。当压力为 p 的油液经 B 口进入阀体后，经小孔 f 流至单向阀 1 左侧的弹簧腔，液压力使锥阀式单向阀关闭，压力油经另一孔道进入减压阀 5（分离式阀芯），油液经控制口后，压力降为 p_1。压力 p_1 的油液经阀芯中心孔 a 流入阀芯左侧弹簧腔，同时作用于大阀芯左侧的环形面积上。当油液经节流阀 3 的阀口流入 e 腔并经出油口 B′引出的同时，油液又经油槽 d 进入腔 c，再经孔道 b 进入减压阀大阀芯右侧的弹簧腔。这时通过节流阀的油液压力为 p_2，减压阀芯上受到 p_1、p_2 的压力和弹簧弹力的作用而处于平衡，从而保证了节流阀两端压力差（$p_1 - p_2$）为常数，也就保证了通过节流阀的流量基本不变。图 2-71（b）为其图形符号。

2.5.2 插装阀及故障处理

2.5.2.1 概述

插装阀的主流产品是二通插装阀，它是在 20 世纪 70 年代初根据各类控制阀阀口在功

(a)

T T₁(P₁) B　　A

(b)

图 2-71　叠加式调速阀

（a）结构原理；（b）符号

1—单向阀；2，4—弹簧；3—节流阀；5—减压阀

能上都可视作固定的、或可调的、或可控液阻的原理，发展起来的一类覆盖压力、流量、方向以及比例控制等的新型控制阀类。它的基本构件为标准化、通用化、模块化程度很高的插装式阀芯、阀套、插装孔和适应各种控制功能的盖板组件，具有通流能力大、密封性好、自动化程度高等特点，已发展成为高压大流量领域的主导控制阀品种。三通插装阀由于结构的通用化、模块化程度远不及二通插装阀，因此，未能得到广泛应用。螺纹式插装阀原先多为工程机械用阀，且往往作为主要阀件（如多路阀）的附件形式出现。近十年来在二通插装阀技术的影响下，逐步在小流量范畴内发展成独立体系。

插装阀是一种较新型的液压元件，它的特点是通流能力大，密封性能好，动作灵敏、结构简单，因而主要用于流量较大系统或对密封性能要求较高的系统。

二通插装阀具有以下技术特征：

（1）二通插装阀的单个控制组件都可以按照液阻理论，做成一个单独受控的阻力。这种结构被称为单个控制阻力。

（2）这些"单个控制阻力"由主级和先导级组成，根据先导控制信号独立地进行控制。这些控制信号可以是开关式的，也可以是位置调节、流量调节和压力调节等连续信号。

（3）根据对每一个排油腔的控制主要是对它的进油和回油的阻力控制的基本准则，因此原则上可以对一个排油腔分别设置一个输入阻力和一个输出阻力。按照这种原理工作的控制回路被称为单个控制阻力回路。

正是由于这些技术特征，使液压系统的设计发生了很大的变化。二通插装控制技术具有以下优点：

（1）通过组合插件与阀盖，可构成方向、流量以及压力等多种控制功能。

（2）流动阻尼小，通流能力大，特别适用于大流量的场合。插装阀的最大通径可达 200～250mm，通过的流量可达 10000L/min。

（3）由于绝大部分是锥阀式结构，内部泄漏非常小，无卡死现象。

（4）动作速度快。因为它靠锥面密封和切断油路，阀芯稍一抬起，油路马上接通。阀芯的行程较小，质量较滑阀轻，因此阀芯动作灵敏，特别适合于高速开启的场合。

（5）抗污染能力强，工作可靠。

（6）结构简单，易于实现元件和系统的"三化"，并简化系统。

2.5.2.2　插装阀的结构和工作原理

A　插装阀的工作原理

插装阀的结构及图形符号如图 2-72 所示。它由控制盖板、插装单元（由阀套、弹簧、阀芯及密封件组成）、插装块体和先导控制阀（如先导阀为二位三通电磁换向阀，如图 2-73所示）组成。由于这种阀的插装单元在回路中主要起通、断作用，故又称二通插装阀。二通插装阀的工作原理相当于一个液控单向阀。图中 A 和 B 为主油路仅有的两个工作油口，K 为控制油口（与先导阀相接）。当 K 口无液压力作用时，阀芯受到的向上的液压力大于弹簧力，阀芯开启，A 与 B 相通，至于液流的方向，视 A、B 口的压力大小而定。反之，当 K 口有液压力作用时，且 K 口的油液压力大于 A 和 B 口的油液压力，才能保证 A 与 B 之间关闭。

图 2-72　插装阀结构及符号图
（a）结构原理；（b）图形符号

图 2-73　先导式插装阀结构图
1—先导控制阀；2—控制盖板；
3—逻辑单元（主阀）；4—阀块体

B　插装阀的类型

插装阀与各种先导阀组合，便可组成插装方向阀、插装压力阀和插装流量阀。

a　插装方向阀

插装阀组成各种方向控制阀如图 2-74 所示。图 2-74（a）所示为单向阀，当 $p_A > p_B$ 时，阀芯关闭，A 与 B 不通；而当 $P_B > P_A$ 时，阀芯开启，油液从 B 流向 A。图 2-74（b）所示为二位二通阀，当二位三通电磁阀断电时，阀芯开启，A 与 B 接通；电磁阀通电时，

图 2-74　插装方向阀

（a）单向阀；（b）二位二通阀；（c）二位三通阀；（d）二位四通阀

阀芯关闭，A 与 B 不通。图 2-74（c）所示为二位三通阀，当二位四通电磁阀断电时，A 与 T 接通；电磁阀通电时，A 与 P 接通。图 2-74（d）所示为二位四通阀，电磁阀断电时，P 与 B 接通，A 与 T 接通；电磁阀通电时，P 与 A 接通，B 与 T 接通。

　　b　插装压力阀

　　插装阀组成压力控制阀如图 2-75 所示。在图 2-75（a）中，如 B 接油箱，则插装阀用作溢流阀，其原理与先导式溢流阀相同。如 B 接负载时，则插装阀起顺序阀作用。图 2-75（b）所示为电磁溢流阀，当二位二通电磁阀通电时起卸荷作用。

图 2-75　插装压力阀

（a）溢流阀；（b）电磁溢流阀

　　C　插装流量阀

　　插装流量阀的结构及图形符号如图 2-76 所示。在插装阀的控制盖板上有阀芯限位器，用来调节阀芯开度，从而起到流量控制阀的作用。若在插装流量阀前串联一个定差减压阀，则可组成二通插装调速阀。

图 2-76　插装流量阀
（a）结构图；（b）图形符号

任务 2.6　液压阀控制技术

【任务描述】

20 世纪 90 年代后期，自动控制技术、计算机技术、微电子技术、可靠性技术的发展以及新材料的应用，使传统的液压技术有了新的进展，也使液压系统和元件的水平有了很大的提高。电液比例阀是一种输出量与输入量成比例的液压阀。它可以按给定的输入信号连续成比例地控制液流的压力、流量和方向，实现连续控制；液压伺服系统是一种自动控制系统。执行机构可以一定精度自动地按输入信号的变化动作。液压传动与微电子相结合，实现机电一体化集成是新型元件和系统发展的主要方向。

【学习及素养目标】

（1）掌握叠加阀和插装阀的结构、工作原理。
（2）掌握叠加阀和插装阀在回路中的作用。
（3）培养拆装叠加阀和插装阀的实践能力。
（4）能够排除实验过程中出现的故障。

【所需知识】

2.6.1　电液比例阀及故障处理

2.6.1.1　概述

比例阀（electro-hydraulic proportional valve）是一种输出量与输入量成比例的液压阀。

基于普通液压控制阀用电-机械转换器取代原有的控制部分（目前比例阀上采用的电-机械转换器主要有比例电磁铁、动圈式力马达、力矩马达、伺服电机和步进电机等五种形式），它可以按给定的输入电信号连续地、按比例地控制液流的压力、流量和方向。

按用途的不同，比例阀可分为比例压力阀（如比例溢流阀、比例减压阀、比例顺序阀）、比例流量阀（如比例节流阀、比例调速阀）和比例方向流量阀（如比例方向节流阀、比例方向调速阀）。

比例阀的特点：

（1）能实现自动控制、远程控制和程序控制。

（2）能把电的快速、灵活等优点与液压传动功率大等特点结合起来。

（3）能连续地、按比例地控制执行元件的力、速度和方向，并能防止压力或速度变化及换向时的冲击现象。

（4）简化了系统，减少了元件的使用量。

（5）制造简便，价格比伺服阀低廉，但比普通液压阀高。由于在输入信号与比例阀之间需设置直流比例放大器，相应增加了投资费用。

（6）使用条件、保养和维护与普通液压阀相同，抗污染性能好。

（7）具有优良的静态性能和适当的动态性能，动态性能虽比伺服阀低，但已经可以满足一般工业控制的要求。

（8）效率比伺服阀高。

（9）主要用于开环系统，也可组成闭环系统。

2.6.1.2　比例压力阀

比例压力阀按用途不同，有比例溢流阀、比例减压阀和比例顺序阀之分。按结构特点不同，则有直动型比例压力阀和先导型比例压力阀之别。

先导型比例压力阀包括主阀和先导阀两部分。其主阀部分与普通压力阀相同，而其先导阀本身就是直动型比例压力阀，它是以电-机械转换器（比例电磁铁、伺服电机或步进电机）代替普通直动型压力阀上的手动机构而成。

A　直动型比例压力阀

图 2-77 所示为直动锥阀式比例压力阀。比例电磁阀 1 通电后产生吸力经推杆 2 和传力弹簧 3 作用在锥阀上，当锥阀底面的液压力大于电磁吸力时锥阀被顶开而溢流。连续地改变控制电流的大小，即可连续地按比例地控制锥阀的开启压力。直动型比例压力阀可作为比例先导压力阀用，也可作远程调压阀用。

B　先导锥阀式比例溢流阀

图 2-78 所示为比例溢流阀，其下部为与普通溢流阀相同的主阀，上部则为比例先导压力阀。该阀还附有一个手动调整的先导阀 9，用以限制比例溢流阀的最高压力。以避免因电子仪器发生故障使得控制电流过大，压力超过系统允许最大压力的可能性。如将比例先导压力阀的回油及先导阀 9 的回油都与主阀回油分开，则图示比例溢流阀可作比例顺序阀使用。

C　先导喷嘴挡板式比例减压阀

如图 2-79 所示，动铁式力马达推杆 3 的端部起挡板作用，挡板的位移（即力马达的衔铁位移）与输入的控制电流成比例从而改变喷嘴挡板之间的可变液阻，控制了喷嘴前的

图 2-77　直动锥阀式比例压力阀

（a）结构；（b）符号

1—比例电磁阀；2—推杆；3—传力弹簧

图 2-78　先导锥阀式比例溢流阀

（a）结构；（b）符号

1—阀座；2—先导锥阀；3—轭铁；4—衔铁；5，8—弹簧；6—推杆；7—线圈；9—先导阀

先导压力。此力马达的结构特点是：衔铁采用左、右两片铍青铜弹簧片悬挂的形式，所以衔铁可以与导套不接触，从而消除了衔铁组件运动时的摩擦力。所以在工作时不必在力马达的控制线圈中加入颤振信号电流，也能达到很小的滞环值。

2.6.1.3　比例流量阀

比例流量阀分比例节流阀和比例调速阀两大类。

A　比例节流阀

在普通节流阀的基础上，利用电-机械比例转换器对节流阀口进行控制，即成为比例

图 2-79 先导喷嘴挡板式比例减压阀

(a) 结构；(b) 符号

1—衔铁；2—线圈；3—推杆（挡板）；4—铍青铜片；5—喷嘴；6—精过滤器；7—主阀

节流阀。对移动式节流阀而言，利用比例电磁铁来推动；对旋转式节流阀而言，采用伺服电机经减速后来驱动。

B　比例调速阀

图 2-80 所示为比例调速阀。比例电磁铁 1 的输出力作用在节流阀芯 2 上，与弹簧力、液动力、摩擦力相平衡，对一定的控制电流，对应一定的节流开度。通过改变输入电流的大小，即可改变通过调速阀的流量。

图 2-80 比例调速阀结构图

(a) 结构；(b) 符号

1—比例电磁阀；2—节流阀芯；3—定差减压阀；4—弹簧

2.6.1.4　比例方向阀

比例方向阀主要用来改变液流方向，已可以控制流量的大小。下面将重点介绍两种比例方向节流阀。

A　直控型比例方向节流阀

以比例电磁铁（或步进电机等电-机械转换器）取代普通电磁换向阀中的电磁铁，即可构成直控型比例方向节流阀。当输入控制电流后，比例电磁铁的输出力与弹簧力平衡。滑阀开口量的大小与输入的电信号成比例。当控制电流输入另一端的比例电磁铁时，即可实现液流换向。显然，比例方向节流阀既可改变液流方向，还可控制流量的大小。它相当于一个比例节流阀加换向阀。它可以有多种滑阀机能，既可以是三位阀，也可以是二位阀。

直控型比例方向节流阀只适用于通径为 10mm 以下的小流量场合。

B　先导型比例方向节流阀

图 2-81 所示为先导型比例方向节流阀。它由先导阀（双向比例减压阀）和主阀（液动双向比例节流阀）两部分组成。

(a)　　　　　　　　　　　　　　　　(b)

图 2-81　先导型比例方向节流阀结构图

(a) 结构；(b) 符号

1—双向比例减压阀阀芯；2，3—流道；4，8—比例电磁阀；5—主阀芯；6，7—阻尼螺钉

在先导阀中由两个比例电磁铁 4、8 分别控制双向比例减压阀阀芯 1 的位移。当比例电磁铁 4 得到电流信号 I_1，其电磁吸力 F_1 使阀芯 1 右移，于是供油压力（一次压力）p_s 经双向比例减压阀阀芯中部右台肩与阀体孔之间形成的减压口减压，在流道 2 得到控制压力（二次压力）p_c，p_c 经流道 3 反馈作用到下部主阀芯的右端面（阀芯 1 的左端面通回油 p_d），于是形成一个与电磁吸力 F_1 方向相反的液压力。当液压力与 F_1 相等时，阀芯 1 停

止运动而处于某一平衡位置，控制压力 p_c 保持某一相应的稳定值。显然，控制压力 p_c 的大小与供油压力 p_s 无关，仅与比例电磁铁的电磁吸力成比例，即与电流 I_1 成比例。同理，当比例电磁铁 8 得到电流信号 I_2 时，阀芯 1 左移，得到与 I_2 成比例的控制压力 p_c'。

其主阀与普通液动换向阀相同。当先导阀输出的控制压力 p_c 经阻尼螺钉 6 构成的阻尼孔缓冲后，作用在主阀芯 5 的右端面时，液压力克服左端弹簧力使主阀芯 5 左移（左端弹簧腔通回油 P_d），连通油口 P、B 和 A、T。随着弹簧力与液压力平衡，主阀芯 5 停止运动而处于某一平衡位置。此时，各油口的节流开口长度取决于 p_c，即取决于输入电流 I_1 的大小。如果节流口前后压差不变，则比例方向节流阀的输出流量与其输入电流 I_1 成比例。当比例电磁铁 4 输入电流 I_2 时，主阀芯 5 右移，油路反向，接通 P、A 和 B、T。输出的流量与输入电流 I_2 成比例。

综上所述，改变比例电磁铁 4、8 的输出电流，不仅可以改变比例方向节流阀的液流方向，而且可以控制各油口的输出流量。

2.6.1.5　电液比例阀的应用

A　压力控制

设有一液压系统，工作中需要三种压力，用普通液压阀组成的回路如图 2-82（b）所示。为了得到三级压力，压力控制部分需要一个三位四通换向阀和两个远程调压阀。

对于同样功能的回路，利用比例溢流阀可以实现多级压力控制，如图 2-82（a）所示。当以不同的信号电流输入时，即可获得多级压力控制，减少了阀的数量和简化了回路结构。若输入连续变化的信号时，则可实现连续、无级压力调节，可以避免压力冲击，因而对系统的性能也有改善。

（a）　　　　　　　　　　　　　　　　（b）

图 2-82　电液比例溢流阀之运用

（a）比例溢流阀；（b）普通液压阀

B　流量控制

设有一回路，液压缸的速度需要三个速度段。用普通阀组成时如图 2-83（a）所示。对于同样功能的回路，若采用比例节流阀，则可简化回路结构，减少阀的数量，且三个速度段从有级切换可变为成无级切换，如图 2-83（b）所示。

上面所举的两个例子是比例阀用于开环控制的情况。比例阀还可用于闭环控制，此时，可将反馈信号加于电控制器，控制比例电磁铁，可进一步提高控制质量。

图 2-83　电液比例节流阀之运用

（a）普通阀；（b）比例节流阀

2.6.2　伺服阀及故障处理

电液伺服阀是电液伺服系统中的放大转换元件，它把输入的小功率电流信号，转换并放大成液压功率（负载压力和负载流量）输出，实现执行元件的位移、速度、加速度及力控制。它是电液伺服系统的核心元件，其性能对整个系统的特性有很大影响。

2.6.2.1　电液伺服阀的组成

电液伺服通常由电气-机械转换装置、液压放大器和反馈（平衡）机构三部分组成。电气-机械转换装置用来将输入的电信号转换为转角或直线位移输出。输出转角的装置称为力矩马达，输出直线位移的装置为力马达。

液压放大器接受小功率的电气-机械转换装置输入的转角或直线位移信号，对大功率的压力油进行调节和分配，实现控制功率的转换和放大。

反馈和平衡机构使电液伺服阀输出的流量或压力获得与输入电信号成比例的特性。

2.6.2.2　电液伺服阀的典型结构及工作原理

图 2-84 所示为喷嘴挡板式电液伺服阀的工作原理图。图中上半部分为电气-机械转换装置，即力矩马达，下半部分为前置级（喷嘴挡板）和主滑阀。当无电流信号输入时，力矩马达无力矩输出，与衔铁 5 固定在一起的挡板 9 处于中位，主滑阀阀芯也处于中（零）位。液压泵输出的油液以压力 p_s 进入主滑阀阀口，因阀芯两端台肩将阀口关闭，油液不能进入 A、B 口，但经节流孔 10 和 13 分别引到喷嘴 8 和 7，经喷射后，液流流回油箱。由于挡板处于中位，两喷嘴与挡板的间隙相等，因而油液流经喷嘴的液阻相等，则喷嘴前的压力 p_1 与 p_2 相等，主滑阀阀芯两端压力相等，阀芯处于中位。若线圈输入电流，控制线圈中将产生磁通，使衔铁上产生磁力矩。当磁力矩为顺时针方向时，衔铁连同挡板一起绕弹簧管中的支点顺时针偏转。图中左喷嘴 8 的间隙减小、右喷嘴 7 的间隙增大，即 p_1 压力增大，p_2 减小，主滑阀阀芯在两端压力差作用下向右运动，开启阀口，p_s 与 B 相通，A

与 T 相通。在主滑阀阀芯向右运动的同时，通过挡板下端的弹簧杆 11 反馈作用使挡板逆时针方向偏转，使左喷嘴 8 的间隙增大，右喷嘴 7 的间隙减小，于是压力 p_1 减小，p_2 增大。当主滑阀阀芯向右移到某一位置，由两端压力差（$p_1 - p_2$）形成的液压力通过反馈弹簧杆作用在挡板上的力矩、喷嘴液流压力作用在挡板上的力矩以及弹簧管的反力矩之和与力矩马达产生的电磁力矩相等时，主滑阀阀芯受力平衡，稳定在一定的开口下工作。显然，改变输入电流大小，可成比例地调节电磁力矩，从而得到不同的主阀开口大小。若改变输入电流的方向，主滑阀阀芯反向位移，可实现液流的反射控制。图 2-84 所示电液伺服阀的主滑阀阀芯的最终工作位置是通过挡板弹性反力反馈作用达到平衡的，因此称之为力反馈式。除力反馈式以外，伺服阀还有位置反馈、负载流量反馈、负载压力流量反馈等。

图 2-84　喷嘴挡板式电液伺服阀工作原理

1—线圈；2，3—导磁体；4—永久磁铁；5—衔铁；6—弹簧管；7，8—喷嘴；
9—挡板；10，13—固定节流孔；11—反馈弹簧杆；12—主滑阀

喷嘴挡板式电液伺服阀的特点是：衔铁挡板的转动惯量小，故伺服阀的响应速度快；挡板基本在零位附近工作，双喷嘴挡板阀的线性度和灵敏度较高。

2.6.2.3　电液伺服阀的选择和使用

电液伺服阀的选择和使用必须从静态特性、动态特性两方面来考虑。在静态方面，必须满足负载压力 p_L 和负载流量 q_L 的要求；在动态方面，既要动态品质好，又要能稳定工作，也就是说，一方面，动态响应速度应足够快，而不至于影响伺服系统的响应；另一方面，又必须抑制不必要的高频干扰信号。

从静、动态特性两方面考虑，在选择和使用电液伺服阀时，应遵循以下几个原则：

（1）对于额定电流 I_{cmax} 下的负载流量特性曲线必须包罗所有的工作点，并且使 $p_L < \dfrac{2}{3}p_s$，

以保证有足够的流量和功率输送到液压执行元件中去。这是估计伺服阀规格的基本因素。

（2）空载流量特性曲线的线性度要好，也就是空载流量特性曲线尽可能接近直线。要做到这一点，电液伺服阀的功率放大元件应选择矩形阀口的零开口滑阀式液压伺服阀。

（3）压力灵敏度要高，即压力增益应足够大，在压力特性曲线上表现为曲线应尽可能陡。要满足此要求，阀在关闭时的泄漏量应尽可能小。同类规格的伺服阀，其压力增益的差异在很大程度上反映了制造质量的差异，即阀芯凸肩与阀套配合密封状态的好坏。

（4）内泄漏量应足够小。一般要求最大泄漏量不超过额定流量的 10%，以防止不必要的功率损耗。内泄漏量不但是评价新阀质量好坏的指标，而且是评价旧阀在使用过程中磨损情况的指标。

（5）频宽（幅频宽和相频宽统称频宽）应适当，既满足伺服系统动态响应要求，又不致将高频干扰传到执行元件。

（6）液压油的过滤精度应足够高。油液的污染可能会使阀口的工作棱边产生腐蚀性磨损；也可能堆积在阀芯与阀套的间隙中，使阀芯被黏住，增大摩擦力；还可堵塞喷口、节流口等。一般推荐，进入电液伺服阀的油液至少需经过 $8\mu m$ 的过滤器过滤。

（7）为防止使用中主阀芯的液压卡紧，减小阀芯运动时的摩擦力，可设法使阀芯在工作中不停地高频小幅振动。最简单的办法是在输入主控制信号之外再加一个交变电流信号使阀的衔铁抖动，从而引导阀芯抖动。

思考与练习

2-1 液压控制阀的功用是什么，它是如何分类的?

2-2 液压系统对液压控制阀的基本要求有哪些?

2-3 普通单向阀与液控单向阀之间有什么相同和不同之处?

2-4 简要说明三位四通换向阀的换向原理。

2-5 什么是中位机能? 画出 O 型、M 型和 P 型中位机能，并说明各适用何种场合。

2-6 普通单向阀能否作背压阀使用，背压阀的开启压力一般是多少?

2-7 什么是换向阀的"位"与"通"，它的图形符号如何? 什么是换向阀的常态位?

2-8 试说明三位四通阀 O 型、M 型、H 型中位机能的特点和应用场合。

2-9 电液动换向阀的先导阀为何选用 Y 型中位机能? 改用其他型中位机能是否可以? 为什么? 图 2-85 所示液压缸，$A_1 = 30\text{cm}^2$、$A_2 = 12\text{cm}^2$、$F = 30 \times 10^3 \text{N}$，液控单向阀用作闭锁以防止液压缸下滑，阀内控制活塞面积 A_k 是阀芯承压面积 A 的三倍，若摩擦力、弹簧力均忽略不计，试计算需要多大的控制压力才能开启液控单向阀? 开启前液压缸中最高压力为多少?

2-10 两腔面积相差很大的单杆活塞缸用二位四通换向阀换向。有杆腔回油时，无杆腔油流量很大，为避免使用大通径二位四通换向阀，可用一个液控单向阀分流，请画出回路图。

2-11 试说明图 2-86 所示回路中液压缸往复运动的工作原理。为什么无论是进还是退，只要负载 G 一过中线，液压缸就会发生断续停顿的现象? 为什么换向阀一到中位，液压缸便左右推不动?

2-12 二位四通换向阀能否作二位三通阀和二位二通阀使用，具体接法如何?

2-13 电液换向阀有何特点，如何调节它的换向时间?

图 2-85　题 2-9 图　　　　　　　　　　图 2-86　题 2-11 图

2-14　溢流阀有哪几种用法?

2-15　如图 2-87 所示的两系统中溢流阀的调整压力分别为 $p_A = 4MPa$，$p_B = 3MPa$，$p_C = 2MPa$，当系统外负载为无穷大时，液压泵的出口压力各为多少?

图 2-87　题 2-15 图

2-16　试简要说明先导式溢流阀的工作过程。

2-17　如果将先导式溢流阀平衡活塞上的阻尼孔堵塞，对液压系统会有什么影响? 如果溢流阀先导阀锥阀座上的进油小孔堵塞，又会出现什么故障?

2-18　两个不同调整压力的减压阀串联后的出口压力决定于哪一个减压阀的调整压力，为什么? 如两个不同调整压力的减压阀并联时，出口压力又决定于哪一个减压阀，为什么?

2-19　顺序阀和溢流阀是否可以互换使用?

2-20　试比较溢流阀、减压阀、顺序阀（内控外泄式）三者之间的异同点。

2-21　如图 2-88 所示系统中溢流阀的调整压力分别为 $p_A = 3MPa$，$p_B = 1.4MPa$，$p_c = 2MPa$。求当系统外负载为无穷大时，液压泵的出口压力为多少? 若将溢流阀 B 的遥控口堵住，液压泵的出口压力又为多少?

2-22　如图 2-89 所示系统溢流阀的调定压力为 5MPa，减压阀的调定压力为 2.5MPa。试分析下列工况：(1) 当液压泵出口压力等于溢流阀的调定压力时，夹紧缸使工件夹紧后，A、C 点压力各为多少? (2) 当液压泵出口压力由于工作缸快进，压力降到 1.5MPa 时（工件仍处于夹紧状态），A、C 点压力各为多少? (3) 夹紧缸在夹紧工件前作空载运动

图 2-88　题 2-21 图

时，A、B、C 点压力各为多少？

2-23 如图 2-90 所示的减压回路，已知液压缸无杆腔、有杆腔的面积分别为 $100cm^2$、$50cm^2$，最大负载 $F_1 = 14000N$、$F_2 = 4250N$，背压 $p = 0.15MPa$，节流阀的压差 $\Delta p = 0.2MPa$，试求：（1）A、B、C 各点压力（忽略管道阻力）。（2）若两缸的进给速度分别为 $v_1 = 3.5cm/s$，$v_2 = 4cm/s$，液压泵和各液压阀的额定流量应选多大？

图 2-89　题 2-22 图　　　　　　图 2-90　题 2-23 图

2-24 溢流阀、减压阀和顺序阀各有什么作用，它们在原理上和图形符号上有什么异同，顺序阀能否当溢流阀使用？

2-25 如图 2-91 所示回路，顺序阀和溢流阀串联，调整压力分别为 p_x 和 p_y，当系统外负载为无穷大时，试问：（1）液压泵的出口压力为多少？（2）若把两阀的位置互换，液压泵的出口压力又为多少？

2-26 如图 2-92 所示系统，液压缸的有效面积 $A_1 = A_2 = 100cm^2$，液压缸 I 负载 $F_L = 35000N$，液压缸 II 运动时负载为零，不计摩擦阻力、惯性力和管路损失，溢流阀、顺序阀、减压阀的调定压力分别为 4MPa、3 MPa 和 2MPa，试求下列三种工况下 A、B 和 C 处的压力：（1）液压泵启动后，两换向阀处中位时；（2）1YA 通电，液压缸 I 运动时和到终端停止时；（3）1YA 断电，2YA 通电，液压缸 II 运动时和碰到固定挡块停止运动时。

图 2-91　题 2-25 图　　　　　　图 2-92　题 2-26 图

2-27　什么是叠加阀，叠加阀有何特点？

2-28　叠加阀与普通滑阀相比较有何主要区别？

2-29　图2-93（a）和（b）用插装阀分别组成两个方向阀，若阀关闭时 A、B 有压力差，试判断电磁铁得电和断电时压力油能否经锥阀流动，并分析各自作何种换向阀使用。

2-30　试用插装阀组成实现图2-94所示的两种形式的三位换向。

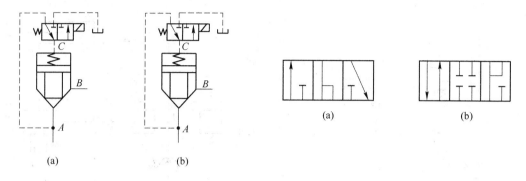

图2-93　题2-29图　　　　　　　　　　　　　　图2-94　题2-30图

2-31　如图2-95所示的回路，泵的供油压力有几级，各为多大？

图2-95　题2-31图

2-32　在图2-96所示的回路中，已知活塞运动时的负载 $F = 1.2kN$，活塞面积为 $1500cm^2$ 溢流阀调整值为 4.5MPa，两个减压阀的调整值分别为 $p_{J1} = 3.5MPa$ 和 $p_{J2} = 2MPa$，如油液流过减压阀及管路时的损失可忽略不计，试确定活塞在运动时和停在终端位置处时，A、B、C 三点的压力值。

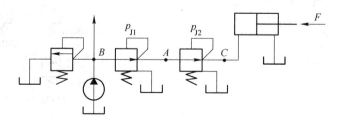

图2-96　题2-32图

2-33 如图 2-97 所示，已知负载 F 在 $300 \sim 30000N$ 范围内变化，活塞的有效工作面积 $A = 50 \times 10^{-4} m^2$，若溢流阀调定压力为 $4.5MPa$，是否合适，为什么？

2-34 如图 2-98 所示，液压缸无杆腔有效面积 $A_1 = 100cm^2$，有杆腔有效面积 $A_2 = 50cm^2$，液泵的额定流量为 $10L/min$。试确定：（1）若节流阀开口允许通过的流量为 $6L/min$，活塞向左移动的速度 v_1 与其返回速度 v_2 分别是多少？（2）若将此节流阀串接在回油路上（其开口不变）时，v_1 和 v_2 分别是多少？（3）若节流阀的最小稳定流量为 $0.5L/min$，该液压缸能得到的最低速度是多少？

图 2-97 题 2-33 图   图 2-98 题 2-34 图

2-35 如图 2-99 所示，已知两液压缸的活塞面积相同，液压缸无杆腔有效面积 $A = 20 \times 10^{-4} m^2$，但负载分别为 $F_1 = 8000N$，$F_2 = 4000N$，如溢流阀的调定压力为 $4.5MPa$，试分析当减压阀压力调整为 $1MPa$、$2MPa$、$4MPa$ 时，两液压缸的动作情况。

2-36 如图 2-100 所示的回路，能否实现"缸 1 先夹紧工件后，缸 2 再移动"的要求，为什么？夹紧缸的速度能否进行调节，为什么？

图 2-99 题 2-35 图   图 2-100 题 2-36 图

2-37 如图 2-101 所示的回路实现"快进—工进—快退"工作循环，如设置压力继电器的目的是为了控制活塞换向。试问图中有哪些错处，应如何改正？

图 2-101　题 2-37 图

学习情境 3   典型液压系统阅读及故障诊断

任务 3.1   典型液压系统阅读

【任务描述】

液压传动系统是根据机械设备的工作要求，选用适当的液压基本回路经有机组合而成。本节内容是通过对几种典型液压系统的分析，掌握复杂液压系统图的阅读方法。通过对液压系统常见故障现象的介绍，掌握液压系统故障分析与排除处理方法。

【学习及素养目标】

(1) 掌握阅读液压系统图的基本方法。

(2) 掌握液压传动系统图的基本组成回路及元件的作用。

(3) 会正确归纳典型液压系统的基本特点。

(4) 具备团队意识、诚信品质、敬业精神、遵纪守法意识、文明礼貌生产素质。

【所需知识】

阅读较复杂的液压系统图，大致可按以下步骤进行：

(1) 了解机械设备工况对液压系统的要求，了解在工作循环中的各个工步对力、速度和方向这三个参数的质与量的要求。

(2) 初读液压系统图，了解系统中包含哪些元件，且以执行元件为中心，将系统分解为若干个工作单元。

(3) 先单独分析每一个子系统，了解其执行元件与相应的阀、泵之间的关系和哪些基本回路。参照电磁铁动作表和执行元件的动作要求，理清其液流路线。

(4) 根据系统中对各执行元件间的互锁、同步、防干扰等要求，分析各子系统之间的联系以及如何实现这些要求。

(5) 在全面读懂液压系统的基础上，根据系统所使用的基本回路的性能，对系统作综合分析，归纳总结整个液压系统的特点，以加深对液压系统的理解。

3.1.1   组合机床动力滑台液压系统

组合机床液压系统主要由动力滑台和辅助部分（如定位、夹紧）组成。动力滑台本身不带传动装置，可根据加工需要安装不同用途的主轴箱，以完成钻、扩、铰、镗、刮端面、铣削及攻丝等工序。

图 3-1 所示为组合动力滑台的液压系统原理图，这个系统采用限压式变量泵供油，并

配有二位二通电磁阀卸荷，变量泵与进油路的调速阀组成容积节流调速回路，用电液换向阀控制液压系统的主油路换向，用行程阀实现快进和工进的速度换接。它可实现多种工作循环，下面以快进→工进→二工进→死挡铁停留→快退→原位停止的自动工作循环为例，说明该液压系统的工作原理。

图 3-1　组合机床动力滑台液压系统工作原理

1—滤油器；2—变量泵；3、9、16—单向阀；4、8、10、11、18、20—管路；
5—电液动换向阀；6—背压阀；7—顺序阀；12、13—调速阀；14—电磁阀；
15—压力继电器；17—行程阀；19—液压缸

3.1.1.1　组合机床动力滑台液压系统的工作原理

组合机床是由通用部件和某些专用部件所组成的高效率和自动化程度较高的专用机床。它能完成钻、镗、铣、刮端面、倒角、攻螺纹等加工和工件的转位、定位、夹紧、输送等动作。动力滑台是组合机床的一种通用部件，在滑台上可以配置各种工艺用途的切削头，例如安装动力箱和主轴箱、钻削头、铣削头、镗削头、镗孔、车端面等。完成这一动作循环的动力滑台液压系统工作原理图如图 3-1 所示。系统中采用限压式变量叶片泵供油，并使液压缸差动连接以实现快速运动。由电液换向阀换向，用行程阀、液控顺序阀实现快进与工进的转换，用二位二通电磁换向阀实现一工进和二工进之间的速度换接。为保证进给的尺寸精度，采用了死挡铁停留来限位。实现工作循环的工作原理如下：

（1）快进。按下启动按钮，三位五通电液动换向阀 5 的先导电磁换向阀 1YA 得电，使之阀芯右移，左位进入工作状态，这时的主油路是：

进油路。滤油器 1→变量泵 2→单向阀 3→管路 4→电液换向阀 5 的 P 口到 A 口→管路 10，11→行程阀 17→管路 18→液压缸 19 左腔。

回油路。缸 19 右腔→管路 20→电液换向阀 5 的 B 口到 T 口→油路 8→单向阀 9→油路 11→行程阀 17→管路 18→缸 19 左腔。

这时形成差动连接回路。因为快进时，滑台的载荷较小，同时进油可以经阀 17 直通油缸左腔，系统中压力较低，所以变量泵 2 输出流量大，动力滑台快速前进，实现快进。

（2）一次工进。在快进行程结束，滑台上的挡铁压下行程阀 17，行程阀上位工作，使油路 11 和 18 断开。电磁铁 1YA 继续通电，电液动换向阀 5 左位仍在工作，电磁换向阀 14 的电磁铁处于断电状态。进油路必须经调速阀 12 进入液压缸左腔，与此同时，系统压力升高，将液控顺序阀 7 打开，并关闭单向阀 9，使液压缸实现差动连接的油路切断。回油经顺序阀 7 和背压阀 6 回到油箱。这时的主油路是：

进油路。滤油器 1→变量泵 2→单向阀 3→电液换向阀 5 的 P 口到 A 口→油路 10→调速阀 12→二位二通电磁换向阀 14→油路 18→液压缸 19 左腔。

回油路。缸 19 右腔→油路 20→电液换向阀 5 的 B 口到 T2 口→管路 8→顺序阀 7→背压阀 6→油箱。

因为工作进给时油压升高，所以变量泵 2 的流量自动减小，动力滑台向前作第一次工作进给，进给量的大小可以用调速阀 12 调节。

（3）二次工作进给。在一次工作进给结束时，滑台上的挡铁压下行程开关，使电磁阀 14 的电磁铁 3YA 得电，阀 14 右位接入工作，切断了该阀所在的油路，经调速阀 12 的油液必须经过调速阀 13 进入液压缸的右腔，其他油路不变。由于调速阀 13 的开口量小于阀 12，进给速度降低，进给量的大小可由调速阀 13 来调节。

（4）死挡铁停留。当动力滑台二次工作进给终了碰上死挡铁后，液压缸停止不动，系统的压力进一步升高，达到压力继电器 15 的调定值时，经过时间继电器的延时，再发出电信号，使滑台退回。在时间继电器延时动作前，滑台停留在死挡块限定的位置上。

（5）快退。时间继电器发出电信号后，2YA 得电，1YA 失电，3YA 断电，电液换向阀 5 右位工作，这时的主油路是：

进油路。滤油器 1→变量泵 2→单向阀 3→油路 4→换向阀 5 的 P 口到 B 口→油路 20→缸 19 的右腔。

回油路。缸 19 的左腔→油路 18→单向阀 16→油路 11→电液换向阀 5 的 A 口到 T 口→油箱。

这时系统的压力较低，变量泵 2 输出流量大，动力滑台快速退回。由于活塞杆的面积大约为活塞的一半，所以动力滑台快进、快退的速度大致相等。

（6）原位停止。当动力滑台退回到原始位置时，挡块压下行程开关，这时电磁铁1Y、2Y、3Y都失电，电液换向阀5处于中位，动力滑台停止运动，变量泵2输出油液的压力升高，使泵的流量自动减至最小。

该液压系统的电磁铁和行程阀的动作见表3-1。

表3-1　组合机床动力滑台液压系统电磁铁和行程阀的动作表

动　作 ＼ 电磁铁	1YA	2YA	3YA	17
快　进	+	−	−	−
一工进	+	−	−	+
二工进	+	−	+	+
死挡铁停留	−	−	−	−
快　退	−	+	−	−
原位停止	−	−	−	−

3.1.1.2　液压系统的特点

本系统采用限压式变量泵和调速阀组成容积节流调速系统，把调速阀装在进油路上，而在回油路上加背压阀。这样就获得了较好的低速稳定性、较大的调速范围和较高的效率。而且当滑台需死挡铁停留时，用压力继电器发出信号实现快退比较方便。

采用限压式变量泵并在快进时采用差动连接，不仅使快进速度和快退速度相同（差动缸），而且比不采用差动连接的流量可减小1/2，其能量得到合理利用，系统效率进一步得到提高。

采用电液换向阀使换向时间可调，改善和提高了换向性能。采用行程阀和液控顺序阀来实现快进与工进的转换，比采用电磁阀的电路简化，而且使速度转换动作可靠，转换精度也较高。此外，用两个调速阀串联来实现两次工进，使转换速度平稳而无冲击。

本系统可较方便地实现多种动作循环。例如可实现多次工进和多级工进。工作进给速度的调速范围可达6.6～660mm/min，而快进速度可达7m/min。所以它具有较大的通用性。

此外，本系统采用两位两通阀卸荷，比用限压式变量泵在高压小流量下卸荷方式的功率消耗要小。

3.1.2　剪板机的液压传动系统

随着现代科学的发展，剪板机工艺也发生了很大变化，已由传统的手工操作发展到今天的全自动机械化。剪板机是一种用于剪切金属板料的机床。大中型剪板机的主运动（剪刀上、下）多数采用液压传动，即采用液压缸带动剪刀（架）上下。为了防止板料翘起或移动，剪切时必须用压料缸将板材压紧。而为了减少送料时摩擦力，送料时采用拖料球支承板料。这些辅助动作用由若干个小辅助缸完成。剪板机液压系统主要由插装阀主阀、单向阀、电磁阀、梭阀、压力继电器等组成。剪切时主缸的典型动作循环为：空程下行→

剪切→缓冲→快速回程。在下行过程中主缸可随时停止运动并退回（点动）。为了对刀，剪板机中有一个轻压对线状态，此时剪刀下行的力很小，不会损害板料。图 3-2 所示为液压剪板机液压系统原理图。

图 3-2　剪板机液压系统原理图

1，2，3，4，5，6—插装阀；7，9，17，19—单向阀；10，12，13—电磁换向阀；

8，11，15，16—溢流阀；14—梭阀；18—压力继电器

3.1.2.1　主要机构组成

液压剪板机由主机及动力机构两大部分组成。主机部分包括机身、主缸、顶出缸及充液装置等。动力机构由油箱、高压泵、低压控制系统、电动机及各种压力阀和方向阀等组成。电气装置按照液压系统规定的动作程序，选择规定的工作方式，在发出讯号的指令下，完成规定的工艺动作循环。动力机构在电气装置的控制下，通过泵和油缸及各种液压阀，实现能量的转换，调节和输送，完成各种工艺动作的循环。

3.1.2.2　剪板机液压系统基本工作原理

由于剪刀有一定宽度，剪切刀架用两个主缸驱动。一般将两个活塞杆直接和剪切刀架固定连接，液压系统中不再采用保证两缸运动保持同步的回路。液压系统中有三个压料缸和三个托料缸，这些缸都是单作用缸，即都利用弹簧实现回程。其工作过程为：

（1）空载启动。泵启动时电磁阀 10 处于中位，插装阀主阀 1 的弹簧腔直接通回油，泵出口通过主阀 1 和油箱连通，泵卸荷。

（2）空程下行。按下循环开始按钮时，电磁铁 2YA，3YA 通电。2YA 通电时阀 1 的弹簧腔和回油路断开，阀 1 的开启压力也就是系统的最高压力由阀 8 调定。3YA 通电使阀 2 关闭，阀 3 开启，泵输出的压力油经阀 3 进入压料缸和托料缸，使板材压紧和托料球缩回。当泵的供油压力升至由主阀 6 和先导阀 16 组成的顺序阀的调定压力时，油液进入主缸上腔，这保证了只有在具有足够的压紧力时，剪刀刀架才能开始下行。同时主缸下腔的压力必须到由主阀 5 和先导阀 15 组成的压力阀的调定压力时油液才能排出。主缸下腔形成背压，此背压起平衡剪切刀架自重的作用，使主缸空程下行的速度仅与泵的供油量有关。

（3）剪切。当空程下行至剪刀与被剪板料接触时，主缸上腔压力进一步升高，压力继电器 18 发出信号，使 4YA 通电。此时主阀 5 的弹簧腔通过单向阀 19 和电磁阀 12 的左位和回油连接，主缸下腔不再存在背压。主缸的最大有效作用力即剪刀上的剪切力增加，对板料进行剪切。

（4）缓冲。板料剪断后主缸上负载突然消失，主缸上腔压力降低，压力继电器 18 复位，4YA 断电。主缸下腔又恢复背压，以避免剪切刀架的运动速度失控。

（5）刀架回程。刀架下行到终点时行程开关使 3YA 断电，2YA，5YA 通电。此时阀 3 关闭，阀 2，阀 4 开启。压力油经阀 4 进入主缸下腔，而上腔则经单向阀 7，主阀 2 回油，刀架回程运动。同时压料缸和托料缸（阀 17 右侧门打开）进油腔也经阀 2 通回油，在弹簧作用下退回。当主缸退到原位时，原位行程开关使全部电磁铁断电，油路恢复启动前的状态，油泵卸荷。

（6）轻压对线。按下对刀按钮，电磁铁 1YA，3YA 通电。此时除主阀 1 的开启压力（即系统的最高压力）由先导阀 11 调定外，其他情况和下行相同。由于将先导阀 11 的压力调整得较低，当剪刀接触工件，压力上升后，其剪切力不足以将板料剪断，故可以用来观察并调整板料的位置。其动作顺序表见表 3-2。

表 3-2　电磁铁动作

动 作		1YA	2YA	3YA	4YA	5YA
启 动	空载启动	-	-	-	-	-
下 行	空行程	-	+	+	-	-
	剪 切	-	+	+	+	-
	缓 冲	-	+	+	-	-
回 程	快速回程	-	+	-	-	+
辅助动作	轻压对线	+	-	+	-	-
	剪切中途回程	-	+	-	-	+
	点动上	-	+	-	-	+
	点动下	-	+	+	-	-

3.1.3　步进式加热炉液压系统

3.1.3.1　概述

某步进式钢坯加热炉由三根静梁，两根动梁构成；动梁的升降采用四连杆机构，使垂直升降缸远离热源，水平放置；同时通过杠杆比，减小油缸负载，增大油缸行程；水平移动系同样采用连杆机构。两动梁在清渣和检修时，需要下落到坑底，采用了四个吊挂缸，来完成清渣及检修时动梁的落放和提升；两根动梁和四个吊挂缸的运动都有一定精度的同步要求。

步进炉工作需要完成的动作有：

（1）挡料移动缸的伸缩。需要加热的钢坯进入到加热炉内时，依靠挡料缸确定其加热过程的初始位置。

（2）动梁上升运动。垂直移动缸缩回，通过连杆机构使动梁升起，托起钢坯离开静梁。

（3）动梁前进运动。钢坯离开静梁后，水平移动缸伸出，同样通过连杆机构，由两根动梁托着钢坯沿着加热路线前进一个步长的距离。

（4）动梁下降运动。垂直移动缸伸出，通过连杆机构使动梁下降到静梁的水平面以下，这时，钢坯又回落到三根静梁的支承面上，但其水平位置比原来前移了一个步长。

（5）动梁后退运动。水平移动缸缩回，同样通过连杆机构使动梁在静梁的水平面下退回到其原始位置；等待下一个工作循环。如此反复，就能使钢坯从步进炉入料口逐步移到出口，并能使钢坯各个部分加热均匀。

（6）水平框架升降运动。维修炉膛时，将四个吊挂缸的电液阀换向，靠框架的自重让吊挂缸同步下降，动梁及框架落至坑内；检修完毕，再使电液阀切换，四个吊挂缸同步上升，使动梁回复到其工作循环的原始位置。

3.1.3.2　步进式加热炉液压系统工作原理及主要特点

图 3-3 所示为步进式加热炉的液压控制系统原理图。其液压控制系统的工作情况如下：

（1）挡料移动缸的伸、缩运动。控制泵 5 启动（泵 6 备用），向整个液压系统提供具有适当压力的控制油液。使电磁铁 1DT 通电（泵 2 备用），泵 1 不再处于卸荷，再让电磁铁 6DT 通电，压力油经单向阀 13、电液换向阀 19 进入挡料缸 48 的左腔；缸 48 右腔的油液经阀 19、滤油器、冷却器回到油箱，使挡料缸伸出；确定好新入炉钢坯的初始位置，并碰动行程开关而发出电气讯号。这时，控制中心将电磁铁 7DT 通电，6DT 断电，压力油进入到挡料缸的右腔，使挡料缸缩回到原始位置，等待下一根钢坯的到来。

（2）动梁上升运动。电磁铁 3DT 和 5DT 通电，泵 3、4 均不再处于卸荷；使电磁铁 13DT、15DT 同时通电，则泵 3、4 的压力油经单向阀 15、16，电磁换向阀 22、23，液控单向阀 32、33，单向节流阀 34、35 进入垂直移动缸 56、57 的右腔；而缸 56、57 左腔的油液合流，经背压阀，回油过滤器，冷却器回到油箱。使垂直移动缸缩回，通过连杆机构使动梁升起；两缸为并联同步，依靠阀 22、23 的同时切换实现。

（3）动梁的前进运动。垂直移动缸缩回到位后，碰动行程开关发出电讯号；通电控制中心使电磁铁 11DT 通电，泵 1 的压力油经单向阀 13，电磁换向阀 21，单向节流阀 31 进入到水平移动缸 53 的下腔，缸 53、54、55 串联式连接；使水平移动缸 55 上腔的油液经单向节流阀 30 的节流口、阀 21、滤油器、冷却器回到油箱；水平移动缸 53、55 实现了同步伸出运动，其通过连杆机构驱动两根动梁一起前进一个步长；缸 53、55 的活塞上设置了确保两缸终点位置同步的装置。

图 3-3 步进式加热炉液压系统

1～4—主泵;5,6—控制泵;7～10,71—二位二通电磁换向阀;11,12,45,47—溢流阀;13～18,44,46,73—单向阀;19～24—三位四通电磁换向阀;25—节流阀;26～31,34,35,37,39,41,43—单向节流阀;32,33,36,38,40,42—液控单向阀;48～57—液压缸;58,60,61,63,65,67—压力计;59,62,64,66—压力继电器;68—温度计;69,70—热交换器;72,74—过滤器

（4）动梁下降运动。水平移动缸伸出到位后，碰动行程开关发出电讯号，使电磁铁17DT 通电，控制压力油进入到液控单向阀的控制腔，打开液控单向阀 32、33；同时使12DT、14DT 一起通电，13DT、15DT 断电；这时，泵 3、4 排出的压力油，缸 56、57 右腔的油液分别经过单向节流阀的节流口、液控单向阀返回到缸的左腔，实现差动连接的快速伸出运动，同样通过连杆机构完成动梁的快速下降运动；其下降速度可通过调节阀 34、35的节流口开度而改变。其背压阀的作用是：使缸 56、57 右腔的回油具有足够的压力而可靠地进入到其左腔，实现差动，从而提高系统的工作效率。

（5）动梁水平退回原始位置的运动。当垂直移动缸带动动梁下降到位后，碰动行程开关发出电讯号，使 10DT 通电，11DT 断电；泵 1 的压力油经单向阀 13，阀 21、30 进入缸55 的上腔；缸 53 下腔的油液经阀 31 的节流口、阀 21 回到总回油管路；使两个水平移动缸同步缩回，同样通过连杆机构使动梁水平退回到其循环动作的原始位置。

（6）框架的升降运动。当需要进行炉膛清渣及检修时，必须将两根动梁落放到炉坑下面。先将 16DT 通电，控制压力油将液控单向阀 36、38、40、42 打开；同时使 8DT、9DT断电，由于框架的自重作用，四个吊挂缸下腔的油液分别经各自的节流阀及液控单向阀回到总回油管，缸的上腔通过管路直接从油箱中补油，吊挂缸通过调整节流阀的开度可实现同步下降；清渣及检修完毕，需使动梁升回到原来的位置，使 9DT 通电，泵 1 的压力油经单向阀 13，阀 20、26、28 的节流口分别进入到各缸的下腔，使四个吊挂缸同步上升，从而顶起框架时之回到步进炉工作所要求的位置。

该液压系统的特点：

（1）由于动梁及框架的结构尺寸较大而采用了多缸驱动的形式，故具有同步运动的要求；吊挂及垂直移动缸采用节流阀节流调速的并联同步；水平移动缸采用串联同步，并在油缸上安装了终点位置同步装置，消除了累积误差。

（2）因吊挂缸和动梁升降缸都承受了垂直方向的负载，故在下降运动的回油路上安装了双向液压锁，以实现下降过程中的任意位置停止和短时间的保压。

（3）所有执行机构的速度控制均为节流调速，因有垂直方向负载，为防止下降过程因负载自重作用而出现速度失控，均采用回油节流调速。

（4）此设备需进行连续运转，故系统中的关键元件都设置了备用元件；并且液压站具有多层自动报警及自动保护功能：

1）油箱的油位控制。安装在油箱侧壁上的液位信号发生器，可对油箱中油液的最高、低液位进行声、光报警；到最低允许工作液位时可自动切断全部电机的电源，以免油泵由于吸空而产生磨损。

2）系统油温的控制。油箱上安装了两个电接点温度计，系统油温升到 60℃ 时，电接点温度计发讯使电磁水阀的 18DT 通电，对油液进行冷却；油温降到 50℃ 时，温度计又发讯，使 18DT 断电，停止冷却。油温低于 15℃ 时，利用温度计的电接点和电动机启动电路互锁，而不能启动；并且自动通过电加热器进行加热。从而保证系统工作在合适的油温范围内。

（5）系统的油压控制及保护。在各泵的出口都安装有电接点压力表及压力继电器，当由于某种原因致使系统实际油压高出调定压力 1.5MPa 时，其附近相应的电接点压力表就发出信号，使电磁溢流阀的电磁铁断电，让该泵卸荷；如果系统实际油压仍继续升高，达到高于调定压力 3MPa 时，其附近相应的压力继电器动作，而使相应的电机自动停止运转。故对系统的油压实现了多级自动保护。

【任务实施】　分析图 3-4 所示的动力滑台液压系统

（1）任务实施目的：

1）掌握较为复杂液压系统分析方法。

2）正确分析液压回路的工作原理。

3）会正确归纳液压回路的特点。

（2）任务实施要求：

1）正确写出液压系统中各元件的名称和作用。

2）正确写出液压系统中各个组成回路的特点。

3）完成电磁铁动作顺序表。

（3）任务实施步骤：

1）根据工作循环，分析该液压系统的工作原理及组成特点。

2）编写该系统电磁铁动作顺序表。

3）写出该系统回路走向。

4）归纳回路特点。

图 3-4　液压系统

1—单向阀；2，3—二位三通电磁换向阀；4—电液换向阀；

5，6—液控单向阀；7，8—调速阀；9—液压缸

任务 3.2　液压系统故障诊断

【任务描述】

通过对液压系统故障特征分析，掌握液压系统故障诊断方法；熟悉液压系统故障判断步骤；能够对液压系统常见故障进行分析和排除。

【学习及素养目标】

(1) 掌握常见液压系统故障的诊断方法及排除方法。

(2) 综合利用液压知识和技能解决贴合实际生产的项目任务。

(3) 具备团队意识、诚信品质、敬业精神、遵纪守法意识、文明礼貌生产素质。

【所需知识】

3.2.1　液压系统故障特征及诊断方法步骤

分析液压故障之前必须弄清楚整个液压系统的传动原理、结构特点，然后根据故障现象进行判断，逐步深入，采取顺藤摸瓜、跟踪追击的分析方法，有目的、有方向地逐步缩小可疑范围，确定区域、部位，以至某个液压元件。尽力避免分析辨别的盲目性。液压系统故障不像电气系统那样检测方便，因为液压管路内油液流动状态、液压件内部的零件动作，以及密封件的损坏等情况，一般是看不见的、摸不着的，所以给人们观察分析带来更多的麻烦和困难。当然，液压系统中某个局部油腔装有压力表，但远不能满足分析故障的需要。因此，要求人们具有分析故障原因、准确判断故障部位的能力。特别是机械故障、液压故障、电气问题几方面交织在一起时，必须预先有一个清醒的估计，实事求是地进行观察推断。液压系统的工作是由压力、流量、液流方向来实现的，根据这一特征，总是可以找出故障的原因并能及时给予排除的。

3.2.1.1　液压设备不同运行阶段的故障特征

A　新试制液压设备调试阶段的故障

液压设备调试阶段的故障率较高，存在问题较为复杂，其特征是设计、制造、安装（包括装配）以及管理等质量问题交织在一起。除了机械、电气的问题以外，一般液压系统常见故障有：

(1) 外泄漏严重。主要发生在接头处或有关元件的端盖连接处。

(2) 执行元件运动速度不稳定。

(3) 由于脏物或油污使阀芯卡死或运动不灵活，造成执行元件运动作失灵。

(4) 液压控制元件的阻尼小孔被堵，造成系统压力不稳定或压力调不上去。

(5) 某些阀类元件漏装弹簧、密封件，造成控制失灵。有时甚至出现管道接错而使系统动作错乱。

(6) 液压系统设计不完善，液压件选择不当，造成系统发热、执行元件同步动作不协调，位置精度达不到要求等，对待此类故障应耐心、细致、慎重。

B　定型设备调试阶段故障

此类设备调试时故障率较低，其特征是由于管理不良或安装时不小心、或在搬运中损坏造成的一般容易排除的小故障。其表现如下：

(1) 外部有泄漏。

(2) 压力不稳定或动作不灵活。

(3) 液压件及管道内部进入脏物。

（4）元件内部漏装，或错装弹簧或其他零件。

（5）液压件加工质量差或安装质量差，造成阀芯动作不灵活。

若在此过程中加强管理，在装配和安装过程中严格把好质量关，故障率将会下降，调试将较为顺利。

C　液压设备运行初期的故障

液压设备经过调试阶段后，便进入正常生产运行阶段。此阶段的故障特征其表现如下：

（1）管接头因振动而松脱。

（2）由于少数密封件质量差，或由于装配不当而被损伤，造成泄漏。

（3）工作油液因多次冲刷管道、液压件油道，使原来附贴在管壁和孔壁上的毛刺、型砂、切屑等杂物脱落。随流而去的杂物将会堵塞阻尼孔和滤油器滤网，造成压力不稳定和工作速度变化。

（4）由于负荷大或外界环境散热条件差，使油液温度过高，引起泄漏，导致压力和速度不稳定，甚至造成工作严重失常，甚至停产。

D　液压设备运行中期的液压故障

设备经过调试阶段后，便进入正常生产的阶段。一般情况下设备使用到中期，属于正常磨损阶段，其故障率最低。此时，液压系统工作状态最佳，但应特别注意工作油液的污染程度须在要求范围内。

E　液压设备运行到后期的故障

液压设备运行到后期时，各类液压元件因工作频率和负荷条件的差异，各易损件先后开始正常性的超差磨损。在此阶段，故障的特征是故障率逐渐上升，系统中内外泄漏量增加，系统效率有明显降低。此时，应该对液压系统和液压元件进行全面检查，对有严重缺陷的元件和已失效的元件进行修理或更换。此时，不得有凑合、对付思想，维修部门应下决心进行全面修复，否则故障会越来越多，以致影响生产。

F　突发事故性故障

此类故障特征是偶然突变，故障区域及产生原因较为明显，其中有非人为和人为因素，如事故碰撞，零部件明显损坏：内部弹簧偶然断裂、管路突然爆裂、异物落入管路系统产生堵塞、电磁线圈烧坏、密封圈断裂等故障现象。

突发性故障往往与液压设备安装不当、维护不良有直接关系。有时由于操作错误也会发生破坏性故障。防止这类故障的主要措施是加强设备日常管理维护，严格执行岗位责任制，加强操作人员的业务培训。

3.2.1.2　故障诊断步骤

故障诊断的步骤有：

（1）熟悉性能和资料。在查找故障原因之前要了解设备的性能，熟悉液压系统工作原理和运行要求以及一些主要技术参数。

（2）调查情况。到现场向操作者询问设备出现故障前后的工作状况及异常现象，产生故障的部位和故障现象，同时要了解过去对这类故障排除的经过。

（3）现场观察。到现场了解情况时，如果设备还能启动运行，就应当亲自启动一下设备，操纵有关控制部分，观察故障现象，查找故障部位，并观察系统压力变化和工作情况，听听噪声，查看漏油等现象。

（4）查阅技术档案。翻阅设备技术档案，对照本次故障现象，是否与历史记载的故障现象相似，还是新出现的故障。

（5）归纳分析。对现场观察到的情况、操作者提供的情况及历史记载的资料进行综合分析，找出产生故障的可能原因。归纳分析是找出故障原因的基础。

（6）组织实施。在摸清情况的基础上，制订出切实可行的排除措施，并组织实施。

（7）总结经验。对故障经过分析予以排除，并取得了成功，这些经验都应当进行很好总结。积累维修工作中的实际经验是开展故障诊断技术的一个重要依据。

（8）纳入设备档案。将本次产生故障的现象、部位及排除方法作为历史资料纳入设备技术档案，以便于今后查阅。

3.2.1.3　故障诊断方法

为了保证液压元件和液压系统在出现故障后能尽快恢复正常运转，正确而果断地判断故障原因，迅速而有效地排除故障，是正确使用液压设备的重要环节。以下简单介绍一下液压故障诊断的常用方法。

A　简易诊断技术

简易诊断技术，又称主观诊断法。它是靠维修人员利用简单的诊断仪器和凭个人的实际经验对液压系统出现的故障进行诊断，判别产生故障的原因和部位，这是普遍采用的方法。这种方法通过"看、听、摸、闻、阅、问"六字口诀进行。主观诊断法既可在液压设备工作状态下进行，又可在其不工作状态下进行。具体方法如下：

（1）看。看液压系统工作的真实现象。一般有六看：一看速度，看执行机构运动速度有无变化和异常现象；二看压力，看液压系统中各测压点的压力值大小，压力值有无波动等现象；三看油液，观察油液是否清洁，有否变质，油量是否满足要求，油的黏度是否符合要求，油的表面是否有泡沫等；四看泄漏，看液压管道各接头处、阀板结合处，液压缸端盖处、液压泵轴伸出处是否有渗漏滴漏和出现油垢现象；五看振动，看液压缸活塞杆或工作台等运动部件工作时有无跳动等现象；六看产品，根据液压设备加工出来的产品质量，判断执行机构的工作状态、液压系统工作压力和流量的稳定性等。

（2）听。用听觉来判别液压系统和泵的工作是否正常等。一般有四听：一听噪声，听听液压泵和液压系统工作时的噪声是否过大及噪声的特征，溢流阀、顺序阀等压力控制元件是否有尖叫声；二听冲击声，指工作台液压缸换向时冲击声是否过大，液压缸活塞是否有撞击缸底的声音，换向阀换向时是否有撞击端盖的声音的现象；三听泄漏声，即听油路板内部是否有微细而连续不断的声音；四听敲打声，听液压泵运转时是否有因损坏而引起的敲打声。

（3）摸。用手摸允许摸的正在运动的部件表面，了解其工作状态。一般有四摸：一摸温升，用手摸液压泵泵体外壳、油箱外壁和阀体外壳表面，若接触两秒钟感到烫手，就应检查温升过高的原因；二摸振动，用手摸运动部件和管路的振动情况，若有高频振动，就应检查产生的原因；三摸"爬行"，当工作台在轻载低速运动时，用手摸工作台，检验有无"爬行"现象；四摸松紧程度，用手拧一下挡铁、微动开关、紧固螺钉等，检验螺钉松紧程度。

（4）闻。用嗅觉器官辨别油液是否发臭变质，橡胶件是否因过热发出特殊气味等。

（5）阅。查阅有关故障分析和修理记录、日检和定检卡及交班记录和维修保养情况记录。

（6）问。询问设备操作者。了解设备平时运行状况。一般有六问：一问液压系统工作是否正常，液压泵有无异常现象；二问液压油更换时间，滤网是否清洁；三问发生事故前压力或速度调节阀是否调节过，有哪些不正常现象；四问发生事故前是否更换过密封件或液压件；五问发生事故前后液压系统出现过哪些不正常现象；六问过去经常出现哪些故障，是怎样排除的。

由于每个人的感觉、判断能力和实践经验的差异，判断结果肯定会有不同，但是经过反复实践，故障原因是特定的，终究会被确认并予以排除。应当指出的是：这种反复对于有实践经验的工程技术人员来讲，显得更加有效。

B　根据液压系统图诊断

液压系统图是设备液压部分的工作原理图，它表示了系统中各液压元件的动作原理和控制方法。

该方法通过"抓两头、连中间"对系统故障进行查找。"抓两头"，即抓动力源（液压泵）和执行元件（液压缸），然后"连中间"，即从动力源到执行元件之间经过的管件和控制元件。要对照实物，逐个检查（特别注意诸如发讯元件不发讯、发讯不动作，主油路与控制油路之间错接发生干涉等问题），找出原因，进行排除。

以图 3-5 所示的某组合机床的液压系统图，说明如何根据液压系统原理图查找液压故障。假设故障为工件不夹紧，即夹紧缸 9 不能向左运动。查找时，对照液压系统图，先查动力源和执行元件，即检查液压泵和液压缸 9。检查液压泵是否因无油液输出和压力不够造成液压缸不动作；再检查夹紧缸本身是否因某些原因不动作。如果液压泵和液压缸都正常，接着查找液压系统中间环节，即减压阀 7、单向阀 6 及电磁换向阀 8。分析液压系统图得知，4YA 应该通电，电磁换向阀 8 处于左位，否则不能夹紧。此时要确认 4YA 是否通电，如不通电，则要检查电器故障。另外，油路虽然导通，但进入夹紧缸 9 右腔的压力油压力不足，也可能使夹紧缸 9 不动作，则要检查减压阀是否卡死在小开度位置，引起压力不够。如果 6YA 不通电，液压泵来的油经电磁阀 11 流回油箱而卸荷，液压缸 9 也无夹紧动作。这样利用液压系统图并通过以上分析，即可找出无夹紧动作故障的原因。

C　利用因果图诊断

将影响故障的各主要因素和次要因素编制成因果图，利用这种图进行逐件逐因素地深入分析排除，即可查出故障原因。

图 3-6 所示为液压缸泄漏的可能原因，编制出因果图后，根据图中所列原因逐项查找，即可找出液压缸外泄漏的原因。

D　用试验法进行诊断

通过试验方法来查找故障。具体的实验可根据故障的不同而进行，一般的试验方法有隔离法、比较法和综合法。

图 3-5　某组合机床液压系统图

1—电机；2，11—二位三通电磁换向阀；3—变量泵；4—三位五通电磁换向阀；
5，9—液压缸；6—单向阀；7—减压阀；8—电磁换向阀；10—压力计

图 3-6　液压缸泄漏的因果图

a　隔离法

隔离法是将故障可能原因中的某一个或几个隔离开的试验方法。可能出现两种情况：一是隔离后故障随之消失，说明隔离的原因便是引起故障的真实原因；二是故障依然存在，说明隔离的原因不是该故障的真实原因，此时应继续隔离其他原因进行查找。

b　比较法

　　比较法是指对可能引起故障的某一原因的零部件进行调整或更换的实验方法。可能出现两种情况：一是对原故障现象无任何影响，说明该原因不是故障的真实原因；二是故障现象随之变化，则说明它就是故障的真正原因。

　　方法：一种方法是用两台型号、性能参数相同的机械进行对比试验，从中查找故障。试验过程中可对机械的可疑元件用新件或完好的元件进行替换，再开机试验，如性能变好，则故障所在即知。否则，可继续用同样的方法或其他方法检查其余部件。另一种方法是对于具有相同功能回路的液压系统，采用对比替换，这种方法对采用高压软管连接的系统更为方便。遇到可疑元件，要更换另一回路的完好元件时，不需拆卸元件，只要更换相应的软管接头即可。对两种以上相同液压站进行故障排查时，此方法非常有效。

　　c　综合法

　　综合法是同时应用上述两种方法的试验方法。用于查找故障原因较复杂的系统。应遵循的原则如下：

　　（1）试验时，不能进行有损液压设备的试验。

　　（2）试验前，应先对液压设备的工作原理、传动系统、结构特征等方面进行综合分析，找出产生故障的可能原因，再着手利用上述几种方法进行试验。

　　（3）试验应有明确的目的，并且对试验中可能出现的各种情况、原因、相应的措施都要事先有充分估计和周密的考虑。

图 3-7　M7120A 型平面磨床
工作台换向油路

　　（4）要科学合理地编排出试验顺序，原则上应先易后难，先重要后次要。

　　如 M7120A 型平面磨床出现工作台撞动撞块再拨动先导换向阀后，偶然出现不换向冲击撞缸的故障。其工作台换向油路如图 3-7 所示。具体试验步骤如下：

　　（1）分析故障产生的原因。试验前，先对产生故障（即换向阀无动作或动作迟缓）的可能原因分析如下：

　　1）先导阀通向换向阀的辅助油路不畅通。

　　2）换向阀间隙太小或划伤，或因污物卡住，动作有时不灵活。

　　3）换向调节节流阀失去作用。

　　4）换向阀两端进油，单向阀钢球在液流卷吸作用下贴住堵在进油口小孔上，使进油受阻。

　　（2）编排试验顺序。按故障的可能性大小确定试验顺序应为：4）、2）、3）、1），而按试验的难易程度确定试验顺序则为：3）、4）、2）、1）。这样，选择 3）、4）、2）、1）的排列为试验的顺序。

　　（3）进行试验。将原换向调节节流阀阀芯取下，用一短螺钉拧入原螺孔，以封住该螺孔口，这样，相当于取消了节流阀。此时，机床工作故障仍无改变，即可排除原因。

　　另一个试验方法是在单向阀中加装一适当长度的细弹簧，以改变辅助油通过单向阀将钢球托起时的力平衡关系。使钢球升起高度至换向阀端头进油小孔的距离足够大，摆脱液流的卷吸影响。此时，开动机床，长时间试车不再出现故障，而且调节节流阀有明显的控制作用，说明故障由换向阀两端进油，单向阀钢球贴堵在进油口小孔上引起。

　　E　应用铁谱技术查找

　　此方法是利用铁的磁性，将液体工作介质中各种磨损微粒和其他污染微粒分离和分析出来，再通过铁谱技术对微粒的相对数量、形态、尺寸大小和分布规律、颜色、成分以及组成元素等作出分析判断；再根据这些信息，就可以准确地找到液压设备液压系统的磨损部位、磨损形式、磨损程度并得出液压元件完全失效的结论；从而为机械液压设备液压系统的状态监控和故障诊断提供科学的、可靠的依据。

　　如对斜盘式轴向柱塞泵的液压系统油样进行铁谱分析发现铜磨粒时，可能是来自液压泵铜滑套和铜缸体的磨损。当发现有大量非金属杂质纤维时，可能是过滤器有部分损伤。如发现其中有磨粒呈回火蓝色，可能是柱塞泵中存在局部的摩擦高温，它可能来自液压泵的配流盘处。如在油样中发现有红色氧化铁磨粒，则可断定油液中混入了水分等。

　　F　区域分析与综合分析查找

　　区域分析是根据故障的现象和特征，对系统部分区域进行局部的分析，检测局部区域内元件的情况，查明原因并进而采取措施。综合分析是对系统故障作出全面分析来查找原因并制定措施。

　　如活塞杆处漏油或液压泵轴油封漏油的故障。因为漏油部位已经确定是在活塞杆或液压泵轴的局部区域，可采用区域分析的方法，找出可能是活塞杆拉伤或液压泵轴拉伤磨损，也可能是该部的密封失效，从而可有针对性地采取措施予以排除。

　　G　间接检测查找

　　对故障不是直接检查，而是通过测量其他的项目，间接地推断出故障产生的原因。例如液压泵的磨损程度，可通过间接地检测振动来做出判断。

　　H　仪器专项检测法

　　它采用各种监测仪器对其进行定量分析，从而找出故障原因。

　　（1）压力。检测液压系统各部位的压力值，分析其是否在允许范围内。

　　（2）流量。检测液压系统各位置的液流流量是否在正常值范围内。

　　（3）温升。检测液压泵、执行机构、油箱的温度值，分析是否在正常范围内。

　　（4）噪声。检测异常噪声值，并进行分析，找出噪声源。

　　应该注意的是：对于故障嫌疑的液压件要在试验台架上按出厂试验标准进行检测，元件检测要先易后难，不能轻易把重要元件从系统中拆卸下来，甚至盲目解体检查。

　　（5）在线检测。对自动线之类的液压设备，可以在有关部位和各执行机构中装设监测仪器（如压力、流量、位置、速度、油位、温度等传感器），在自动线运行过程中，某个部位产生异常现象时，监测仪器均可预测到技术状况，并可在屏幕上自动显示出来。以便于分析研究、调整参数、诊断故障并予以排除。

　　状态监测用的仪器种类很多，通常有压力传感器、流量传感器、速度传感器、位移传感器、油温监测仪、位置传感器、油位监测仪、振动监测仪、压力增减仪等。把监测仪器测量到的数据输入电子计算机系统，计算机根据输入的信号提供各种信息和各项技术参数，由此可判别出某个执行机构的工作状况，并可在电视屏幕上自动显示出来。在出现危险之前可自动报警或自动停机或不能启动另外一个执行机构等。状态监测技术可解决凭人的感觉器官无法解决的疑难故障的诊断，并为预知维修提供了信息。

I　其他诊断方法

（1）模糊逻辑诊断方法。模糊诊断方法利用模糊逻辑来描述故障原因和故障现象之间的模糊关系。通过隶属函数和模糊关系方程解决故障原因与状态识别问题。

（2）智能诊断方法。一旦液压系统发生故障，通过人机接口将故障现象输入计算机，由计算机根据输入的故障现象及知识库中的知识，按推理机中存放的推理方法推算出故障原因并报告给用户，还可以提出维修或预防措施。

（3）基于灰色理论的故障诊断方法。研究灰色系统的有关建模、控模、预测、决策、优化等问题的理论称为灰色理论。通常可以将信息分为白色系统、灰色系统和黑色系统。白色系统指系统参数完全已知的情况，黑色系统指系统参数完全未知的系统。灰色系统理论是通过已知参数来预测未知参数的，利用"少数据"建模从而解决整个系统的未知参数。

3.2.2　液压系统常见故障及排除

3.2.2.1　液压系统温升故障诊断与排除

使液压系统的工作温度保持在一定范围内对液压系统的正常工作起着至关重要。液压系统的温升是一种综合故障的表现形式，主要通过测量油温和少数的液压元件温度来衡量。一般情况下，液压系统的正常工作温度为 40~60℃，超过这个温度就会给液压系统带来不利影响。

A　液压系统过热的危害

液压系统过热即液压油工作温度过高，可直接影响系统及组件的可靠性，降低作业效率等。它给液压系统带来的危害主要表现如下：

（1）液压系统油温过高会使油液黏度降低，油液变稀，泄漏增加。

（2）液压系统过热使机械产生热变形，导致不同材质的液压元件运动部件因热胀系数不同使运动副的配合间隙发生变化。间隙变小，会出现运动干涉和卡死现象；间隙变大，会使泄漏增加，导致工作性能下降及精度降低。同时也容易破坏运动副间的润滑油膜，加速磨损，导致零件质量变差。

（3）由于大多数液压系统的密封件和高压软管都是橡胶制品，系统油温过高会使橡胶件变形，提前老化和变质失效，降低使用寿命，丧失密封性能，造成泄漏。

（4）液压系统油温过高将造成油液的汽化，使汽蚀现象更加严重。

（5）液压系统温度过高会加速油液氧化变质，并析出沥青物质，降低液压油使用寿命。析出物堵塞阻尼小孔、缝隙、进油、回油的滤网等，导致压力阀调压失灵，流量阀流量不稳定和方向阀卡死不换向，金属管路伸长变弯，甚至破裂等故障。

（6）油温过高，泵的容积效率和整个液压系统的效率显著降低。

（7）整个系统的动力性、可靠性及工作性能等降低。

B　造成液压系统过热的原因

液压系统在使用过程中经常出现过热现象。通过分析，造成过热的原因主要有以下几个方向。

a　液压系统设计不合理

（1）液压系统油箱容量设计太小，散热面积不够，而又未设计安装冷却装置，或者虽有冷却装置但其容量过小。

（2）选用的阀类元件规格过小，造成通过阀的油液流速过高而压力损失增大导致发热，如溢流阀规格选择过小，差动回路中仅按泵流量选择换向阀的规格，便会出现这种情况。

（3）按快进速度选择液压泵容量的定量泵供油系统，在工作时会有大部分多余的流量在高压（工作压力）下从溢流阀溢流而发热。

（4）系统中未设计卸荷回路，停止工作时液压泵不卸荷，泵的全部流量在高压下溢流，产生溢流损失发热，导致升温。

（5）液压系统背压过高。如在采用电液换向阀的回路中，为保证换向的可靠性，阀不工作时（中位）也要保证系统一定的背压。如果系统流量大，则这些流量会以控制压力从溢流阀溢流，造成升温。

（6）系统管路太细太长、弯曲多、截面变化频繁等。局部压力损失和沿程压力损失大，系统效率低。

b　加工制造质量差

液压元件加工精度及装配质量不良，相对运动件间的机械摩擦损失大；配件的配合间隙太大，内、外泄漏量大，造成容积损失大，温升快。

c　系统磨损严重

液压系统的很多主要元件都是靠间隙密封的，如齿轮泵的齿轮与泵体、齿轮与侧板，柱塞泵、马达的缸体与配油盘、缸体孔与柱塞，换向阀的阀杆与阀体，其他阀的滑阀与阀套、阀体等处都是靠间隙密封的。一旦这些液压件磨损增加，就会引起内泄漏增加，致使温度升高，从而使液压油的黏度下降。黏度下降又会导致内泄漏增加，造成油温的进一步升高。

d　系统用油不当

液压油是维持系统正常工作的重要介质，保持液压油良好的品质是保证系统传动性能和效率的关键。如果误用黏度过高或过低的液压油，都会使液压油过早地氧化变质，造成运动副磨损而引起发热。

e　系统调试不当

系统压力是用安全阀来限定的，安全阀压力调得过高或过低，都会引起系统发热增加。如安全阀限定压力过低，与外载荷加大时，液压缸便不能克服外负荷而处于滞止状态。这时安全阀开启，大量油液经安全阀流回油箱；反之，当安全阀限定压力过高，将使液压油流经安全阀的流速加快，流量增加，系统产生的热量就会增加。另外，制造和使用过程中，如果系统调节不当，尤其是阀类元件调整不到位，使阀杆的开度达不到设定值，会导致系统温度升高。

f　操作使用不当

使用不当主要表现在操纵时动作过快过猛，使系统产生液压冲击。如操作时经常使液压缸运动到极限位置而换向迟缓；或者使阀杆档位经常处于半开状态而产生节流；或者系统过载，使过载阀长期处于开启状态，启闭特性与要求的不相符；或者压力损失超标等因素都会引起系统过热。

　　g　液压系统散热不足

　　（1）液压系统散热器和油箱被灰尘、油泥或其他污物覆盖而未清除，则会形成保温层，使传热系数降低或散热面积减小而影响整个系统的散热。

　　（2）排风扇转速太低风量不足。

　　（3）液压油路堵塞（如回油路及冷却器由于脏物、杂质堵塞，引起背压增高，旁路阀被打开，液压油不经冷却器而直接流向油箱），引起系统散热不足。

　　（4）连续在温度过高的环境工作时间太长液压系统温度会升高；或者工作环境与原来设计的使用环境温度相差太大，也会引起系统的散热不足。

　　C　液压系统过热故障的排除

　　为保证液压系统的正常工作，必须将系统温度控制在正常范围内。当液压系统出现过热现象时，必须先查明原因，再有针对性地采取正确的措施。

　　（1）按液压系统使用说明书的要求选用液压油。保证液压油的清洁度，避免滤网堵塞。同时应定期检查油位，保证液压油油量充足。

　　（2）定期检修易损元件，避免因零部件磨损严重而造成泄漏。液压泵、马达、各配合间隙处等都会因磨损而泄漏，容积效率降低会加速系统温升。应定期进行检修及时更换，减少容积损耗，防止泄漏。

　　（3）严格按照使用说明书要求调整系统压力，避免压力过高，确保安全阀、过载阀等在正常状态下工作。

　　（4）定期清洗散热器和油箱表面，保持其清洁以利于散热。

　　（5）合理操作使用设备，操作中避免动作过快过猛，尽量不使阀杆处于半开状态，避免大量高压液压油长时间溢流，减少节流发热。

　　（6）定期检查动力源的转速及风扇皮带的松紧程度，使风扇保持足够的转速，充足的散热能力。

　　（7）注意使液压系统的实际使用环境温度与其设计允许使用环境温度相符合。

　　（8）对因设计不合理引起的系统过热问题，应通过技术革新改造或修改设计等手段对系统进行完善。

3.2.2.2　液压系统泄漏而产生的故障

A　液压系统产生泄漏的原因及处理措施

　　内泄漏是指液压元件内部有少量液体从高压腔泄漏到低压腔，称这种泄漏为内泄漏。例如，油液从液压泵高压腔向低压腔的泄漏，从换向阀内压力通道向回油通道的泄漏等。由于液压系统中元件的磨损，随着时间的推移，在元件内部产生的泄漏会越来越明显。轻微的内部泄漏可能察觉不到，但是，随着内漏的增加，系统过热将成为问题。当这种情况发生时，系统的其他元件将开始失效。鉴别内部泄漏的简单办法是测试系统满载和空载时的工作周期，假如花了比空载时长很多的时间才完成有载时的动作，那么可以怀疑泵可能失效了。

外泄漏是指少量液体从元件内部向外泄漏，称这种泄漏为外泄漏。但外部泄漏发生在泵的吸油口时则很难检测到。如果出现以下五条之一的现象，可以怀疑发生了系统吸油管泄漏：

（1）液压油中有空气气泡；

（2）液压系统动作不稳定，有爬行现象；

（3）液压系统过热；

（4）油箱压力增高；

（5）泵噪声增大。

假如以上任何一现象存在，就应当首先检查所有的吸油管接头和连接处以寻找泄漏点。对于软管接头不要过度地旋紧，因为过度的旋紧会使管接头变形，反而会增加泄漏。应当使用设备制造商推荐的旋紧转矩值，这将保证可靠的密封并且不会使管接头和密封圈产生扭曲变形，造成密封圈表面的损坏。

B　泄漏可能对液压系统造成的影响

在液压传动中，液体的泄漏是一个不可忽视的问题。如果泄漏得不到解决，将会影响液压设备的正常应用和液压技术的发展。具体地说，泄漏引起的问题有以下几个方面：（1）系统压力调不高；（2）执行机构速度不稳定；（3）系统发热；（4）元件容积效率低；（5）能量、油液浪费；（6）污染环境；（7）可能引起控制失灵；（8）可能引起火灾。

一般地说产生泄漏的原因有设计、制造方面的问题，也有设备维护、保养等管理方面的问题。为了减少液压系统的故障、提高液压系统的效率、防止环境污染和减少液压介质的损耗，必须注意泄漏问题，并分析造成泄漏的原因，采取相应的措施，达到减少泄漏以至避免泄漏的目的。

C　液压系统泄漏的主要形式

液压系统的泄漏主要有缝隙泄漏、多孔隙泄漏、黏附泄漏和动力泄漏几种形式。

（1）缝隙泄漏。缝隙泄漏是指缝隙中的液体在两端压力差的作用下流动，便产生泄漏。

（2）多孔隙泄漏。液压元件的各种盖板、法兰接头、板式连接等，通常都采取紧固措施，当结合表面无不平度误差，在相互理想平行的状态下紧固，其结合面之间不会在总体上形成缝隙。

（3）黏附泄漏。黏性液体与固体表面之间有一定的黏附作用，两者接触后，在固体表面上黏附一薄层液体。

（4）动力泄漏。在转动轴的密封表面上，若留有螺旋形加工痕迹时，此类痕迹具有"泵油"作用。当轴转动时，液体在转轴回转力作用下沿螺旋形痕迹的凹槽流动。若密封圈的唇边上存在此类痕迹时（模具上的螺旋痕迹复印给密封圈），其结果与上述现象相同，仍有"泵油"作用而产生动力泄漏。动力泄漏的特点是：轴的转速越高，泄漏量越大。

为了防止动力泄漏，应避免在转轴密封表面和密封圈的唇边上存在"泵油"作用的加工痕迹，或者限制痕迹的方向。

实际液压设备泄漏情况是复杂的，往往是各种原因和种种情况的综合。

D　造成液压系统泄漏的相关因素

造成液压系统泄漏的相关因素有以下几方面：

（1）工作压力。在相同的条件下，液压系统的压力越高，发生泄漏的可能性就越大，因此，应该使系统压力的大小符合液压系统所需要的最佳值，这样既能满足工作要求，又能避免不必要的过高的系统压力。

（2）工作温度。液压系统所损失的能量大部分转变为热能，这些热能一部分通过液压元件本身、管道和油箱等的表面散发到大气中，其余部分就贮存在液压油中，使油温升高。油温升高不仅会使油液的黏度降低，使油液泄漏量增加，还会造成密封元件加快老化、提前失效，引起严重泄漏。

（3）油液的清洁程序。液压系统的液压油常常会含有各种杂质，例如液压元件安装时没有清洗干净，附在上面的铁屑和涂料等杂质进入液压油中；侵入液压设备内的灰尘和脏物污染液压油；液压油氧化变质所产生的胶质、沥青质和碳渣等。液压油中的杂质能使液压元件滑动表面的磨损加剧，液压阀的阀芯卡阻、小孔堵塞，密封件损坏等，从而造成液压阀损坏，引起液压油泄漏。

（4）密封装置的选择。正确地选择密封装置，对防止液压系统的泄漏非常重要。密封装置选择的合理，能提高设备的性能和效率，延长密封装置的使用寿命，从而有效地防止泄漏。否则，密封装置不适应工作条件，造成密封元件地过早地磨损或老化，就会引起介质泄漏。

此外，液压元件的加工精度、液压系统管道连接的牢固程度及其抗振能力、设备维护的状况等，也都会影响液压设备的泄漏。

E　排除泄漏的基本措施

a　合理选择密封圈及密封槽尺寸

要做到合理地选择密封装置，必须熟悉各种密封装置的形式和特点、密封材料的特性及密封装置的使用条件，如工作压力的大小、工作环境的温度、运动部分的速度等。把实际的使用条件与密封件的允许使用条件进行比较，必须保证密封装置有良好的密封性能和较长的使用寿命。

密封材质要与液压油相容，其硬度要合适。胶料硬度要根据系统工作压力高低进行选择。系统的压力高则选择胶料硬度高的密封件，压力过高，还需设计支承环。

为使密封可靠、寿命长，在设计密封槽时，要有适当的压缩率和拉伸量，压缩率不能过大也不能过小。过大则压缩应力增加，摩擦力增大，加快密封磨损，也易产生扭曲破坏，寿命缩短，有时造成装配困难；过小则密封性不好，产生泄漏。

O形密封圈由于结构简单、易于安装、密封性能好及工作可靠，作静密封时几乎无泄漏，所以是当前应用比较广泛的密封件。拉伸量是对以内圆和外圆起密封作用的O形圈而言，从提高寿命考虑，设计时应尽量避免密封圈线径的中心线被拉伸，因此密封圈应尽量按国标进行选用，而密封槽也应该按相应的标准进行设计。在不得已的情况下才自行设计，但尺寸公差要严格控制，粗糙度要符合要求，因为密封槽的宽度过大或深度过深都会造成压缩量不够而引起泄漏。

b　零件及管路结构设计要合理

零件设计时要有导向角，以免装配时损伤密封件。在有锐边和沟槽的部位装配密封圈时，要使用保护套，以免损伤密封件。

设置液压管路时应该使油箱到执行机构之间的距离尽可能短，管路的弯头、特别90°的弯头要尽可能少，以减少压力损失和摩擦。

液压系统中应尽量减少管接头，系统漏油有30%～40%是由管接头漏出的。

c　要控制液压系统的油温

油温过高，润滑油膜变薄，摩擦力加大，磨损加剧，密封材料老化增快，使之变硬变脆，并可能很快导致泄漏。

控制液压系统温度的升高，一般从油箱的设计和液压管道的设置方面着手。为了提高油箱的散热效果，可以增加油箱的散热表面，把油箱内部的出油和回油用隔板隔开。油箱液压油的温度一般允许在55～65℃之间，最高不得超过70℃。当自然冷却的油温超过允许值时，就需要在油箱内部增加冷却水管或在回油路上设置冷却器，以降低液压油的温度。

d　选择合适结构的液压元件和管接头

选择合适的液压元件，如电磁换向阀。若系统不要求有快速切换，则应选择湿式电磁阀。因为湿式电磁阀寿命长，冲击小，推杆处无动密封，消除了推杆部位引起的泄漏。

液压系统中常用的管接头有扩口式、卡套式和焊接式三类。这三种接头各有特点，应根据工作可靠性和经济性进行选择。扩口接头一般较为便宜，卡套接头能承受较大的振动，焊接接头用于能承受高压、高温及机械负载大和强烈振动的场合。

e　严格控制制造质量

严格控制密封槽的尺寸公差，表面粗糙度要达到图纸规定要求。槽边不能有毛刺和碰伤，装配前要清洗干净。

密封盖尺寸和法兰盖螺孔要保证质量，间隙不能太大，以避免密封件被挤出。

另外，在生产中，要加强维护管理，有计划地定期检查、修理液压设备，保护液压设备，防止机械振动和冲击压力，及时发现设备的泄漏，从而减少故障和油液的漏损，延长机器寿命，提高设备的完好率。

3.2.2.3　液压系统振动和噪声产生的故障

A　振动和噪声的危害

振动和噪声是液压设备常见故障之一，两者往往是一对孪生兄弟，一般同时出现。振动和噪声均有较大的危害，应设法消除或减小。

B　共振、振动和噪声产生的原因

振动包括受迫振动和自激振动两种形式。对液压系统而言，受迫振动来源于电机、液压泵和液压马达等的高速运动件的转动不平衡力，液压缸、压力阀、换向阀及流量阀等的换向冲击力及流量压力的脉动。受迫振动中，维持振动的交变力与振动（包括共振）可无并存关系，即当设法使振动停止时，运动的交变力仍然存在。

自激振动也称颤振，产生于设备运动过程中。它并不是由强迫振动能源所引起的，而是由液压传动装置内部的油压、流量、作用力及质量等参数相互作用产生的。不论这个振动多么剧烈,只要运动(如加工切削运动)停止,便立即消失。例如伺服滑阀常产生的自激振动,其振源为滑阀的轴向液动力与管路的相互作用。

另外,液压系统中众多的弹性体的振动,可能产生单个元件的振动,也可能产生两件或两件以上元件的共振。产生共振的原因是他们的振动频率相同或相近,产生共振时,振幅增大。具体原因如下:

(1)液压系统中的振动与噪声常以液压泵、液压马达、液压缸、压力阀为甚,方向阀次之,流量阀更次之。有时表现在泵、阀及管路之间的共振上。

(2)其他原因产生的振动和噪声。

1)电机振动,轴承磨损引起振动;

2)泵与电机联轴器安装不同心(要求刚性连接时同轴度不超过 0.05mm,挠性连接时同轴度不超过 0.15mm);

3)液压设备外界振源的影响,包括负载(例如切削力的周期性变化)产生的振动;

4)油箱强度刚度不好,例如油箱顶盖板也常是安装"电机液压泵"装置的底板其厚度太薄,刚性不好,运转时产生振动。

(3)液压设备上安设的元件之间的共振。

1)两个或两个以上的阀(如溢流阀与溢流阀、溢流阀与顺序阀等)的弹簧产生共振。

2)阀弹簧与配管管路的共振,如溢流阀弹簧与先导遥控管(过长)路的共振,压力表内的波登管与其他油管的共振等。

3)阀的弹簧与空气的共振,如溢流阀弹簧与该阀遥控口(主阀弹簧腔)内滞留空气的共振,单向阀与阀内空气的共振等。

(4)液压缸内存在的空气产生活塞的振动。

(5)油的流动噪声,回油管的振动。

(6)油箱的共鸣音。

(7)阀换向引起压力急剧变化和产生的液压冲击等产生管路的冲击噪声和振动。

(8)在使用蓄能器保压压力继电器发信的卸荷回路中,系统中的压力继电器、溢流阀、单向阀等会因压力频繁变化而引起振动和噪声。

(9)液控单向阀的出口有背压时,往往产生锤击声。

C　减少振动和降低噪声的措施

(1)对电机的振动可采取平衡电机转子、电机底座下安防振橡皮垫、更换电机轴承等方法解决。

(2)确保"电机-液压泵"装置的安装同心度。

(3)与外界振源隔离(如开挖防振地沟)或消除外界振源,增强与外负载的连接件的刚性。

(4)油箱装置采用防振措施。

(5)采用各种防共振措施。

1)改变两个共振阀中的一个阀的弹簧刚度或者使其调节压力适当改变。

2)对于管路振动如果用手按压,音色变化时说明是管路振动,可采用管夹和适当改变管路长度与粗细等方法排除,或者在管路中加入一段阻尼。

3）彻底排除回路中的空气。

（6）改变回油管的尺寸。

（7）两泵出油汇流处，多半为紊流，可使汇流处稍微拉开一段距离，汇流时不要两泵出油流向成对向汇流，而成一小于 90° 的夹角汇流。

（8）油箱共鸣声的排除可采用加厚油箱顶板，补焊加强筋；电机-液压泵装置底座下填补一层硬橡胶板，或者电机-液压泵装置与油箱相分离。

（9）选用带阻尼的电液换向阀，并调节换向阀的换向速度。

（10）在储能器压力继电器回路中，采用压力继电器与继电器互锁联动电路。

（11）对于液控单向阀出现的振动可采取增高液控压力、减少出油口背压以及采用外泄式液控单向阀等措施。

（12）使用消振器。

3.2.2.4　液压卡紧

A　液压卡紧的危害

液压系统中的压力油液，流经普通液压阀圆柱形滑阀结构时，作用在阀芯上的径向不平衡力（又叫液压侧向力）使阀芯卡住，称为"液压卡紧"。

轻微的"液压卡紧"使阀芯移动时摩擦力增加，严重些的可导致所控制的系统元件动作不符合设计节拍，变得滞后，就会破坏给定的自动循环，使液压设备发生事故。当液压卡紧阻力大于阀芯的移动力时，阀芯不能移动，称为"卡死"。在高压系统中，减压阀和顺序阀处理不当则尤其容易"卡死"。

液压系统中产生"液压卡紧"，自然会加速滑阀的磨损，降低元件的使用寿命；阀芯的移动在液压控制阀中很多是采用小的电磁铁驱动的，阀芯一旦"卡死"电磁铁则易烧毁。

B　液压卡紧的原因

产生径向不平衡力的主要原因，是由于滑阀运动副几何形状误差和同轴度变化引起的。如果阀芯为理想的圆柱体，阀芯与阀孔无几何形状误差，且两轴线平行但不重合，这种情况下，阀芯周围间隙的压力分布呈线性，且各向相等，所以阀芯上不会产生径向不平衡力。

C　消除措施

（1）在阀芯表面开均压槽。均压槽的尺寸一般宽为 0.3 ~ 0.5mm，深为 0.5 ~ 0.8mm，槽距 1 ~ 5mm。

（2）提高阀芯和阀孔的制造精度。一般阀芯的圆度和锥度允差为 0.003 ~ 0.005mm，而且应带顺锥；阀芯的表面粗糙度 Ra 应小于 $0.1\mu m$，阀孔的 Ra 小于 $0.2\mu m$，配合间隙要恰当，过大泄漏，过小易受热胀死。液压阀阀孔与阀芯形状精度和配合间隙的参考值见表 3-3。

（3）提高油液清洁度，避免颗粒性污染物浸入滑阀移动副产生卡紧或卡死。油液过滤精度常在 5 ~ 25μm 之间。

（4）换向阀尽量不用干式电磁铁，近 10 年广泛采用湿式电磁铁后，既可解决干式电磁阀的漏油，又使推动阀芯的精度提高，可减少卡紧现象。

表 3-3　液压阀阀孔与阀芯形状精度和配合间隙参考值

液压阀种类	阀孔（阀芯）圆柱度/mm	表面粗糙度 $Ra/\mu m$	配合间隙/mm
中低压阀	0.008 ~ 0.010	0.8 ~ 1.0	0.005 ~ 0.008
高压阀	0.005 ~ 0.008	0.4 ~ 0.8	0.003 ~ 0.005
伺服阀	0.001 ~ 0.002	0.05 ~ 0.2	0.001 ~ 0.003

3.2.2.5　液压冲击

在液压系统中，由于迅速换向或关闭油道，使系统内流动的油液突然换向或停止流动，而在系统内引起压力急剧上升，形成了一个很大的压力峰值。这种现象称为液压冲击。工作介质为水时，俗称为"水锤"。

A　液压冲击产生原因与危害

产生液压冲击的主要原因是由于液压元件的突然启动或停止，突然变速或换向，从而引起液压系统工作介质的流速和方向发生急剧的变化，由于流动油液及液压工作部件存在着运动惯性，从而使得某个局部区段的压力猛然上升，形成"液压冲击"。

液压冲击时，油液的压力峰值常高达正常压力的 3 ~ 4 倍，因此，使系统中的控制阀等液压元件、计量仪表、甚至管道遭受损坏，并使压力继电器、过电流继电器发出非正常讯号，致使系统不能正常工作。

液压冲击还会引起强烈地振动和冲击噪声，并使油温较快地上升，这些情况，均会严重地影响液压系统的性能稳定和可靠性。

B　防止减少和消除液压冲击现象的措施

（1）改进结构设计。对换向阀阀芯上进油及回油控制边缘结构进行改进或开轴向三角形油槽。将阀芯控制边制成半锥角为 2° ~ 5° 的节流锥面，使换向阀换向时，液流运动状态有一个较平缓的过渡，在滑阀完全关闭前，即已减慢了油液的流速。

（2）在保证工作节拍时间的前提下，尽量减慢换向速度。例如电液动换向阀和液动换向阀，可以利用主阀阀芯两端排油槽的节流螺钉进行调节，以减慢换向阀移动速度，延长切换时间而减免液压冲击。

（3）适当增大管径，避免不必要的弯曲，或采用橡胶软管等。

（4）合理缩短管道长度，减少冲击波传播的距离，并在必要时，于冲击处附近，加设溢流阀或蓄能器。

3.2.2.6　气穴现象

在流动液体中，因流速变化引起压力下降而产生气泡的现象，称为"气穴"。

A　气穴的原因与危害

液压系统中的某一局部会产生低压区（如流速很大的区域压力会降低），当压力低于工作温度下溶于油液中的空气分离的临界压力时，油中原来溶解的空气就会大量离析出来，形成气泡。如果压力继续下降，在低于工作温度时油液的饱和蒸气压时，油液沸腾而迅速蒸发，成为大量的气泡。这些气泡混杂在工作油液中，使原来充满管道中或充满元件中的油液成为断续状态，形成了"气穴"。

（1）产生气穴的原因。液压系统中，当压力油流经液压阀等元件的节流口、喷嘴和节流部件时由于速度急剧增高，使压力能大量转化为动能，使周围压力大幅度下降因而产生气穴，称为"节流气穴"。

液压控制滑阀在控制执行元件运动时，由于运动部件的惯性力，当阀口已经关闭，执行元件的油流已被切断，但工作部件仍会短暂地继续保持运动状态。因而，往往在这些执行元件的背后（如液压缸活塞等）形成真空，造成"气穴"。

（2）气穴的危害。当气泡随着油流进入高压区后，突然收缩，有些在周围高压油流的挤切、冲击下迅速破裂，并又重新凝结为液体。由气体变为液体，体积减小而形成了"真空"，而周围的高压油液体质点便以极大的速度冲向真空区域，因而引起局部压力的猛烈冲击；并将质点的动能突然转换为压力能，压力和温度在此均急剧升高，此时即会产生剧烈振动，发出强烈噪声。

在气泡凝结附近的元件表面，因在高温条件下反复受到液压冲击，加之油液中分离出来的酸性气体，具有一定的腐蚀作用，使其表面材料剥落，形成小麻点及蜂窝坑，这种现象称为气蚀。

气穴和气蚀现象使液压系统工作性能恶化，可靠性降低，其危害同于液压冲击，且对液压元件的损害更为严重。

B　防止气穴和气蚀现象的措施

（1）防止局部压力过低。这多从液压系统工作元件的内部结构设计上改进。

（2）保持液压系统中油压高于气体分离的临界压力。通常这是对液压泵的使用要求，要求有足够的管径；避免狭窄的通道，或急剧的拐弯；吸油管各处油压不要低于空气分离临界压力。

（3）降低油液中空气的含量。注意回油管应插入油面以下，管路各处密封要好，防止吸入空气等。

（4）使用抗气泡性好的液压油。

（5）易受气蚀损害的地方，应考虑采用青铜、不锈钢等耐蚀材料，其中钛的耐腐蚀性最好。此外，提高金属的硬度，提高表面光洁度和采取镀敷保护等，都是有效的措施。

3.2.2.7　系统工作压力失常

液压系统的工作压力失常，将破坏系统的正常工作循环，使液压设备不能工作，并伴随系统产生噪声、执行部件的运动速度降低以及爬行等故障。其产生的原因及排除方法如下：

（1）液压泵转向不对，造成系统压力失常。

排除方法：调换电动机接线。

（2）电动机转速过低、功率不足，或液压泵磨损、泄漏大，导致输出流量不够。

排除方法：更换功率匹配的电动机，修理或更换磨损严重的液压泵。

（3）液压泵进出油口装反，不但不上油，还将冲坏油封。

　　排除方法：纠正液压泵进出口方向，特别是对不能反转的泵更需要注意安装方法。

　　（4）其他原因，如泵的吸油管较细，吸油管密封漏气，油液黏度太高，过滤器被杂质污物堵塞造成液压泵吸油阻力大，产生吸空现象等，致使液压泵输出流量不够，系统压力上不去。

　　排除方法：适当加粗液压泵吸油管尺寸，加强吸油管接头处密封，使用黏度适当的油液，清洗过滤器等。

　　（5）溢流阀等压力调节阀出现故障，如溢流阀阀芯卡死在大开口位置，使压力油与回油路短接、压力阀阻尼孔堵塞、调压弹簧折断、溢流阀阀芯卡死在关闭位置，使系统压力下不来。

　　排除方法：参考液压阀故障排除方法进行解决。

　　（6）在工作过程中出现压力上不去或压力下不来，其原因有：换向阀失灵；阀芯与阀体之间有严重内泄漏；卸荷阀卡死在卸荷位置。

　　排除方法：参考液压阀故障排除方法进行解决。

　　（7）系统内外泄漏。

　　排除方法：查明泄漏位置，消除泄漏故障。

3.2.2.8　欠速

　　欠速故障影响生产效率。大负载时，常使设备不能正常工作。需要快速运动加工时，常因速度不够而影响磨削表面的粗糙度值。其产生的原因及排除如下：

　　（1）液压泵的输出流量不够，输出压力提不高，导致快速运动的速度不够。

　　排除方法：参考液压泵有关内容进行排除。

　　（2）溢流阀因弹簧永久变形或错装成弱弹簧，主阀芯阻尼孔局部堵塞，主阀芯卡死在小开口的位置，造成液压泵输出的压力油部分溢回油箱，通入系统供给执行元件的有效流量大为减少，导致快速运动的速度不够。

　　排除方法：参考溢流阀等压力控制阀的有关内容进行排除。

　　（3）系统的内外泄漏导致速度上不去。

　　排除方法：找出泄漏位置，消除内外泄漏。

　　（4）导轨润滑断油，镶条压板调得过紧，液压缸的安装精度和装配精度等原因，造成快进时阻力大使速度上不去。

　　排除方法：查出具体原因，有针对性地进行排除。

　　（5）系统在负载下，工作压力增高，泄漏增大，调好的速度因泄漏增大而减小。

　　排除方法：消除泄漏。

　　（6）系统油温增高，油液黏度降低，泄漏增加，有效流量减少。

　　排除方法：控制油温。

　　（7）油中混有杂质，堵塞流量调节阀节流口，造成工进速度降低，且时堵时通，使速度不稳。

　　排除方法：清洗流量调节阀。当油液严重污染时，需要及时更换油液。

　　（8）液压系统内进入空气。

　　排除方法：查明系统进气原因，排除液压系统内的空气。

3.2.2.9 爬行

爬行会影响工件的表面加工质量和加工精度，降低机床和刀具的使用寿命。爬行产生的原因和排除方法如下：

（1）导轨精度差、压板、镶条调得过紧。

排除方法：保证零件的制造精度和配合间隙。

（2）导轨面上有锈斑、导轨刮研点子数不够，且不均匀。

排除方法：去除导轨的锈斑、毛刺，刮研精度应达到接触面积大于或等于75%。

（3）导轨上开设的油槽深度太浅，运行时已磨掉，油槽开的不均匀。

排除方法：合理布置油槽，保证油槽精度。

（4）液压缸轴心线与导轨平行度超差。

排除方法：调整、修刮液压缸安装面，保证平行度误差在0.1mm之内。

（5）液压缸缸体孔、活塞杆及活塞精度差。

排除方法：保证零件的制造精度，不合格零件不投入装配。

（6）液压缸装配及安装精度差，活塞、活塞杆、缸体孔及缸盖孔的同轴度超差。

排除方法：与活塞内孔配合的轴颈与外圆的同轴度允差不能大于0.01~0.02mm；安装活塞的轴肩与活塞杆轴线的垂直度允差不大于0.04mm/100mm。密封在密封沟槽内不得出现四周压缩余量不等的现象。

（7）液压缸、活塞或缸盖密封过紧、阻滞或过松。

排除方法：密封装配时不得过紧和过松。

（8）停机时间过长，油中水分使部分导轨锈蚀；导轨润滑节流器堵塞，润滑断油。

排除方法：使用合适的导轨润滑油，如导轨油中含有极性添加剂，能使油分子紧附在导轨表面上，运动停止后油膜不会被挤破而保证流体润滑状态，使动、静摩擦因数之差极小；节流器堵塞时要及时予以清洗疏通。

（9）液压系统中进入空气造成爬行。

排除方法：空气进入系统中具体原因较多，要针对各种产生进气的原因逐一采取措施，防止空气进入液压系统。

（10）各种液压元件及液压系统不当造成的爬行。

排除方法：可参考液压元件及液压系统部分内容进行排除。

（11）液压油黏度及油温变化引起的爬行。

排除方法：保持油液的清洁度；使用合适黏度的油液；控制油温的变化；还可在油液中加二甲基硅油抗泡剂挤破气泡。

（12）密封不好造成的爬行。

排除方法：参考密封部分内容进行排除。

（13）其他原因，如电动机平衡不好，电动机转速不均匀，电流不稳，液压缸活塞杆及液压缸支座刚性差等。

排除方法：查明原因，针对产生爬行的具体原因逐一处理，例如增强各机械传动件的刚度等。

3.2.2.10 炮鸣

炮鸣能产生强烈的振动和较大的声响，从而导致液压元件和管件的破裂、压力表的损坏、连接螺纹的松动以及设备的严重漏油。严重的炮鸣，有可能使系统无法继续工作。产生故障原因及排除方法如下：

液压缸在大功率的液压机、矫直机、折弯机工作时，除了推动活塞运动外，还将使液压机的钢架、液压缸本身、液压元件、管道、接头等产生不同程度的弹性变形，从而积蓄大量能量。在工作结束液压缸返程时，上腔积蓄的油液压缩，能和机架等各机件积蓄的弹性变形能突然释放出来，使机架系统迅速回弹，导致了强烈的振动和巨大的声响。在降压过程中，油液内过饱和溶解的气体析出和破裂也加剧了这一作用。所以，若油路中没有合理有效的卸压措施，则是炮鸣的主要原因。

排除方法：可在液压缸上腔有效地卸压，慢慢地释放积蓄的能量，卸压后再换向。具体方法，可采用小型电磁阀卸压、卸荷阀控制卸压、专用节流阀卸压、手动卸压换向阀卸压等多种方法卸压。

由于液压元件都是密封的，故发生故障时不易查找原因。一般从现象入手，分析可能的原因并逐个检查，测试。只要找到故障源，故障就不难排除。

3.2.3 液压系统故障排除典型案例

随着液压技术的普及和应用，各类机械设备配置的液压系统越来越多，而且日趋复杂，因此对故障诊断水平的要求也越来越高。下面列举几种液压系统故障诊断和排除的典型案例。

3.2.3.1 液压系统故障实例 1

系统故障现象：如图 3-8 所示液压系统。系统有 10MPa 压力，换向阀动作，但油缸不动。

故障分析：元件配合尺寸不合要求。系统有 10MPa 压力，换向阀动作，油缸不动，取下油缸管接头，无油到，问题出在单向阀 3，分解单向阀 3，发现阀座易位。原因是单向阀开度小时油路相当一节流口，有 $p_1 > p_2$，当 $(p_1 - p_2) A > f$（A 为阀座轴向受压面积，f 为摩擦力）时，阀座会向左移动，把油堵死，这是极危险的，假设溢流阀 2 在单向阀后，泵打出的油无法溢流，会损坏油泵或烧电机。

故障原因：单向阀故障。

图 3-8   液压系统故障实例 1
1—液压泵；2—溢流阀；
3—单向阀；4—液压缸

解决办法：保证阀座与阀体间的过盈配合量。

3.2.3.2　液压系统故障实例 2

系统故障现象：如图 3-9 所示的液压系统，系统压力为 5MPa，温度升高时系统压力下降，严重时降低到 2MPa。

故障分析：

（1）溢流阀出现故障，导致调节压力失灵。更换溢流阀，现象不消除。

（2）用一小锥堵堵住溢流阀遥控口，现象消除，取下锥堵，换新 22D-10B 阀，现象又出现，说明 22D-10B 内漏大，使溢流阀失控。因中高压阀没有两位两通阀，用 24DF3-E6B 替换 22D-10B，故障排除。

故障原因：元件内泄漏太大造成。

解决办法：更换元件。

3.2.3.3　液压系统故障实例 3

系统故障现象：如图 3-10 所示液压系统图，系统压力为 3MPa，泵为低压叶片泵 YB1-4，电机 1440r/min，调速阀为中低压阀 QI-10B，油缸行程 $L = 1000$mm，此系统工作压力低，但要求速度稳定性好，速度很慢，油缸走完全程（油缸全部伸出）要求 25min。故障是油缸慢速工进时不能调速，确定无空气进入系统后。

图 3-9　液压系统故障实例 2

图 3-10　液压系统故障实例 3

故障分析：速度调大，油缸运动正常，说明问题就在调速阀。查阅样本知 QI-10B 的最小稳定流量为 50mL/min，而带温度补偿 QI-10B 的最小稳定流量为 20mL/min，用中低压温度补偿调速阀 QIT-10B 取代 QI-10B 调速阀，达到调速要求。

故障原因：液压元件选型不当所致。

解决办法：选择型号匹配的元件。

【任务实施】

图 3-11 所示为减压阀阀后压力不稳定，已知系统中主油路工作正常。但在减压回路中，减压阀的出口压力波动较大，使液压缸 9 的工作压力不能稳定在减压阀调定的 1MPa 压力值上。试分析产生故障的原因，并设法加以排除。

（1）任务实施目的：

能够运用所学知识，正确分析液压系统回路中存在的问题，并提出最佳设计方案。

（2）任务实施要求：

1）读懂液压系统原理图。

2）正确分析液压系统工作原理。

3）正确分析液压系统存在的问题并提出解决办法。

（3）任务实施步骤：

1）弄懂液压系统工作原理。

2）分析系统故障现象。

3）提出解决方案。

图 3-11　减压阀压力不稳定

1—液压泵；2—溢流阀；3—减压阀；4—换向阀；
5，6—电液换向阀；7，8，9—液压缸

思考与练习

3-1　液压系统不同运行阶段的故障有哪些特征？

3-2　液压传动系统故障诊断步骤有哪些？

3-3　液压故障的特点有哪些？

3-4　液压系统温升过高会对液压系统造成哪些危害，从哪些方面控制温升过高？

3-5　液压系统泄漏对液压系统造成哪些危害，有哪些措施可以排除？

3-6　液压系统的振动和噪音有哪些危害，应采取哪些措施加以消除？

学习情境 4　液压技术参考知识与应用

任务 4.1　液　压　泵

【任务描述】

通过对液压泵的介绍，掌握液压泵的工作原理以及分类方法，熟悉齿轮泵、叶片泵、轴向柱塞泵等常用液压泵的工作原理、结构特点及适用场合，掌握液压泵的正确选用方法。

【学习及素养目标】

(1) 掌握液压泵的工作原理以及分类方法。

(2) 熟悉常见的三种液压泵的工作原理、结构组成。

(3) 掌握液压泵的正确使用。

(4) 掌握液压泵的选用原则。

【所需知识】

在液压系统中，液压泵是将原动机（电动机或其他动力装置）所输出的机械能转换为液体的压力能的能量转换装置，它向液压系统提供一定流量和压力的液压油，起着向系统提供动力的作用，是系统不可缺少的核心元件。液压系统中使用的液压泵是容积式的，其工作原理是利用密封工作容积的变化来产生压力能。

4.1.1　泵的概述

4.1.1.1　液压泵工作原理

图 4-1 所示为单柱塞液压泵的工作原理图，图中柱塞 2 装在泵体 3 中形成一个密封空间 a，柱塞在弹簧 4 的作用下始终压紧在偏心轮 1 上。当原动机驱动偏心轮 1 旋转时，柱塞 2 在弹簧和偏心轮的共同作用下作往复运动，使密封空间 a 的容积发生周期性的交替变化。柱塞右移时，空间 a 的容积由小逐渐变大，形成局部真空，油箱中的油液在大气压作用下，经吸油管顶开单向阀 6 进入密封空间 a 而实现吸油；当偏心轮 1 推动柱塞左移时，密封空间 a 的容积逐渐减小，使已吸入的油液受到挤压，顶开单向阀 5 进入系统而实现压油。这样液压泵就将原动机输入的机械能转换成液体的压力能，原动机驱动偏心轮不断旋转，液压泵就不断地吸油和压油。

从上述液压泵的工作原理中不难看到，要保证容积式液压泵正常工作，必须具备以下条件：

（1）要有一个或若干空间容积能周期性变化的密封空间。密封空间由小变大时，形成局部真空完成吸油，密封空间由大变小时，油液受到挤压而进入系统。

（2）要有相应的配流机构，将吸油腔和排液腔隔开，保证液压泵有规律地、连续地吸、排液体。图 4-1 中的单向阀 5、6 就是配流机构，不同结构形式的液压泵，其配流机构也不相同。

（3）油箱内液体的绝对压力必须恒等于或大于大气压力，这是容积式液压泵能够吸入油液的外部条件。因此，为保证液压泵正常吸油，油箱必须与大气相通，或采用密闭的充压油箱。

图 4-1　液压泵工作原理
1—偏心轮；2—柱塞；3—泵体；
4—弹簧；5，6—单向阀

4.1.1.2　液压泵的分类

按照不同的分类标准，液压传动中常用的液压泵类型如下：

（1）按液压泵结构形式的不同分类如下。

（2）按液压泵的输出流量能否调节分类如下。

液压泵 {
定量液压泵——液压泵输出的流量不能调节，
　　　　　即单位时间内输出的油液体积是一定的。
变量液压泵——液压泵输出的流量可以调节，
　　　　　即根据系统的需要，泵输出不同的流量。

（3）按液压泵的压力分类，见表 4-1。

表 4-1　按压力分类

液压泵类型	低压泵	中压泵	中高压	高压泵	超高压泵
压力范围 /MPa	0 ~ 2.5	2.5 ~ 8	8 ~ 16	16 ~ 32	32 以上

液压泵的图形符号如图 4-2 所示。

图 4-2　液压泵的图形符号

（a）单向定量泵；（b）单向变量泵；（c）双向定量泵；（d）双向变量泵

4.1.1.3　液压泵的主要性能参数

A　压力

（1）额定压力 p_n。液压泵在正常工作条件下，按试验标准规定连续运转的最高压力称为液压泵的额定压力，超过此值就是过载。液压泵铭牌上所标定的压力就是额定压力。

（2）工作压力 p。液压泵工作时输出油液的实际压力称为工作压力，其大小取决于外负载的大小。

（3）最高允许压力。在超过额定压力的条件下，根据试验标准规定，允许液压泵短暂运行的最高压力值，称为液压泵的最高允许压力。

B　排量和流量

（1）排量 V。液压泵每转一周，由其密封容积几何尺寸变化计算而得的排出液体的体积叫液压泵的排量。排量可调节的液压泵称为变量泵，排量为常数的液压泵则称为定量泵。

（2）流量。

1）理论流量 q_t。液压泵的理论流量是指在不考虑液压泵泄漏的情况下，单位时间内所输出的液体体积。如果液压泵的排量为 V，转速为 n，则该液压泵的理论流量 q_t 为：

$$q_t = Vn \tag{4-1}$$

2）实际流量 q。液压泵的实际流量是指泵在某一具体工况下，单位时间内所输出的液体体积。

3）额定流量 q_n。液压泵的额定流量是指在正常工作条件下，按试验标准规定（如在额定压力和额定转速下）必须保证的流量。

C　功率和效率

a　功率

液压泵由电机驱动，输入的是机械能，输入量为转矩 T 和转速 ω，输入功率为 $P_i = T\omega$，而输出的是液体的压力能，输出量为液体的压力和流量，输出功率为 $P_o = pq$。若不考虑液压泵在能量转换过程中的损失，则液压泵的输出功率等于输入功率，称为理论输出功率和理论输入功率，统称理论功率，用 P_t 表示，即：

$$P_t = pq_t = pVn = T_t\omega = 2\pi T_t n \tag{4-2}$$

式中，T_t 为液压泵的理论转矩；ω 为液压泵的角速度。

b　效率

实际上，由于液压泵在能量转换的过程中存在能量损失，因此输出功率总是小于输入功率，两者的差值即为功率损失，功率损失分为容积损失和机械损失两部分。

（1）容积损失和容积效率。由于液压泵内部高压腔的泄漏、油液的压缩以及在吸油过程中吸油阻力太大、油液黏度大以及液压泵转速高等原因而导致油液不能全部充满密封工作腔，使泵的实际流量小于泵的理论流量，两者之差（$\Delta q = q_t - q$）称为泵的容积损失。液压泵的容积损失可用容积效率 η_V 来表示，它等于液压泵的实际输出流量 q 与其理论流量 q_t 之比，即：

$$\eta_V = \frac{q}{q_t} = \frac{q_t - \Delta q}{q_t} = 1 - \frac{\Delta q}{q_t} \qquad (4\text{-}3)$$

因此液压泵的实际输出流量 q 为

$$q = q_t \eta_V \qquad (4\text{-}4)$$

液压泵的容积效率随着液压泵工作压力的增大而减小，且随液压泵的结构类型不同而异，但恒小于 1。

（2）机械损失和机械效率。机械损失是因摩擦而造成的功率损失。由于液压泵体内相对运动部件之间的机械摩擦而引起的摩擦转矩损失以及液体的黏性而引起的摩擦损失，使得液压泵的实际输入转矩 T 总是大于理论上所需要的转矩 T_t，两者之差（$T - T_t$）即为机械损失，而将液压泵的理论转矩 T_t 与实际输入转矩 T 之比定义为液压泵的机械效率 $\eta_m = \frac{T_t}{T}$，由式（4-2）可知 $T_t = \frac{pV}{2\pi}$，所以

$$\eta_m = \frac{T_t}{T} = \frac{pV}{2\pi T} \qquad (4\text{-}5)$$

（3）液压泵的总效率 η。液压泵的总效率 η 定义为液压泵的实际输出功率 P_o 与其输入功率 P_i 之比，即：

$$\eta = \frac{P_o}{P_i} = \frac{pq}{T\omega} = \frac{pq_t \eta_V}{(T_t/\eta_m)\omega} = \frac{pq_t}{T_t \omega} \eta_V \eta_m$$

由式（4-2）知 $pq_t = T_t \omega$，所以上式变为

$$\eta = \eta_V \eta_m \qquad (4\text{-}6)$$

即液压泵的总效率等于其容积效率 η_m 和机械效率 η_V 的乘积。

4.1.2　齿轮泵

齿轮泵是液压系统中广泛采用的一种液压泵，它一般做成定量泵，按结构不同，齿轮泵分为外啮合齿轮泵和内啮合齿轮泵，而以外啮合齿轮泵应用最广。

齿轮泵具有结构简单、转速高、体积小、自吸能力好、工作可靠、寿命长、成本低、容易制造等优点，因而获得广泛应用。但它的缺点是流量与压力脉动大、噪声较大（内啮合齿轮泵噪声较小）、不能变量、排量较小，因而使用范围受到限制。本节主要介绍外啮合齿轮泵的工作原理和结构性能。

4.1.2.1　齿轮泵的工作原理

图 4-3 所示为外啮合齿轮泵的工作原理。在泵体内有一对相互啮合的齿轮，齿轮两侧有泵盖（图中未画出），泵体、泵和齿轮的各个齿槽组成了密封工作腔，而啮合线又把它

们分为互不相通的吸油腔和压油腔。当主动齿轮逆时
针方向转动时，右边的吸油腔由于相互啮合的轮齿逐
渐退出啮合，密封容积逐渐增大，形成局部真空，油
箱中的油液在大气压的作用下，经吸油管进入吸油腔，
充满齿间槽，并随着齿轮旋转将吸到齿间的油液带入
左侧压油腔。由于左侧压油腔的轮齿是逐渐进入啮合
的，故左侧密封容积逐渐减少，腔内油液受到挤压，
从压油口排出，实现压油。齿轮不断旋转，压力油便
源源不断地排出。

当两齿轮的旋转方向不变，其吸、压油腔的位置
也就确定不变。这里啮合点处的齿面接触线将高、低
压两腔分隔开，起着配油作用。因此在齿轮泵中不需

图 4-3 外啮合齿轮泵的工作原理

要设置专门的配油机构，这是和其他类型容积式液压泵的不同之处。

　　外啮合齿轮泵的优点是结构简单，尺寸小，质量轻，制造方便，价格低廉，工作可
靠，自吸能力强，对油液污染不敏感，维护容易。它的缺点是一些机件要承受不平衡径向
力，磨损严重，泄漏大，工作压力的提高受到限制。此外，它的流量脉动大，因而压力脉
动和噪声都比较大。

4.1.2.2　齿轮泵的结构

　　图 4-4 所示为 CB-B 齿轮泵的结构图。它采用泵体与两侧泵盖分离的三片式结构。泵
体 7 内装有一对齿数相同、宽度和泵体接近而又互相啮合的齿轮 6，这对齿轮与两泵盖和

图 4-4　CB-B 齿轮泵的结构

1—轴承外环；2—堵头；3—滚子；4—后泵盖；5，13—键；6—齿轮；7—泵体；8—前泵盖；9—螺钉；
10—压环；11—密封环；12—主动轴；13—泄油孔；14—泄油孔；15—从动轴；16—泄油槽；17—定位销

泵体形成一密封腔，并由齿轮的齿顶和啮合线把密封腔划分为两部分，即吸油腔和压油腔。两齿轮分别用键固定在由滚针轴承支承的主动轴 12 和从动轴 15 上，主动轴由电动机带动旋转。

泵的前、后盖和泵体由两个定位销 17 定位，用 6 只螺钉固紧。为了保证齿轮能灵活地转动，同时又要保证泄漏最小，在齿轮端面和泵盖之间应有适当间隙（轴向间隙），对小流量泵轴向间隙为 0.025 ~ 0.04mm，大流量泵为 0.04 ~ 0.06mm。齿顶和泵体内表面间的间隙（径向间隙），由于密封带长，同时齿顶线速度形成的剪切流动又和油液泄漏方向相反，故对泄露的影响较小，这里要考虑的问题是：当齿轮受到不平衡的径向力后，应避免齿顶和泵体内壁相碰，所以径向间隙就可稍大，一般取 0.13 ~ 0.16mm。

为了防止压力油从泵体和泵盖间泄漏到泵外，并减小压紧螺钉的拉力，在泵体两侧的端面上开有油封卸荷槽 16，使渗入泵体和泵盖间的压力油引入吸油腔。在泵盖和从动轴上的泄油孔 14，其作用是将泄漏到轴承端部的压力油也引入泵的吸油腔，防止油液外溢，同时也润滑了滚针轴承。

4.1.2.3　外啮合齿轮泵存在的三大问题

A　泄漏问题及补偿措施

对任何容积式液压泵来讲，为了提高其工作压力，必须使液压泵具有较好的密封性能，但为了实现密封容积的变化，相对运动的零件间又不得不具有一定的间隙，这就构成了一对矛盾，因此，提高容积式液压泵工作压力的途径就是要合理地解决这一矛盾，对齿轮泵来讲内泄漏有三条途径：一是齿轮端面和前后泵盖之间的轴向间隙，从这一途径的泄漏量约占总泄漏量的 75%~80%；二是齿顶圆和泵体内孔之间的径向间隙，泄漏量约占总泄漏量的 15%~20%；三是齿轮啮合线处，泄漏量约占总泄漏量的 4%~5%。可见齿轮端面的轴向间隙对泄漏的影响最大，油压越高，泄漏越多，如果制造时减小此间隙，这不仅会给制造带来困难，而且将引起齿轮端面很快磨损，容积效率仍不能提高，所以高压外啮合齿轮泵一般都采取利用液压力来补偿轴向间隙的方法。目前国内生产的外啮合齿轮泵主要是采用浮动轴套或采用浮动侧板来自动补偿轴向间隙，这两种方法都是引入压力油使轴套或侧板贴紧齿轮端面，压力越高贴得越紧，便可自动补偿轴向间隙，这种泵结构紧凑，容积效率高，但是流量脉动较大。

B　径向力不平衡及减小措施

齿轮泵在工作时，由于压油腔的油压高、吸油腔的油压低，同时部分压力油沿齿顶圆周缝隙从压油腔漏至吸油口，压力沿周向逐渐由高降低，致使沿齿轮径向的液压作用力不平衡，再加上齿轮啮合力的联合作用，因此在齿轮轴的轴承上受到一个很大的径向力。泵的工作压力越高，该径向力越大，使泵的工作条件变坏，不仅加速轴承的磨损，减低泵的寿命，而且会使轴变形，造成齿顶与泵体内表面之间的摩擦，使泵的总效率降低。

为了解决齿轮泵径向受力不平衡的问题，有的泵在泵盖或座圈上开有平衡槽，如图 4-5（a）所示。这种方法会增多泄漏的途径，使容积效率降低，压力上不去，此外加工较复杂。另一种方法是缩小压油口，如图 4-5（b）所示，通过减小压力油作用在齿轮上的面积来减小径向力，虽然采用这种方法后径向力未得到完全平衡，轴仍受径向力的作用而产

图 4-5 减小径向力不平衡的方法

（a）开平衡槽；（b）缩小压油口

生弯曲变形，但可通过稍加大齿顶的径向间隙以减小摩擦，由于圆周密封带较长，漏油的增加并不显著。

C 困油现象及消除办法

为保证齿轮传动平稳，供油连续，齿轮的重叠系数 ε 必须大于 1，即一对轮齿即将脱开前下一对轮齿已开始啮合，因此在某一短时间内同时有两对轮齿啮合，如图 4-6 所示，留在齿间中的油液被困在两对轮齿间的封闭容腔内，既不与压油口连通，也不与吸油口连通，随着齿轮的旋转，由图 4-6（a）转到图 4-6（b）所示位置，该封闭容积由大变小，由于油液的可压缩性很小，因而压力急剧增高，油液只能从各缝隙里硬挤出去，使齿轮轴和轴承等受到很大的冲击载荷。当齿轮继续旋转（由图 4-6（b）转到图 4-6（c）所示位

图 4-6 齿轮泵的困油现象

置），该封闭容积将由小变大，造成局部真空，使油液中的空气分离出来，油液本身也会气化，产生气泡，这就是困油现象。困油现象会使流量不均匀，形成压力脉动，产生很大的噪声，使泵的寿命降低。为了消除困油现象，可在齿轮两侧的端盖上铣两个凹下去的卸荷槽，如图 4-6（d）所示。当封闭容腔缩小时，通过右边的卸荷槽与压油口连通；当封闭容腔增大时，通过左边的卸荷槽与吸油口连通。卸荷槽之间的距离 a 应保证在任何时候吸、压油口都不会串通。

4.1.2.4　齿轮泵的流量

从齿轮泵的工作原理可知，齿轮每转过一个齿，就会将一对齿间容积的油液挤出，所以齿轮泵的排量 q 应是其两个齿轮的齿间容积之总和，近似计算时，可假设齿间的容积等于轮齿的体积，且不计齿轮啮合时的径向间隙，当齿轮齿数为 z，节圆直径为 D，工作齿高为 h，模数为 m，齿宽为 B 时，泵的排量为

$$q = \pi DhB = 2\pi zm^2 B \tag{4-7}$$

实际上齿间的容积比齿轮的体积大一点，齿数少时大得更多，为此可以取 3.33 来代替 π，则齿轮泵的排量应为

$$V = 6.66zm^2 B \tag{4-8}$$

当泵的转速为 n，容积效率为 η_V 时，其实际输出流量应为

$$q = 6.66zm^2 Bn\eta_V \tag{4-9}$$

式中的 q 表示齿轮泵的实际平均流量，由于在齿轮不同的啮合点处，密封工作腔的容积变化率不一样，因此瞬时输出的流量是变化的，这就是齿轮泵输出流量脉动的基本原因。齿数越少，齿槽越深，流量脉动越大。流量的脉动会引起压力波动，造成液压系统的振动和噪声。

4.1.3　叶片泵

叶片泵的结构较齿轮泵复杂，但其工作压力较高，且流量脉动小，工作平稳，噪声较小，寿命较长，所以它被广泛应用于机械制造中的专用机床、自动线等中低液压系统中，但其结构复杂，吸油特性不太好，对油液的污染也比较敏感。

根据各密封工作容积在转子旋转一周吸、排油液次数的不同，叶片泵分为两类，即完成一次吸、排油液的单作用叶片泵和完成两次吸、排油液的双作用叶片泵，单作用叶片泵多为变量泵，工作压力最大为 7.0MPa。双作用叶片泵均为定量泵，一般最大工作压力也为 7.0MPa，结构经改进的高压叶片泵最大的工作压力可达 16.0 ~ 21.0MPa。

4.1.3.1　单作用叶片泵

A　工作原理

单作用叶片泵的工作原理如图 4-7 所示。单作用叶片泵由转子 1、定子 2、叶片 3 和端盖等组成。定子具有圆柱形内表面，定子和转子间有一定偏心距。叶片装在转子槽中，并可在槽内滑动。当转子回转时，由于离心力的作用，使叶片紧靠在定子内壁，这样在定子、转子、叶片和两侧配油盘间就形成若干个密封的工作空间。当转子按图示的方向回转时，在图的右部，叶片逐渐伸出，叶片间的工作空间逐渐增大，从吸油口吸油，这是吸油

腔。在图的左部，叶片被定子内壁逐渐压进槽内，工作空间逐渐缩小，将油液从压油口压出，这是压油腔，在吸油腔和压油腔之间，有一段封油区，把吸油腔和压油腔隔开，这种叶片泵在转子每转一周，每个工作空间完成一次吸油和压油，因此称为单作用叶片泵。转子不停地旋转，泵就不断地吸油和排油。

图 4-7　单作用叶片泵工作原理
1—转子；2—定子；3—叶片

　　改变单作用叶片泵定子和转子之间的偏心距便可以改变排量，故这种泵常做成变量泵。若转子的旋转方向不变，改变偏心的方向时，则泵的吸油、压油方向也随之改变。单作用叶片泵由于转子受有不平衡径向力液压作用力，所以一般不宜用于高压系统。并且泵本身结构比较复杂，泄漏量大，流量脉动严重，致使执行元件的运动速度不够平稳。

　　B　流量计算

　　单作用叶片泵实际输出流量

$$q = 2\pi DeBn\eta_V \tag{4-10}$$

式中，D 为定子内径；e 为定子与转子间的偏心距；B 为叶片宽度；n 为叶片泵转速；η_V 为叶片泵容积效率。

　　单作用叶片泵密封容积的变化是不均匀的，故它的瞬时流量时脉动的，理论分析表明，泵内叶片数越多，流量脉动率越小。此外，奇数叶片的泵的脉动率比偶数叶片的泵的脉动率小，所以单作用叶片泵的叶片数均为奇数，一般为 13 片或 15 片。

4.1.3.2　限压式变量叶片泵

　　A　结构和工作原理

　　限压式变量叶片泵是单作用叶片泵，根据前面介绍的单作用叶片泵的工作原理可知，改变定子和转子间的偏心距 e，就能改变泵的输出流量，限压式变量叶片泵是借助输出压力的大小自动改变偏心距 e 的大小来改变输出流量的。图 4-8 所示为限压式变量叶片泵的工作原理图。图中，转子的中心 O 是固定不动的，定子的中心 O_1 可以左右移动，它在左边限压弹簧的作用下被推向右端，使相对转子中心 O 有一个偏心量 e_x。当转子以图示方向旋转时，转子上半部为压油腔，下半部为吸油腔，定子在压力油的作用下压在滑块上，滑块由一排滚针支承，以减小摩擦，增加定子的灵活性，定子右侧装有压力反馈的柱塞小油缸，油缸与压油腔连通。设反馈柱塞的有效面积为 A_x，泵的出口压力为 p，则通过柱塞作用在定子上的反馈力为 pA_x。限压弹簧的预紧力 F_s 由弹簧左端的螺钉调定。当泵的出口压力 p 较低时，反馈力 pA_x 小于限压弹簧的预紧力 F_s，弹簧将定子推向最右端，此时偏心距为最大值 e_{max}（e_{max} 的大小可通过油缸右端的螺钉来调节）泵的流量最大。当 $pA_x = F_s$ 时，反馈力与弹簧的预紧力相平衡，此时的 p 值为限定工作压力。当泵的出口压力 p 升高到 $pA_x > F_s$ 时，反馈力将克服弹簧的预紧力把定子向左推移，偏心距 e_x 减小，流量也相应减小。泵

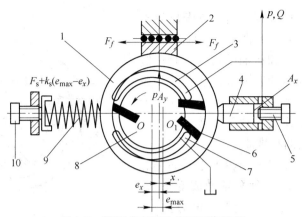

图 4-8　限压式变量叶片泵工作原理

1—定子；2—滑块；3—压油腔；4—柱塞；5—调节螺钉；6—叶片；

7—吸油腔；8—转子；9—调压弹簧；10—调压螺钉

出口压力 p 越高，e_x 越小，输出流量也越小。当压力增大到使泵的偏心距减小到所产生的流量只够用来补偿泄漏时，泵的输出流量为零，这时不管负载再怎样增大，泵的出口压力不会再升高，即泵的最大输出压力是受到限制的，故称限压式变量泵。

　　B　流量压力特性

　　图 4-9 所示为该泵的流量压力特性曲线。图中 AB 段表示工作压力小于限定工作压力 p_B 时，流量最大且基本保持不变。B 点为拐点，p_B 表示输出最大流量时可达到的最高工作压力，其大小由调压弹簧 9 来调节。图中 BC 段表示工作压力超过限定工作压力 p_B 后，输出流量随压力升高而自动减小，直至 C 点，输出流量为零，压力为极限工作压力 p_C（也称截止压力）。泵的最大流量由调节螺钉 5 调节，它可以改变最大偏心距，从而改变泵的最大输出流量，使 AB 段上下平移。调节调压螺钉 10 可以调节弹簧的预紧力从而调节限定工作压力 p_B 和极限工作压力 p_C，使 BC 段左右平移。如果更换弹簧

图 4-9　限压式变量泵的
流量压力特性曲线

9 改变其刚度，则 BC 段的斜率也随之改变，弹簧越"软"，BC 线段越陡，p_C 值越小，p_C 和 p_B 的差距也越小。反之，弹簧越"硬"，BC 线段越平缓，p_C 值越大，p_C 和 p_B 的差距也越大。在应用时，可根据不同的需要，通过可调环节来获得所要求的流量压力特性。

　　限压式变量叶片泵的流量压力特性正好满足既要实现快速行程又要实现工作进给的工作部件对液压源的要求。快速行程时，负载压力低，流量大，可以使泵的工作点落在 AB 线段上。工作进给时负载压力升高，流量减小，工作点正好落在 BC 段。

　　C　特点和用途

　　限压式变量叶片泵与双作用定量叶片泵相比，结构复杂，尺寸大，相对运动的机件多，轴上受单向径向液压力大，故泄漏大，容积效率和机械效率较低。由于流量有

脉动和困油现象的存在，因而压力脉动和噪声大，工作压力的提高受到限制。国产限压式变量叶片泵的公称压力为 6.3MPa。但是这种泵的流量可随负载的大小自动调节，故功率损失小，可节省能源，减少发热。由于它在低压时流量大，高压时流量小，特别适合驱动快速推力小、慢速推力大的工作机构，例如在组合机床上驱动动力滑台实现快速趋近→工作进给→快速退回的半自动循环运动，以及在液压夹紧机构中实现夹紧保压等。

4.1.3.3　双作用叶片泵

A　工作原理

双作用叶片泵的工作原理如图 4-10 所示。它的工作原理与单作用叶片泵相似，不同之处仅在于定子内表面不是圆柱面，而是由与转子同心的两段长半径圆弧、两段短半径圆弧及连接这些圆弧的四段过渡曲线所组成的近似椭圆面，且转子与定子同心。当转子按图示顺时针方向旋转时，左上角和右下角的密封腔容积逐渐增大，为吸油区；左下角和右上角的密封工作腔容积逐渐缩小，为压油区。吸油区与压油区之间，与长、短半径圆弧对应的密封工作腔容积无变化，为封油区。这种泵的转子每转一周，每个密封腔完成吸油和压油动作各两次，故称为双作用叶片泵。由于泵的两个吸油区（低压）和

图 4-10　双作用叶片泵的工作原理
1—转子；2—定子；3—叶片；
4—配油盘；5—泵体

两个压油区（高压）在径向上是对称分布的，作用在转子上的液压作用力互相平衡，使转子轴轴承的径向载荷得以平衡，故又称为平衡式叶片泵，或卸荷式叶片泵。由于改善了机件的受力情况，所以双作用叶片泵可承受的工作压力比普通齿轮泵高。一般国产双作用叶片泵的公称压力为 6.5MPa。

B　流量计算

双作用叶片泵实际输出流量

$$q = 2B\left[\pi(R^2 - r^2) - \frac{R - r}{\cos\theta}\delta Z\right]n\eta_v \tag{4-11}$$

式中，R、r 分别为定子内表面圆弧部分的长、短半径；θ 为叶片的倾角；δ 为叶片厚度；Z 为叶片数，其余符号同前。

由式（4-11）可知，如不考虑叶片厚度，双作用叶片泵的输出流量是均匀的，但实际叶片是有厚度的，长半径圆弧和短半径圆弧也不可能完全同心，尤其是叶片底部槽与压油腔相通，因此泵的输出流量将出现微小的脉动，但其脉动率较其他形式的泵（螺杆泵除外）小得多，且在叶片数为 4 的整数倍时最小，为此，双作用叶片泵的叶片数一般为 12 或 16 片。

C　双作用叶片泵的结构特点及应用

（1）叶片倾角。在双作用叶片泵中，叶片在转子槽中的安装并不是沿转子半径方向，而是将叶片顶部朝转子旋转方向往前倾斜了一个角度 θ，如图 4-11（a）所示。其理由如下：因为当叶片在压油区工作时，定子内表面将叶片向中心顶入，定子内表面给叶片的作用力其方向是沿内表面的法向，所以该力与叶片移动方向的夹角是 α，称为压力角。定子曲线坡度越陡，压力角 α 就越大。若叶片沿径向放置，如图 4-11（b）所示，则定子内表面对叶片的法向作用力 F_N 便与叶片成一个较大的角度 β。F_N 可分为两个分力，即沿叶片方向的分力 F_P 和垂直叶片的分力 F_T，力 F_T 会使叶片弯曲，使叶片在槽中偏斜而引起磨损不均匀，滑动不灵活，当力 F_T 太大时（力 F_T 随 β 角和液压力的增大而增大），甚至会发生叶片折断和卡死现象，所以应将叶片相对转子半径倾斜一个角度 θ，尽量使力 F_N 的方向与叶片运动方向一致。

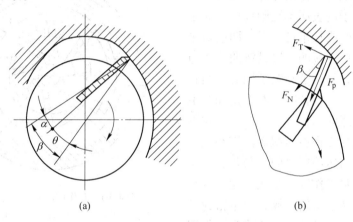

图 4-11　叶片倾角
（a）倾斜放置；（b）径向放置

（2）定子曲线。双作用叶片泵定子内表面轮廓形状如图 4-12 所示。四个圆弧段对应的中心角为 β，四个过渡曲线段所对应的中心角为 α。长半径 R 和短半径 r 的差值（$R-r$）称为曲线的升程，它的大小直接影响到泵的输出流量。（$R-r$）越大，流量就越大，但（$R-r$）过大时，压力角太大，叶片易折断和卡死，且叶片在吸油区由于径向伸出运动的速度跟不上容易引起叶片顶部和定子内表面的脱空现象，所以长短半径之比值有一定的限制。

（3）配油盘上的三角槽。在双作用叶片泵的配油盘（见图 4-13）上有两个吸油窗口 2、4 和两个压油窗口 1、3，窗口之间为封油区，通常应使封油区对应的中心角 β 稍大于或等于两个叶片之间的夹角，否则会使吸油腔和压油腔连通，造成泄漏。当两个叶片间的密封油液从吸油区过渡到封油区长半径圆弧处时，其压力基本上与吸油压力相同。但当转子再继续旋转一个微小角度时，该密封腔突然与压油腔连通使其中油液压力突然，油液的体积突然收缩，压油腔中的油倒流进该腔，使油泵的瞬时流量突然减小，引起油泵的流量脉动、压力脉动和噪声。为此在配油盘的压油窗口靠叶片从封油区进入压油区的一边开有一个截面形状为三角形的三角槽（又称眉毛槽），使两叶片之间的封闭油液在未进入压油区之前就通过该三角槽与压力油相连，使其压力逐渐上升，因而减缓了流量和压力脉动并降低了噪声。

图 4-12　双作用叶片泵定子内表面形状　　　　　图 4-13　配油盘的三角槽

双作用叶片泵具有结构紧凑，体积小，流量均匀，压力脉动很小，运转平稳，噪声小，密封可靠，寿命长等优点，但它的制造要求高，加工较困难，对油液污染敏感，自吸性能较差。双作用叶片泵一般多为中压泵，广泛应用于各种中、低压和对流量均匀性要求较高的液压系统中，如金属切削机床、锻压机械及辅助设备等液压系统。

4.1.4　柱塞泵

柱塞泵是靠柱塞在缸体内做往复运动造成密封容积的变化来实现泵的吸油和压油的液压泵。由于它们的主要构件——柱塞和油缸的密封面形状是圆柱形，易于准确加工，达到很精密的配合，能保证严格的间隙和良好的密封性，因而保证了在高压下工作仍有较高的容积效率。并且其主要零件都承受压力，充分发挥了材料的强度性能，所以柱塞泵可承受的工作压力很高，一般可达 30MPa 以上。

按柱塞排列方式的不同，柱塞泵分为径向柱塞泵和轴向柱塞泵两大类。轴向柱塞泵又分为直轴式（斜盘式）和斜轴式两种，其中斜盘式轴向柱塞泵应用较广。

4.1.4.1　径向柱塞泵

A　工作原理

径向柱塞泵的工作原理如图 4-14 所示，它是由定子 1、转子（缸体）2、配油轴 3、衬套 4 和柱塞 5 等主要零件构成。沿转子的半径方向均匀分布有若干个柱塞缸，柱塞可在其中灵活滑动。衬套 4 与转子内孔是紧配合，随转子一起转动。配油轴 3 是固定不动的，其结构如图中右半部所示，当转子转动时，由于定子内圆中心和转子中心之间有偏心距 e，于是柱塞在定子内表面的作用下，在转子的油缸中作往复运动，实现密封容积变化。图示转向下，上半部柱塞依靠本身的离心力及吸油腔中低压油的压力或者借助于机械联结装置向外伸出，缸内密封容积逐渐增大，通过配油轴的油孔 c 将油液吸入。下半部的柱塞向里推入，缸内密封容积逐渐缩小，通过配油轴上的孔 d 将油液压出。为了配油，在配油轴与衬套接触处加工出上下两个缺口，形成吸、压油口 a 和 b，留下的部分形成封油区，封油区的宽度应适当，既能保证封住衬套上的孔，使 a 和 b 两油口不通，又能避免产生困油现象。转子每转一转，每个柱塞往复一次，完成一次吸油和压油。柱塞在吸油区除靠本身离

图 4-14　径向柱塞泵的工作原理
1—定子；2—转子；3—配油轴；4—衬套；5—柱塞

心力向外伸出外，往往采用辅助泵向吸油口供低压油（压力一般为 $4 \times 10^5 \mathrm{MPa}$），使柱塞在低压油液的作用下伸出，以改善泵的吸油条件。沿水平方向移动定子，改变偏心距 e 的大小，便可改变柱塞移动的行程长度，从而改变密封容积变化的大小，达到改变其输出流量的目的。若改变偏心距 e 的偏移方向，则泵的输油方向也随之改变，即成为双向的变量径向柱塞泵。

B　流量计算

径向柱塞泵的平均理论流量 q 计算如下：

$$q = nV = nV_z z = \frac{\pi d^2 ezn}{2} \tag{4-12}$$

式中，n 为泵的转速；V 为泵的每转排量；V_z 为每个柱塞的排量；z 为柱塞数目；e 为偏心距；d 为柱塞直径。

实际上径向柱塞泵的输出流量是不均匀的，这是因为每个柱塞径向移动速度是变化的。实践证明柱塞数越多，流量脉动越小，并且当柱塞是单数时，流量比较均匀，所以柱塞数一般为 5、7、9、11 等。

径向柱塞泵由于柱塞缸按径向排列，造成径向尺寸大，结构较复杂，柱塞和定子间不用机械联结装置时自吸能力差，配油轴受到很大的径向载荷，易变形，磨损快，且配油轴上封油区尺寸小，易漏油。因此限制了泵的工作压力和转速的提高。尤其是作为液压马达使用时，因其惯量大，对于快速系统、速度频繁变换的系统以及自动调节系统是十分不利的，因而在机床液压系统中较少采用。

4.1.4.2　轴向柱塞泵

A　工作原理

轴向柱塞泵的柱塞缸是轴向排列的，因此它除了具有径向柱塞泵良好的密封性和较高的容积效率等优点外，它的结构紧凑，尺寸小，惯性小，在机床及其他工业上应用较多，尤其是作为液压马达更是如此。

图 4-15 所示为轴向柱塞泵的工作原理图。它是由倾斜盘 1、柱塞 2、转子（缸体）3、配油盘 4 等主要零件组成。缸体上沿圆周均匀分布若干轴向排列的柱塞缸，柱塞可在其中

灵活滑动，倾斜盘和配油盘均固定不动，传动轴带动转子 3 和柱塞 2 一起转动，柱塞在低压油（由辅助泵供给）的作用下或靠机械联结装置使柱塞紧压在倾斜盘上。由于倾斜盘 1 相对转子 3 的轴 5 倾斜了一个角度 δ，当传动轴按图示方向转动时，柱塞在从下到上回转的半周内逐渐向外伸出，使缸内密封容积不断增大，将油液从配油盘上的吸油窗口 a 吸入。柱塞在从上到下回转的半周内，逐渐向里推入，使缸内密封容积不断减小，将油液从配油盘上的压油窗口 b 压出。转子每转一转，每个柱塞往复移动一次，完成一次吸油和压油。改变倾斜盘倾斜角度 δ 的大小，可以改变柱塞往复运动的行程长度，从而改变泵的排量。

图 4-15 轴向柱塞泵的工作原理

1—倾斜盘；2—柱塞；3—转子（缸体）；4—配油盘；5—传动轴

B 流量计算

斜盘式轴向柱塞泵的实际输出流量 q 的计算式

$$q = V_z z n = \frac{\pi}{4} d^2 D n z (\tan\delta) \eta_V \tag{4-13}$$

式中，V_z 为每个柱塞的排量；z 为柱塞数目；n 为泵的转速；d 为柱塞直径；D 为柱塞在缸体上的分布圆直径；δ 为倾斜盘倾斜角度；η_V 为泵的容积效率。

实际上由于柱塞轴向移动的瞬时速度不是常数，所以泵的输出流量是脉动的，并随着柱塞数的增加而下降。当柱塞数为奇数时，流量脉动率较小。因此，一般常用的柱塞泵的柱塞个数为 7、9 和 11。

C 斜盘式轴向柱塞泵的典型结构

图 4-16 所示为轴向柱塞式手动变量泵，是斜盘式轴向柱塞泵的一种典型结构，这种泵由泵体和倾斜盘两部分组成，泵体部分包括转子（缸体）6、配油盘 7、柱塞 5、传动轴 8 等零件。传动轴 8 利用轴左端的花键部分带动缸体旋转，在缸体 6 的 7 个轴向排列的柱塞缸中，各装有柱塞 5，柱塞 5 的球形头部铆合在滑履 4 中，使滑履不会脱离柱塞球，在球形配合面间可以相对转动。由传动轴中心弹簧通过钢球和压盘 3 将滑履 4 紧压在倾斜盘 2 上，采用这种结构，可以使泵具有自吸能力。为了减少滑履和倾斜盘之间的磨损，在柱塞的中心和滑履的中心开有直径为 1mm 的小孔，柱塞缸中的压力油可经此小孔进入滑履和倾斜盘接触部分的中间油室中，使处于压油区各柱塞滑履对倾斜盘的作用力大大减小，同时压力油进入有相对滑动的配合面，形成油膜，起着静压支撑的作用。因为倾斜盘不需要跟着转动，省去了支撑倾斜盘的推力支撑，使结构简单。在缸体 6 的外表面镶有钢套并由滚柱轴承支撑，使倾斜盘给缸体的径向分力由该滚柱轴承来承受，从而使传动轴和缸体

图 4-16　轴向柱塞式手动变量泵

1—手轮；2—倾斜盘；3—压盘；4—滑履；5—柱塞；6—缸体；7—配油盘；8—传动轴

不承受颠覆力矩，以保证缸体端面与配油盘均匀接触。

倾斜盘部分主要包括倾斜盘和变量机构，转动手轮 1，通过丝杆移动螺母滑块，使倾斜盘绕钢球中心摆动，改变倾斜盘斜角 δ 的大小，实现流量的调节。

这种泵的优点是结构简单，体积小，质量轻，容积效率高，一般可达 96% 左右，公称压力为 32MPa，具有自吸能力。缺点在于滑履和倾斜盘之间的滑动表面易磨损。

D　特点及应用

柱塞泵与其他泵相比，有结构紧凑、工作压力高、密封性好、容积效率和总效率高、流量易于调节、使用寿命长等优点。缺点是自吸性差、对油液污染敏感、结构复杂、成本高。常用于高压、大流量、大功率和流量需要调节的液压系统，如拉床、液压机、起重设备的液压系统。

4.1.5　液压泵的工作特点及选用

4.1.5.1　液压泵的选择

在设计液压系统时，应根据所要求的工作情况合理地选择液压泵。通常首先是根据主机工况、功率大小和系统对其性能的要求来确定泵的形式，然后根据系统计算得出的最大工作压力和最大流量等确定其具体规格。同时还要考虑定量或变量、原动机类型、转速、容积效率、总效率、自吸特性、噪声等因素。这些因素通常在产品样本或手册中均有反映、应逐一仔细研究。不明之处应向货源单位或制造厂咨询。

液压泵产品样本中，标明了额定压力值和最高压力值，应按额定压力值来选择液压泵。只有在使用中有短暂超载场合，或样本中特殊说明的范围，才允许按最高压力值选取液压泵，否则将影响液压泵的效率和寿命。在液压泵产品样本中，标明了每种泵的额定流量（或排量）的数值。选择液压泵时，必须保证该泵对应于额定流量的规定转速，否则将得不到所需的流量。要尽量避免通过任意改变转速来实现液压泵输油量的增减，因为这样做不但保证不了足够的容积效率，还会加快泵的磨损。

常用液压泵的一些性能见表 4-2。一般情况下，齿轮泵多用于低压液压系统，叶片泵用于中压液压系统，柱塞泵多用于高压液压系统。在轻载、小功率机械设备中，可采用齿轮泵、双作用叶片泵；精度较高的机械设备（如磨床）可采用双作用叶片泵；在负载较大并有快速和慢速工作行程的机械设备（如组合机床）可使用限压式变量叶片泵；重载大功率的机械设备（如龙门刨床、拉床）中的液压系统可采用柱塞泵；而机械设备的辅助装置，如送料、夹紧等不重要的地方，可使用价廉的齿轮泵。小功率场合选用定量泵，大功率场合选变量泵较为合理。

表 4-2 常用液压泵性能比较

项 目	齿轮泵	双作用叶片泵	限压式变量叶片泵	轴向柱塞泵	径向柱塞泵
输出压力	低压	中压	中压	高压	高压
流量调节	不能	不能	能	能	能
效率	低	较高	较高	高	高
流量脉动	很大	很小	一般	一般	一般
自吸特性	好	较差	较差	差	差
对油液的污染敏感性	不敏感	较敏感	较敏感	很敏感	很敏感
噪 声	大	小	较大	大	大

4.1.5.2 液压泵的使用

使用液压泵时应注意以下事项：

（1）液压泵启动前，必须保证其壳体内已充满油液，否则液压泵会很快损坏，有的柱塞泵甚至会立即损坏。

（2）液压泵的吸油口和排油口的过滤器应进行及时清洗，由于污物阻塞会导致泵工作时的噪声大，压力波动严重或输出油量不足，并易使泵出现更严重的故障。

（3）应避免在油温过低或过高的情况下启动液压泵。油温过低时，由于油液黏度大会导致吸油困难，严重时会很快造成泵的损坏。油温过高时，油液黏度下降，不能在金属表面形成正常油膜，使润滑效果降低，泵内的摩擦副发热加剧，严重时会烧结在一起。

（4）液压泵的吸油管不应与系统回油管相连接，避免系统排出的热油未经冷却就直接吸入液压泵，使液压泵乃至整个系统油温上升，并导致恶性循环，最终使元件或系统发生故障。

（5）在自吸性能差的液压泵的吸油口设置过滤器，随着污染物的积聚，过滤器的压降会逐渐增加，液压泵的最低吸入压力将得不到保证，会造成液压泵吸油不足，出现振动及噪声，直至损坏液压泵。

（6）对于大功率液压系统，电动机和液压泵的功率都很大，工作流量和压力也很高，会产生较大的机械振动。为防止这种振动直接传到油箱而引起油箱共振，应采用橡胶软管来连接油箱和液压泵的吸油口。

【任务实施】　齿轮泵、叶片泵、柱塞泵的拆装

　　（1）任务实施目的：
　　1）通过拆装液压泵实物，熟悉各液压泵的结构，掌握各组成部分的作用。
　　2）区别不同液压泵结构方面的不同。
　　3）掌握液压泵的工作原理。
　　4）会总结液压泵的使用场合。
　　（2）任务实施要求：
　　1）严格遵守拆装的安全规则。
　　2）正确选择拆装工具。
　　3）合理地安排拆装顺序。
　　4）按要求完成拆装内容。
　　5）保证实训场所的整洁卫生。
　　（3）任务实施步骤：
　　1）观察所拆装液压泵的结构。
　　2）根据实物，画出所拆装液压泵的工作原理简图。
　　3）简要说明所拆装液压泵的结构组成。
　　4）完成项目训练报告。

任务 4.2　液压执行装置

【任务描述】

　　通过对液压执行装置的介绍，了解液压执行装置在实际工作中的应用。通过对液压执行元件的工作原理的讲解，掌握执行元件在实际应用中的作用及使用原则。

【学习及素养目标】

　　（1）掌握液压执行元件的工作原理。
　　（2）掌握液压缸的分类。
　　（3）熟悉液压缸的推力和速度的计算。
　　（4）具备团队意识、诚信品质、敬业精神、遵纪守法意识、文明礼貌生产素质。

【所需知识】

4.2.1　液压缸

　　液压缸是液压传动系统中的执行元件，其作用是将油液的压力能转换成机械能，从而驱动运动部件作直线运动或摆动。由于液压缸结构简单，工作可靠，在机床及其他领域得

到了广泛的应用。如用来驱动磨床、组合机床的进给运动；刨床、拉床的主运动；送料、夹紧、定位、转位等辅助运动。不同的应用场合，对液压缸的要求也不同，因此液压缸的类型很多。根据结构形式的不同，液压缸可以分为三大类：活塞式、柱塞式和摆动式，前二者实现直线往复运动，摆动式实现摆动运动。按作用方式的不同，液压缸又可分为单作用式和双作用式两种。单作用式液压缸中液压力只能使活塞（或柱塞）单向运动，反向运动则依靠外力（如弹簧力或自重）实现；双作用式液压缸可由液压力实现两个方向的运动。液压缸除单个使用外，还可以几个组合起来或和其他机构组合起来，以完成特殊的功用。

4.2.1.1　活塞式液压缸

活塞式液压缸有双杆式、单杆式和无杆式三种。按其安装方式又分为缸体固定和活塞杆固定两种。

A　双杆活塞式液压缸

图 4-17 为双杆活塞式液压缸，其活塞两段都有活塞杆伸出。图 4-17（a）为缸体固定的双杆活塞液压缸。它的缸体是固定的。工作台与活塞杆相连，进、出油口设在缸体的两端。当缸的左腔进油时，活塞带动工作台向右运动；反之，活塞带动工作台向左运动，这种安装方式的特点是，机床工作台的运动范围约等于活塞有效行程的 3 倍，占地面积较大，常用于中、小型设备，如各种磨床。

图 4-17　双杆活塞式液压缸

（a）缸体固定的双杆活塞液压缸；（b）杆固定的双杆活塞液压缸；（c）杆固定的空心的活塞杆式液压缸

杆固定的双杆活塞式液压缸中，液压缸的活塞杆固定，缸体与工作台相连，动力由缸体传出。当缸的左腔进油，右腔回油时，缸体带动工作台向左移动；反之，工作台向右运动。进、出油口可设置在缸体的两端（这时必须使用软管连接）[见图 4-17（b）]，也可设置在固定不动的活塞杆的两端，使油液从空心的活塞杆中进出［见图 4-17（c）]。这种液压缸工作台的移动范围约等于液压缸有效行程的 2 倍，因此占地面积小，但由于这种结构形式复杂，移动部分（缸体）的质量大，惯性大，所以只用于中型和大型机床。

双杆活塞式液压缸两端的活塞杆直径通常是相等的，因此它的左、右两腔的有效面积也相等。当分别向左、右腔输入相同压力和相同流量的油液时，液压缸左、右两个方向的推力和速度相等。推力 F 和速度 v 的计算式如下：

$$F = (p_1 - p_2)A = (p_1 - p_2)\frac{\pi}{4}(D^2 - d^2) \tag{4-14}$$

$$v = \frac{q}{A} = \frac{4q}{\pi(D^2 - d^2)} \tag{4-15}$$

式中，A 为液压缸的有效面积；D、d 为活塞、活塞杆的直径；q 为输入液压缸的流量；p_1、p_2 为进油腔、回油腔压力。

双杆活塞式液压缸由于两端都有活塞杆，在工作时可以使活塞杆受拉力而不受压力，因此活塞杆可以做得比较细。

B　单杆活塞式液压缸

如图 4-18 所示，单杆活塞式液压缸的活塞只有一端带活塞杆。这种液压缸也有缸体固定和活塞杆固定两种形式，它们的工作台移动范围是相同的，均为活塞有效行程的两倍，结构紧凑，应用广泛。

图 4-18　单杆活塞式液压缸

（a）无杆腔进油，有杆腔回油；（b）有杆腔进油，无杆腔回油

由于单杆活塞式液压缸只有一根活塞杆，所以活塞两端的有效作用面积不等，当供油压力、流量以及回油压力相同时，液压缸两个方向的推力和运动速度不相等，它们分别是：

（1）当无杆腔进油，有杆腔回油时，如图 4-18（a）所示。

$$F_1 = p_1 A_1 - p_2 A_2 = \frac{\pi}{4}\big[(p_1 - p_2)D^2 + p_2 d^2\big] \tag{4-16}$$

$$v_1 = \frac{q}{A_1} = \frac{4q}{\pi D^2} \tag{4-17}$$

（2）当有杆腔进油，无杆腔回油时，如图 4-18（b）所示。

$$F_2 = p_1 A_2 - p_2 A_1 = \frac{\pi}{4} \big[(p_1 - p_2) D^2 - p_1 d^2 \big] \tag{4-18}$$

$$v_2 = \frac{q}{A_2} = \frac{4q}{\pi (D^2 - d^2)} \tag{4-19}$$

比较上述各式可见，因 $A_1 > A_2$，所以 $F_1 > F_2$，$v_1 < v_2$。即无杆腔进油工作时，推力大而速度低；有杆腔进油时，推力小而速度高。

（3）差动连接。

如图 4-19 所示，当单杆活塞式液压缸两腔同时通入压力油时，由于无杆腔面积大于有杆腔面积，于是活塞受到的向右的推力大于向左的推力，故活塞向右运动。液压缸的这种连接方式称为差动连接。

差动连接时，活塞的推力

$$F_3 = pA_1 - pA_2 = p \frac{\pi}{4} d^2 \tag{4-20}$$

图 4-19 单杆活塞式
液压缸差动连接

设差动连接后活塞向右运动的速度为 v_3，则从有杆腔中流出的油液流量为 $v_3 A_2$，由于这部分油液也和泵的油液一起流入无杆腔，故流入无杆腔的总流量为

$$v_3 A_1 = q + v_3 A_2$$

故差动连接时，活塞的运动速度

$$v_3 = \frac{q}{A_1 - A_2} = \frac{4q}{\pi d^2} \tag{4-21}$$

由上式可知，液压缸差动连接时的推力比无杆腔进油时的推力 F_1 小，但速度 v_3 比 v_1 大。因此，单杆活塞式液压缸常用于实现"快进（差动连接）→工进（无杆腔进油）→快退（有杆腔进油）"工作循环的组合机床和各类专用设备的液压系统中。若要求快进、快退速度相等，即 $v_3 = v_2$，则需满足 $D = \sqrt{2}d$。

4.2.1.2 柱塞式液压缸

活塞式液压缸中，缸的内孔与活塞有配合要求，所以要有较高的精度，当缸体较长时，加工就很困难，为了解决这个矛盾，可采用柱塞式液压缸，如图 4-20 所示。从图中可以看出，柱塞缸的内壁与柱塞并不接触，没有配合要求，故柱塞缸孔不需要精加工，柱塞仅与缸盖导向孔间有配合要求，这就大大简化了缸体加工和装配的工艺性。因此，柱塞缸特别适用于行程很长的场合，为了减轻柱塞的重量，减少柱塞的弯曲变形，柱塞一般被做成空心的。行程特别长的柱塞缸，还可以在缸筒内设置辅助支撑，以增强刚性。图 4-20（a）所示为单柱塞缸，柱塞和工作台连在一起，缸体固定不动，当压力油进入缸内时，柱塞在液压力作用下带动工作台向右移动，柱塞的返回要靠外力（如弹簧力或立式部件的重力等）来实现。图 4-20（b）所示为双柱塞缸，它是由两个单柱塞缸组合而成的，因而可以实现两个方向的液压驱动。

柱塞液压缸的推力 F 和运动速度 v 的计算式如下：

$$F = pA = \frac{\pi}{4} d^2 p \tag{4-22}$$

$$v = \frac{q}{A} = \frac{4q}{\pi d^2} \qquad (4\text{-}23)$$

式中，d 为柱塞直径；p 为缸内油液压力；q 为输入液压缸的流量。

图 4-20　柱塞式液压缸

（a）单柱塞缸；（b）双柱塞缸

4.2.1.3　摆动液压缸

摆动液压缸是输出转矩并实现往复摆动的执行元件，主要用来驱动做间歇回转运动的工作机构，例如回转夹具、分度机构、送料、夹紧等机床辅助装置，也有用在需要周期性进给的系统中。

摆动式液压缸常有单叶片式和双叶片式两种结构形式，如图 4-21 所示，图 4-21（a）为单叶片摆动液压缸，叶片 1 固定在轴上，隔板 2 固定在缸体，隔板 2 的槽中嵌有密封块 4，密封块 4 在弹簧片 3 的作用下紧压在轴的表面上，起密封作用。当压力油交替进入摆动缸的两个油口时，在油压作用下，叶片带动轴往复摆动，摆动角度小于 300°。单叶片摆动缸结构较简单，摆动角度大。但它有两个缺点，一是输出的转矩小，二是心轴受单向径向液压力大。图 4-21（b）所示为双叶片摆动缸，心轴上固定着两个叶片，因此在同样大小的结构尺寸下，所产生的转矩比单叶片摆动缸增大 1 倍，而且径向液压力得到平衡，但双叶片摆动缸的转角较小（小于 150°），且在相同流量下，转速也减小了。

图 4-21　摆动液压缸

（a）单叶片摆动液压缸；（b）双叶片摆动液压缸

叶片摆动缸的转矩 T 和角速度 ω 的计算式如下

$$T = zb \int_{R_1}^{R_2} (p_1 - p_2) r \mathrm{d}r = \frac{1}{2} bz (R_2^2 - R_1^2)(p_1 - p_2) \tag{4-24}$$

$$\omega = \frac{(p_1 - p_2) q}{T} = \frac{2q}{bz (R_2^2 - R_1^2)} \tag{4-25}$$

式中，b 为叶片宽度；R_1、R_2 分别为叶片底部、顶部的回转半径；r 为叶片上某一点到转轴中心线的径向长度；z 为叶片数；p_1、p_2 为工作腔、回油腔的液压力；q 为进入摆动缸的油液流量。

应指出的是，在计算以上液压缸的推力和转矩时，未考虑在液压缸的密封装置上产生的摩擦力，因此，在计算液压缸的有效推力和转矩时应乘以液压缸的机械效率 η_m，一般取 $\eta_m = 0.9 \sim 0.95$。

4.2.2 液压缸的设计与计算

液压缸的设计是整个液压系统设计的重要内容之一，由于液压缸是液压传动的执行元件，它和工作机构有直接的联系，对于不同的工作机构，液压缸具有不同的用途和工作要求。因此，在设计液压缸之前，应做好充分的调查研究，收集必要的原始资料和设计依据，包括工作机构的用途、性能和工作条件，工作机构的类型、结构特点、负载情况、行程大小和动作要求，液压缸所选定的工作压力和流量。

4.2.2.1 液压缸设计中应注意的问题

不同的液压缸有不同的设计内容和要求，一般在设计液压缸的结构时应注意下列几个问题：

（1）在保证满足设计要求的前提下，尽量使液压缸的结构简单紧凑，尺寸小，尽量采用标准形式和标准件，使设计、制造容易，装配、调整、维护方便。

（2）应尽量使活塞杆在受拉力的情况下工作，以免产生纵向弯曲，为此，在双杆活塞式液压缸中，活塞杆与支架连接处的螺栓固紧螺母应安装在支架外侧。对单出杆活塞式液压缸来讲，应尽量使活塞杆在受拉状态下承受最大负载。

（3）当确定液压缸的固定形式时，须考虑缸体受热后的伸长问题，为此，缸体只应在一端用定位销固定，而让另一端能自由伸缩。双杆活塞式液压缸的活塞杆与支架之间不能采用刚性连接。

（4）当液压缸很长时，应防止活塞杆由于自重产生过大的下垂而使局部磨损加剧。

（5）应尽量避免用软管连接。

（6）液压缸结构设计完后，应对液压缸的强度、稳定性进行验算、校核。

4.2.2.2 液压缸主要尺寸的确定

液压缸主要尺寸包括液压缸的内径 D、活塞杆直径 d 和液压缸的长度 L 等。

A 液压缸工作压力的确定

液压缸的工作压力与负载大小和设备类型有关。一般情况下，负载越大，液压缸的工作压力越高，液压缸负载与工作压力的关系见表 4-3。不同用途的液压设备，由于工作条件不同，采用的压力范围也不同，见表 4-4。设计时可根据负载大小，参照液压设备的类型确定液压缸的工作压力。

表4-3　液压缸负载与工作压力的关系

液压缸负载 F/kN	< 5	5 ~ 10	10 ~ 20	20 ~ 30	30 ~ 50	> 50
液压缸工作压力 p/MPa	< 0.8 ~ 1	1.5 ~ 2	2.5 ~ 3	3 ~ 4	4 ~ 5	≥ 5 ~ 7

表4-4　各类液压设备常用的工作压力

设备类型	磨床	组合机床	车床、铣床、镗床	拉床	龙门刨床	农业机械、小型工程机械	液压机、重型机械、起重运输机械
工作压力 p/MPa	0.8 ~ 2	3 ~ 5	2 ~ 4	8 ~ 10	2 ~ 8	10 ~ 16	20 ~ 32

B　缸筒内径 D 和活塞杆直径 d 的确定

缸筒内径 D 是根据液压缸负载 F 和选定的工作压力 p 来确定。对于液压缸无杆腔 $A = \pi D^2 /4$，对于有杆腔 $A = \pi(D^2 - d^2)/4$，由公式 $A = F/p$ 可得缸筒内径计算式：

无杆腔
$$D = \sqrt{\frac{4F}{\pi d}} \tag{4-26}$$

有杆腔
$$D = \sqrt{\frac{4F}{\pi d} + d^2} \tag{4-27}$$

对于活塞杆直径 d 可按工作时受力情况来确定，见表4-5。对于单杆活塞缸，d 值也可由 D 和往返速度比 $\lambda = v_2/v_1$ 来确定（λ 值可参考表4-6确定）。最后将以上各式计算出的 D、d，应按 GB/T 2348—2001 标准进行圆整。

表4-5　液压缸活塞杆直径推荐值

活塞杆受力情况	受拉伸	受压缩工作压力 p_1/MPa		
		$p_1 \leqslant 5$	$5 < p_1 \leqslant 7$	$p_1 > 7$
活塞杆直径	$(0.3 \sim 0.5)D$	$(0.5 \sim 0.55)D$	$(0.6 \sim 0.7)D$	$0.7D$

表4-6　液压缸工作压力与速度比的对照表

液压缸工作压力 p/MPa	< 10	12.5 ~ 20	> 20
液压缸往返速度比 λ	1.33	1.46 ~ 2	2

C　强度校核

（1）缸筒壁厚 δ 的校核。中低压系统中的液压缸，其缸筒壁厚 δ 可根据结构工艺要求来确定，其强度通常不必校核。但在工作压力较高且缸筒直径较大时，则必须对壁厚进行强度校核，强度验算分薄壁和厚壁两种情况。

当 $D/d \geqslant 10$ 时，可按薄壁筒公式进行验算，即：

$$\delta \geqslant \frac{p_y D}{2[\sigma]} \tag{4-28}$$

当 $D/d < 10$ 时，可按厚壁筒公式校核，即：

$$\delta \geqslant \frac{D}{2}\left(\sqrt{\frac{[\sigma] + 0.4p_y}{[\sigma] - 1.3p_y}} - 1\right) \tag{4-29}$$

式中，D 为缸筒内径；p_y 为缸筒试验压力，当缸筒的额定压力 $p_n < 16MPa$ 时，取 $p_y = 1.5p_n$，而当 $p_n > 16MPa$ 时，取 $p_y = 1.25p_n$；$[\sigma]$ 为缸筒材料的许用应力。

（2）活塞杆直径的校核。活塞杆主要承受拉、压作用力，其校核公式为

$$d \geqslant \sqrt{\frac{4F}{\pi[\sigma]}} \tag{4-30}$$

式中，F 为活塞杆上的作用力；$[\sigma]$ 为活塞杆材料的许用应力，$[\sigma] = \sigma_b/n$，σ_b 为活塞杆材料的抗拉强度，n 为安全系数，一般取 $n > 1.4$。

对于活塞杆受压且计算长度 $l \geqslant 10d$ 的情况，为避免因活塞杆受到的压缩负载力 F 超过某一临界负载值而失去稳定性，要按材料力学中的有关公式进行稳定性验算。

D　液压缸其他部位尺寸的确定

液压缸缸筒长度是根据所需的最大工作行程和结构上的需要而定的，从制造工艺考虑，一般不大于其内径的 20 倍。通常活塞宽度为 $(0.1 \sim 0.6)D$；活塞杆导向长度为 $(0.6 \sim 1.5)d$。

4.2.3　液压马达

液压马达与液压缸一样，也是液压系统中的执行元件。二者不同之处在于液压马达是把液压能转换成连续回转运动和转矩，而液压缸是把液压能转换成直线运动和力。液压马达与学习情景 3 介绍的液压泵在结构上是基本相同的，就工作原理而言，它们都是依靠工作密封腔容积的变化来工作的，因此二者是互逆的。但由于二者的任务和要求不同，所以在实际结构上存在某些差别，使之不能通用，只有少数泵能作为液压马达使用，反之也一样。

4.2.3.1　液压马达的工作原理

A　叶片马达的工作原理

图 4-22 所示为叶片液压马达的工作原理图。当压力为 p 的油液从进油口进入叶片 1 和 3 之间时，叶片 2 因两面均受液压油的作用所以不产生转矩。叶片 1、3 上，一面作用有压力油，另一面为低压油。由于叶片 3 伸出的面积大于叶片 1 伸出的面积，因此作用于叶片 3 上的总液压力大于作用于叶片 1 上的总液压力，于是压力差使转子产生顺时针的转矩。同样道理，压力油进入叶片 5 和 7 之间时，叶片 7 伸出的面积大于叶片 5 伸出的面积，也产生顺时针转矩。这样，就把油液的压力能转变成了机械能，这就是叶片马达的工作原理。当输油方向改变时，液压马达就反转。

图 4-22　叶片马达的工作原理图
1 ~ 7—叶片

当定子的长、短径差值越大，转子的直径越大，以及输入的压力越高时，叶片马达输出的转矩也越大。

叶片马达的体积小，转动惯量小，因此动作灵敏，可适应的换向频率较高。但泄漏较大，不能在很低的转速下工作，因此，叶片马达一般用于转速高、转矩小和动作灵敏的场合。

B　轴向柱塞马达的工作原理

轴向柱塞马达的结构形式基本上与轴向柱塞泵一样，故其种类与轴向柱塞泵相同，也分为直轴式（斜盘式）轴向柱塞马达和斜轴式轴向柱塞马达两类。图 4-23 所示为斜盘式轴向柱塞马达的工作原理图，其中倾斜盘 1 和配油盘 4 是固定不动的，转子缸体 2 与液压马达传动轴 5 相连并一起转动，倾斜盘的中心线与转子缸体的轴线相交一个倾斜 δ 角。当压力油通过配油盘的进油窗口输入到缸体的柱塞孔时，处于高压区的各个柱塞，在压力油的作用下，顶在倾斜盘的端面上。倾斜盘给每个柱塞的反作用力 F 是垂直于倾斜盘端面的，该反作用力可分解为两个分力：一个为水平分力 F_x，它和作用在柱塞上的液压推力相平衡；另一个为垂直分力 F_y，分别由下式求得：

$$F_x = \frac{\pi}{4}d^2p$$

$$F_y = F_x\tan\delta = \frac{\pi}{4}d^2p\tan\delta$$

式中，d 为柱塞直径；p 为输入液压马达的油液压力；δ 为倾斜盘的倾斜角。垂直分力 F_y 使处于压油区的每个柱塞都对转子中心产生一个转矩，这些转矩的总和使缸体带动液压马达输出轴作逆时针方向旋转。若使进、回油路交换，即改变输油方向，则液压马达的旋转方向也随之而改变。如果改变斜盘倾角的大小，便可以改变排量，而成为变量马达。

图 4-23　斜盘式轴向柱塞马达的工作原理
1—倾斜盘；2—转子缸体；3—柱塞；4—配油盘；5—马达输出轴

4.2.3.2　液压马达的主要参数

A　工作压力和额定压力

液压马达输入油液的实际压力称为工作压力 p，与液压泵一样，工作压力取决于负载。液压马达进、出口压力之差称为工作压差。当液压马达的出口直接接油箱时，液压马达的工作压力就近似等于工作压差 Δp。

额定压力是指液压马达在正常工作条件下，按试验标准规定连续运转的最高压力。

B 排量、转速和流量及容积效率

液压马达的排量 V 是指在无泄漏情况下，使液压马达轴转一周所需输入的液体体积。排量取决于密封工作腔的几何尺寸，而与转速 n 无关。

液压马达入口处的流量称为马达的实际流量 q。由于马达内部存在泄漏，因此实际输入马达的流量 q 大于理论流量 q_t，实际流量 q 与理论流量 q_t 之差即为马达的泄漏量 Δq。液压马达理论流量与实际流量之比称为液压马达的容积效率 η_V，即

$$\eta_V = \frac{q_t}{q} = \frac{q - \Delta q}{q} = 1 - \frac{\Delta q}{q} \tag{4-31}$$

液压马达的转速 n、排量 V、流量（理论流量 q_t 及实际流量 q）及容积效率 η_V 之间的关系为：

$$n = \frac{q_t}{V} = \frac{q \eta_V}{V} \tag{4-32}$$

C 转矩与机械效率

液压马达的输出转矩称为实际输出转矩 T。由于马达内部存在各种摩擦损失，使实际输出的转矩 T 小于理论转矩 T_t，理论转矩 T_t 与实际输出转矩 T 之差即为损失转矩 ΔT。实际输出转矩与理论转矩之比称为液压马达的机械效率，即

$$\eta_m = \frac{T}{T_t} \tag{4-33}$$

D 功率与总效率

液压马达的实际输入功率 P_i 为

$$P_i = \Delta p q \tag{4-34}$$

液压马达的输出功率 P_o 为

$$P_o = 2\pi T n \tag{4-35}$$

马达的输出功率与输入功率之比即为液压马达的总效率，考虑式（4-31）与式（4-32），得到总效率 η 的表达式为

$$\eta = \frac{P_o}{P_i} = \frac{2\pi n T}{\Delta p q} = \frac{2\pi n T_t \eta_m}{\Delta p \dfrac{q_t}{\eta_V}} = \frac{2\pi n T_t}{\Delta p q_t} \eta_V \eta_m = \eta_V \eta_m \tag{4-36}$$

上式表明，液压马达的总效率 η 等于容积效率 η_V 与机械效率 η_m 的乘积。对液压马达的输出转矩和转速可按下式计算：

$$T = \frac{\Delta p V}{2\pi} \eta_m \tag{4-37}$$

$$n = \frac{q}{V} \eta_V \tag{4-38}$$

由式（4-37）、式（4-38）可知，当液压马达的结构尺寸确定以后，其输出转矩的大小取决于输入马达的油压的高低，而输出转速的高低则取决于马达输入流量的大小。

【任务实施】　活塞式液压缸的拆装、齿轮马达的拆装

（1）任务实施目的：

1）通过拆装液压缸和液压马达，熟悉液压缸和马达的结构，掌握各组成部分的作用。

2）区别不同液压马达与液压泵在结构和性能等方面的不同。

（2）任务实施要求：

1）严格遵守拆装的安全规则。

2）正确选择拆装工具。

3）合理地安排拆装顺序。

4）按要求完成拆装内容。

5）保证实训场所的整洁卫生。

（3）任务实施步骤：

1）观察所拆装液压缸、液压马达的结构。

2）根据实物，画出液压缸、液压马达泵的工作原理简图。

3）写出说明所拆装液压缸、马达的结构组成。

4）完成项目训练报告。

任务 4.3　液压辅助装置

【任务描述】

通过对液压系统辅助装置的介绍，了解液压系统辅助元件的功能以及系统中作用。通过对各个辅助元件的工作原理的介绍，掌握各辅助元件的使用原则，正确选择辅助元件。

【学习及素养目标】

（1）掌握液压系统辅助元件的种类以及在系统中的作用。

（2）掌握液压系统辅助元件的工作原理及应用。

（3）具备团队意识、诚信品质、敬业精神、遵纪守法意识、文明礼貌生产素质。

【所需知识】

液压系统中的辅助装置，如油箱、滤油器、热交换器、蓄能器、管件等，对系统的动态性能、工作稳定性、工作寿命、噪声和温升等都有直接影响，必须予以重视。其中油箱需根据系统要求自行设计，其他辅助装置则做成标准件，供设计时选用。

4.3.1　油箱

4.3.1.1　功用和结构

A　功用

油箱的功用主要是储存油液，此外还起着散发油液中热量（在周围环境温度较低的情

况下则是保持油液中热量）、释出混在油液中的气体、沉淀油液中污物等作用。

B 结构

液压系统中的油箱有整体式和分离式两种。整体式油箱利用主机的内腔作为油箱，这种油箱结构紧凑，各处漏油易于回收，但增加了设计和制造的复杂性，维修不便，散热条件不好，且会使主机产生热变形。分离式油箱单独设置，与主机分开，减少了油箱发热和液压源振动对主机工作精度的影响，因此得到了普遍的采用，特别在精密机械上。

（1）油箱形式。油箱可分为开式和闭式两种，开式油箱中油的油液面和大气相通，而闭式油箱中的油液面和大气隔绝。液压系统中大多数采用开式油箱。

（2）油箱结构。开式油箱大部分是由钢板焊接而成的，图 4-24 所示为工业上使用的典型焊接式油箱。

图 4-24 焊接式油箱

油箱的典型结构如图 4-25 所示。由图可见，油箱内部用隔板 7、9 将吸油管 1 与回油管 4 隔开。顶部、侧部和底部分别装有滤油网 2、液位计 6 和排放污油的放油阀 8。安装液压泵及其驱动电机的安装板 5 则固定在油箱顶面上。

此外，近年出现的充气式闭式油箱，它不同于开式油箱之处在于油箱是整个封闭的，顶部有一充气管，可送入 0.05 ~ 0.07MPa 过滤纯净的压缩空气。空气或者直接与油液接触，或者被输入到蓄能器式的皮囊内不与油液接触。这种油箱的优点是改善了液压泵的吸油条件，但它要求系统中的回油管、泄油管承受背压。油箱本身还须配置安全阀、电接点压力表等元件以稳定充气压力，因此它只在特殊场合下使用。

图 4-25 油箱

1—吸油管；2—滤油网；3—盖；
4—回油管；5—上盖；6—油位计；
7，9—隔板；8—放油阀

4.3.1.2 设计时的注意事项

（1）油箱的有效容积（油面高度为油箱高度 80% 时的容积）。应根据液压系统发热、散热平衡的原则来计算，这项计算在系统负载较大、长期连续工作时是必不可少的。但对于一般情况来说，油箱的有效容积可以按液压泵的额定流量 q_p（L/min）估计出来。例如，适用于机床或其他一些固定式机械的估算式为：

$$V = \xi q_p \tag{4-39}$$

式中，V 为油箱的有效容积，L；ξ 为与系统压力有关的经验数字，低压系统 $\xi = 2 \sim 4$，中压系统 $\xi = 5 \sim 7$，高压系统 $\xi = 10 \sim 12$。

（2）吸油管和回油管应尽量相距远些，两管之间要用隔板隔开，以增加油液循环距离，使油液有足够的时间分离气泡，沉淀杂质，消散热量。隔板高度最好为箱内油面高度的 3/4。吸油管入口处要装粗滤油器。精滤油器与回油管管端在油面最低时仍应没在油中，防止吸油时卷吸空气或回油冲入油箱时搅动油面而混入气泡。回油管管端宜斜切 45°，以增大出油口截面积，减慢出口处油流速度，此外，应使回油管斜切口面对箱壁，以利油液散热。当回油管排回的油量很大时，宜使它出口处高出油面，向一个带孔或不带孔的斜槽（倾角为 5° ～ 15°）排油，使油流散开，一方面减慢流速，另一方面排走油液中空气。减慢回油流速、减少它的冲击搅拌作用，也可以采取让它通过扩散室的办法来达到。泄油管管端也可斜切并面向油箱内壁，但不可没入油中。管端与箱底、箱壁间距离均不宜小于管径的 3 倍。粗滤油器距箱底不应小于 20mm。

（3）为了防止油液污染，油箱上各盖板、管口处都要妥善密封。注油器上要加滤油网。防止油箱出现负压而设置的通气孔上须装空气滤清器。空气滤清器的容量至少应为液压泵额定流量的 2 倍。油箱内回油集中部分及清污口附近宜装设一些磁性块，以去除油液中的铁屑和带磁性颗粒。

（4）为了易于散热和便于对油箱进行搬移及维护保养，按 GB 3766—1983 规定，箱底离地至少应在 150mm 以上。箱底应适当倾斜，在最低部位处设置堵塞或放油阀，以便排放污油。按照 GB 3766—1983 规定，箱体上注油口的近旁必须设置液位计。滤油器的安装位置应便于装拆。箱内各处应便于清洗。

（5）油箱中如要安装热交换器，必须考虑好它的安装位置，以及测温、控制等措施。

（6）分离式油箱一般用 2.5 ～ 4mm 钢板焊成。箱壁越薄，散热越快。建议 100L 容量的油箱箱壁厚度取 1.5mm，400L 以下的取 3mm，400L 以上的取 6mm，箱底厚度大于箱壁，箱盖厚度应为箱壁的 4 倍。大尺寸油箱要加焊角板、筋条，以增加刚性。当液压泵及其驱动电机和其他液压件都要装在油箱上时，油箱顶盖要相应地加厚。

（7）油箱内壁应涂上耐油防锈的涂料。外壁如涂上一层极薄的黑漆（不超过 0.025mm 厚度），会有很好的辐射冷却效果。铸造的油箱内壁一般只进行喷砂处理，不涂漆。

4.3.2　滤油器

4.3.2.1　功用和类型

（1）功用。滤油器的功用是过滤混在液压油液中的杂质，降低进入系统中油液的污染度，保证系统正常地工作。

（2）类型。滤油器按其滤芯材料的过滤机制来分，有表面型滤油器、深度型滤油器和吸附型滤油器三种。

1）表面型滤油器：整个过滤作用是由一个几何面来实现的。滤下的污染杂质被截留在滤芯元件靠油液上游的一面。在这里，滤芯材料具有均匀的标定小孔，可以滤除比小孔尺寸大的杂质。由于污染杂质积聚在滤芯表面上，因此它很容易被阻塞住。编网式滤芯、线隙式滤芯属于这种类型。

2）深度型滤油器：这种滤芯材料为多孔可透性材料，内部具有曲折迂回的通道。大于表面孔径的杂质直接被截留在外表面，较小的污染杂质进入滤材内部，撞到通道壁上，由于吸附作用而得到滤除。滤材内部曲折的通道也有利于污染杂质的沉积。纸芯、毛毡、烧结金属、陶瓷和各种纤维制品等属于这种类型。

3）吸附型滤油器：这种滤芯材料把油液中的有关杂质吸附在其表面上。磁心即属于此类。

常见的滤油器式样及其特点见表 4-7 中。

4.3.2.2　滤油器的主要性能指标

（1）过滤精度。它表示滤油器对各种不同尺寸的污染颗粒的滤除能力，用绝对过滤精度、过滤比和过滤效率等指标来评定。

表 4-7　常见的滤油器及其特点

类型	名称及结构简图	特点说明
表面型		（1）过滤精度与铜丝网层数及网孔大小有关。在压力管路上常用 100 目、150 目、200 目（每英寸长度上孔数）的铜丝网，在液压泵吸油管路上常采用 20～40 目铜丝网； （2）压力损失不超过 0.004MPa； （3）结构简单，通流能力大，清洗方便，但过滤精度低
		（1）滤芯由绕在心架上的一层金属线组成，依靠线间微小间隙来挡住油液中杂质的通过； （2）压力损失约为 0.03～0.06MPa； （3）结构简单，通流能力大，过滤精度高，但滤芯材料强度低，不易清洗； （4）用于低压管道中，当用在液压泵吸油管上时，它的流量规格宜选得比泵大

续表 4-7

类型	名称及结构简图	特 点 说 明
深度型		（1）结构与线隙式相同，但滤芯为平纹或波纹的酚醛树脂或木浆微孔滤纸制成的纸芯。为了增大过滤面积，纸芯常制成折叠形； （2）压力损失约为 0.01～0.04MPa； （3）过滤精度高，但堵塞后无法清洗，必须更换纸芯； （4）通常用于精过滤
		（1）滤芯由金属粉末烧结而成，利用金属颗粒间的微孔来挡住油中杂质通过。改变金属粉末的颗粒大小，就可以制出不同过滤精度的滤芯； （2）压力损失约为 0.03～0.2MPa； （3）过滤精度高，滤芯能承受高压，但金属颗粒易脱落，堵塞后不易清洗； （4）适用于精过滤
吸附型	磁性滤油器	（1）滤芯由永久磁铁制成，能吸住油液中的铁屑、铁粉、可带磁性的磨料； （2）常与其他形式滤芯合起来制成复合式滤油器； （3）对加工钢铁件的机床液压系统特别适用

　　绝对过滤精度是指通过滤芯的最大坚硬球状颗粒的尺寸（y），它反映了过滤材料中最大通孔尺寸，以 μm 表示。它可以用试验的方法进行测定。

　　过滤比（β_x）是指滤油器上游油液单位容积中大于某给定尺寸的颗粒数与下游油液单位容积中大于同一尺寸的颗粒数之比，即对于某一尺寸 x 的颗粒来说，其过滤比 β_x 的表达式为：

$$\beta_x = N_u/N_d \tag{4-40}$$

式中，N_u 为上游油液中大于某一尺寸 x 的颗粒浓度；N_d 为下游油液中大于同一尺寸 x 的颗粒浓度。

　　从上式可看出，β_x 越大，过滤精度越高。当过滤比的数值达到 75 时，y 即被认为是滤油器的绝对过滤精度。过滤比能确切地反映滤油器对不同尺寸颗粒污染物的过滤能力，它已被国际标准化组织采纳作为评定滤油器过滤精度的性能指标。一般要求系统的过滤精度要小于运动副间隙的一半。此外，压力越高，对过滤精度要求越高。其推荐值见表 4-8。

表 4-8　过滤精度推荐值表

系统类别	润滑系统	传动系统			伺服系统
工作压力/MPa	0 ~ 2.5	≤14	14 < p < 21	≥21	21
过滤精度/μm	100	25 ~ 50	25	10	5

过滤效率 E_c 可以通过下式由过滤比 β_x 值直接换算出来:

$$E_c = (N_u - N_d)/N_u = 1 - 1/\beta_x \tag{4-41}$$

（2）压降特性。液压回路中的滤油器对油液流动来说是一种阻力，因而油液通过滤芯时必然要出现压力降。一般来说，在滤芯尺寸和流量一定的情况下，滤芯的过滤精度越高，压力降越大；在流量一定的情况下，滤芯的有效过滤面积越大，压力降越小；油液的黏度越大，流经滤芯的压力降也越大。

滤芯所允许的最大压力降，应以不致使滤芯元件发生结构性破坏为原则。在高压系统中，滤芯在稳定状态下工作时承受到的仅仅是它那里的压力降，这就是为什么纸质滤芯也能在高压系统中使用的道理。油液流经滤芯时的压力降，大部分是通过试验或经验公式来确定的。

（3）纳垢容量。这是指滤油器在压力降达到其规定限值之前可以滤除并容纳的污染物数量，这项性能指标可以用多次通过性试验来确定。滤油器的纳垢容量越大，使用寿命越长，所以它是反映滤油器寿命的重要指标。一般来说，滤芯尺寸越大，即过滤面积越大，纳垢容量就越大。增大过滤面积，可以使纳垢容量至少成比例地增加。

滤油器过滤面积 A 的表达式为:

$$A = q\mu/a\Delta p \tag{4-42}$$

式中，q 为滤油器的额定流量，L/min；μ 为油液的黏度，Pa·s；Δp 为压力降，Pa；a 为滤油器单位面积通过能力，L/cm^2，由实验确定，在 20℃ 时，特种滤网的 $a = 0.003 ~ 0.006$，纸质滤芯的 $a = 0.035$，线隙式滤芯的 $a = 10$，一般网式滤芯的 $a = 2$。

式（4-42）清楚地说明了过滤面积与油液的流量、黏度、压降和滤芯形式的关系。

4.3.2.3　选用和安装

A　选用

滤油器按其过滤精度（滤去杂质的颗粒大小）的不同，有粗过滤器、普通过滤器、精密过滤器和特精过滤器四种，它们分别能滤去大于 100μm、10 ~ 100μm、5 ~ 10μm 和 1 ~ 5μm 大小的杂质。选用滤油器时，要考虑下列几点：

（1）过滤精度应满足预定要求。

（2）能在较长时间内保持足够的通流能力。

（3）滤芯具有足够的强度，不因液压的作用而损坏。

（4）滤芯抗腐蚀性能好，能在规定的温度下持久地工作。

（5）滤芯清洗或更换简便。

因此，滤油器应根据液压系统的技术要求，按过滤精度、通流能力、工作压力、油液黏度、工作温度等条件选定其型号：

（1）过滤精度。原则上大于滤芯网目的污染物是不能通过滤芯的。滤油器上的过滤精度常用能被过滤掉的杂质颗粒的公称尺寸大小来表示。系统压力越高，过滤精度越低。

（2）通流能力。液压油通过的流量大小和滤芯的通流面积有关。一般可根据要求通过的流量选用相对应规格的滤油器（为降低阻力，滤油器的容量为泵流量的 2 倍以上）。

（3）工作压力。选用滤油器时必须注意系统中冲击压力的发生。而滤油器的耐压包含滤芯的耐压和壳体的耐压。一般滤芯的耐压为 0.01~0.1MPa，这主要靠滤芯有足够的通流面积，使其压降小，以避免滤芯被破坏。滤芯被堵塞，压降便增加。

必须注意：滤芯的耐压和滤油器的使用压力是不同的，当提高使用压力时，要考虑壳体是否承受得了，而与滤芯的耐压无关。

B　滤油器的安装

图 4-26 所示为液压系统中滤油器的几种可能安装位置。

（1）滤油器（滤清器）1：安装在泵的吸油口处，泵的吸油路上一般都安装有表面型滤油器，目的是滤去较大的杂质微粒以保护液压泵，此外滤油器的过滤能力应为泵流量的两倍以上，压力损失小于 0.02MPa。

（2）滤油器 2：安装在泵的出口，属于压力管用滤油器，用来保护泵以外的其他元件。一般装在溢流阀下游的管路上或和安全阀并联，以防止滤油器被堵塞时泵形成过载。

（3）滤油器 3：安装在回油管路上，属于回油管用滤油器，一般与过滤器并连安装一背压阀，当过滤器堵塞达到一定压力值时，背压阀打开。此滤油器的壳体耐压性可较低。

图 4-26　滤油器的安装位置

（4）滤油器 4：安装在溢流阀的回油管上，因其只通泵部分的流量，故滤油器容量可较小。如滤油器 2、3 的容量相同，则通过流速降低，过滤效果会更好。

（5）滤油器 5：为独立的过滤系统，其作用是不断净化系统中的液压油，常用在大型的液压系统里。

液压系统中除了整个系统所需的滤油器外，还常常在一些重要元件（如伺服阀、精密节流阀等）的前面单独安装一个专用的精滤油器来确保它们的正常工作。

4.3.3　油管及接头

4.3.3.1　油管

液压系统中使用的油管种类很多，有钢管、铜管、尼龙管、塑料管、橡胶管等，须按照安装位置、工作环境和工作压力来正确选用。油管的特点及其适用范围见表 4-9。

表 4-9 液压系统中使用的油管

种 类		特点和适用场合
硬管	钢 管	能承受高压，价格低廉，耐油，抗腐蚀，刚性好，但装配时不能任意弯曲；常在装拆方便处用作压力管道，中、高压用无缝管，低压用焊接管合
	紫铜管	易弯曲成各种形状，但承压能力一般不超过 6.5～10MPa，抗振能力较弱，又易使油液氧化；通常用在液压装置内配接不便之处
软管	尼龙管	乳白色半透明，加热后可以随意弯曲成形或扩口，冷却后又能定形不变，承压能力因材质而异，范围为 2.5～8MPa
	塑料管	质轻耐油，价格便宜，装配方便，但承压能力低，长期使用会变质老化，只宜用作压力低于 0.5MPa 的回油管、泄油管等
	橡胶管	高压管由耐油橡胶夹几层钢丝编织网制成，钢丝网层数越多，耐压越高，价格越昂贵，用作中、高压系统中两个相对运动件之间的压力管道；低压管由耐油橡胶夹帆布制成，可用作回油管道

油管的规格尺寸（管道内径和壁厚）可由式（4-43）、式（4-44）算出 d、δ 后，查阅有关的标准选定。

$$d = 2\sqrt{\frac{q}{\pi v}} \tag{4-43}$$

$$\delta = \frac{pdn}{2\,\sigma_b} \tag{4-44}$$

式中，d 为油管内径；q 为管内流量；v 为管中油液的流速，吸油管取 0.5～1.5m/s，高压管取 2.5～5m/s（压力高的取大值，低的取小值，例如：压力在 6MPa 以上的取 5m/s，在 3～6MPa 之间的取 4m/s，在 3MPa 以下的取 2.5～3m/s；管道较长的取小值，较短的取大值；油液黏度大时取小值），回油管取 1.5～2.5m/s，短管及局部收缩处取 5～7m/s；δ 为油管壁厚；p 为管内工作压力；n 为安全系数，对钢管来说，$p < 7MPa$ 时取 $n=8$，$7MPa < p < 17.5MPa$ 时取 $n=6$，$p > 17.5MPa$ 时取 $n=4$；σ_b 为管道材料的抗拉强度。

油管的管径不宜选得过大，以免使液压装置的结构庞大；但也不能选得过小，以免使管内液体流速加大，系统压力损失增加或产生振动和噪声，影响正常工作。

在保证强度的情况下，管壁可尽量选得薄些。薄壁易于弯曲，规格较多，装接较易，采用它可减少管系接头数目，有助于解决系统泄漏问题。

4.3.3.2 接头

管接头是油管与油管、油管与液压件之间的可拆式连接件，它必须具有装拆方便、连接牢固、密封可靠、外形尺寸小、通流能力大、压降小、工艺性好等各项条件。

管接头的种类很多，其规格品种可查阅有关手册。液压系统中油管与管接头的常见连接方式见表 4-10。管路旋入端用的连接螺纹采用国家标准米制锥螺纹（ZM）和普通细牙螺纹（M）。

锥螺纹依靠自身的锥体旋紧和采用聚四氟乙烯等进行密封，广泛用于中、低压液压系统；细牙螺纹密封性好，常用于高压系统，但要采用组合垫圈或 O 形圈进行端面密封，有时也可用紫铜垫圈。

表 4-10　液压系统中常用的管接头

名　　称	结构简图	特点和说明
焊接时管接头	球形头	（1）连接牢固，利用球面进行密封，简单可靠； （2）焊接工艺必须保证质量，必须采用厚壁钢管，装拆不便
卡套式管接头	接管　卡套	（1）用卡套卡住油管进行密封，轴向尺寸要求不严，装拆简单； （2）对油管径向尺寸精度要求不高，为此采用冷拔无缝钢管
扩口式管接头	管套　接头	（1）用油管管端的扩口在管套的压紧下进行密封，结构简单； （2）适用于钢管、薄壁钢管、尼龙管和塑料管等低压管道的连接
扣压式管接头	胶管　接头外套　接头芯	（1）用来连接高压软管； （2）在中、低压系统中应用
固定铰接管接头	螺钉　组合垫圈　接头体　组合垫圈	（1）是直角接头，优点是可以随意调整布管方向，安装方便，占空间小； （2）接头与管子的连接方法，除本图卡套式外，还可以用焊接式； （3）中间有通油孔的固定螺钉把两个组合垫圈压紧在管接头体上进行密封

　　液压系统中的泄漏问题大部分都出现在管系中的接头上，为此对管材的选用，接头形式的确定（包括接头设计、垫圈、密封、箍套、防漏涂料的选用等），管系的设计（包括弯管设计、管道支承点和支承形式的选取等）以及管道的安装（包括正确的运输、储存、清洗、组装等）都要谨慎从事，以免影响整个液压系统的使用质量。

　　国外对管子材质、接头形式和连接方法上的研究工作从未间断。最近出现一种用特殊的镍钛合金制造的管接头，它能使低温下受力后发生的变形在升温时消除，即把管接头放入液氮中用芯棒扩大其内径，然后取出来迅速套装在管端上，便可使它在常温下得到牢固、紧密的结合。这种"热缩"式的连接已在航空和其他一些加工行业中得到了应用，它能保证在 40～55MPa 的工作压力下不出现泄漏。这是一个十分值得注意的动向。

4.3.4 蓄能器

4.3.4.1 功用

蓄能器的功用主要是储存油液多余的压力能，并在需要时释放出来。在液压系统中蓄能器常用来实现以下功能：

（1）在短时间内供应大量压力油液：实现周期性动作的液压系统（见图 4-27），在系统不需大量油液时，可以把液压泵输出的多余压力油液储存在蓄能器内，到需要时再由蓄能器快速释放给系统。这样就可使系统选用流量等于循环周期内平均流量 q_m 的液压泵，以减小电动机功率消耗，降低系统温升。

图 4-27 液压系统中的
流量供应情况
（T 为一个循环周期）

（2）维持系统压力：在液压泵停止向系统提供油液的情况下，蓄能器能把储存的压力油液供给系统，补偿系统泄漏或充当应急能源，使系统在一段时间内维持系统压力，避免停电或系统发生故障时油源突然中断所造成的机件损坏。

（3）减小液压冲击或压力脉动：蓄能器能吸收，大大减小其幅值。

4.3.4.2 分类

蓄能器主要有弹簧式和充气式两大类，其中充气式又包括气瓶式、活塞式和皮囊式三种。过去有一种重力式蓄能器，体积庞大，结构笨重，反应迟钝，现在工业上已很少应用。气瓶式又称气液直接接触式或称非隔离式蓄能器，活塞式和气囊式又称隔离式蓄能器。

（1）弹簧式蓄能器。图 4-28 所示为弹簧式蓄能器及其图形符号，它是利用弹簧的压缩和伸长来储存、释放压力能. 结构简单，反应灵敏，但容量小，可用于小容量、低压回路起缓冲作用，不适用于高压或高频的工作场合。

（2）充气式蓄能器。充气式蓄能器是利用压缩气体储存能量的蓄能器。

1）气瓶式蓄能器。图 4-29 所示为气瓶式蓄能器及其图形符号，这是一种直接接触式蓄能器。它是一个下半部盛油液，上半部充压缩气体的气瓶。这种蓄能器容量大，体积小，惯性小，反应灵敏。但是气体容易混入油液中、使油液的可压缩性增加，并且耗气量大，必须经常补气。

2）活塞式蓄能器。这是一种隔离式蓄能器。其结构如图 4-30 所示。它利用活塞使气与油液隔离，以减少气体渗入油液的可能性。其容量大、常用于中、高压系统，但正逐渐被性能更完善的气囊式蓄能器所代替。

3）气囊式蓄能器。气囊式蓄能器也是一种隔离式蓄能器。其结构如图 4-31 所示，外壳 2 为两端成球形的圆柱体，壳体内有一个用耐油橡胶制成的气囊 3。气囊出口上设充气阀 1，充气阀只在为气囊充气时才打开，平时关闭。这种蓄能器中气体和液体完全隔离开，并且蓄能器的质量轻，惯性小，反应灵敏，是当前最广泛应用的一种蓄能器。

图 4-28　弹簧式蓄能器及其图形符号

（a）弹簧式蓄能器；（b）图形符号

图 4-29　气瓶式蓄能器及其图形符号

（a）气瓶式蓄能器；（b）图形符号

图 4-30　活塞式蓄能器

1—活塞；2—壳体；3—充气阀

图 4-31　气囊式蓄能器及其图形符号

1—充气阀；2—壳体；3—气囊；4—菌形阀

4.3.4.3　使用和安装

蓄能器在液压回路中的安放位置随其功用而不同：吸收液压冲击或压力脉动时宜放在冲击源或脉动源近旁；补油保压时宜放在尽可能接近有关的执行元件处。

使用蓄能器须注意如下几点：

（1）充气式蓄能器中应使用惰性气体（一般为氮气），允许工作压力视蓄能器结构形式而定，例如，皮囊式为 3.5~32MPa。

（2）不同的蓄能器各有其适用的工作范围，例如，皮囊式蓄能器的皮囊强度不高，不能承受很大的压力波动，且只能在 -20~70℃ 的温度范围内工作。

（3）皮囊式蓄能器原则上应垂直安装（油口向下），只有在空间位置受限制时才允许倾斜或水平安装。

（4）装在管路上的蓄能器须用支板或支架固定。

（5）蓄能器与管路系统之间应安装截止阀，供充气、检修时使用。蓄能器与液压泵之间应安装单向阀，防止液压泵停车时蓄能器内储存的压力油液倒流。

4.3.5　热交换器

液压系统的工作温度一般希望保持在 30～50℃ 的范围之内，最高不超过 65℃，最低不低于 15℃。液压系统如依靠自然冷却仍不能使油温控制在上述范围内时，就须安装冷却器；反之，如环境温度太低无法使液压泵启动或正常运转时，就须安装加热器。

4.3.5.1　冷却器

液压系统中的冷却器，最简单的是蛇形管冷却器（图 4-32），它直接装在油箱内，冷却水从蛇形管内部通过，带走油液中热量。这种冷却器结构简单，但冷却效率低，耗水量大。

液压系统中用得较多的冷却器是强制对流式多管冷却器（图 4-33）。油液从进油口 5 流入，从出油口 3 流出；冷却水从进水口 7 流入，通过图多根水管后由出水口 1 流出。油液在水管外部流动时，

图 4-32　蛇形管冷却器

它的行进路线因冷却器内设置了隔板而加长，因而增加了热交换效果。

近来出现一种翅片管式冷却器，水管外面增加了许多横向或纵向的散热翅片，大大扩大了散热面积和热交换效果。图 4-34 所示为翅片管式冷却器的一种形式，它是在圆管或椭圆管外嵌套上许多径向翅片，其散热面积可达光滑管的 8～10 倍。椭圆管的散热效果一般比圆管更好。

图 4-33　多管式冷却器

1—出水口；2，6—端盖；3—出油口；4—隔板；

5—进油口；7—进水口

图 4-34　翅片管式冷却器

液压系统也可以用汽车上的风冷式散热器来进行冷却。这种用风扇鼓风带走流入散热器内油液热量的装置不须另设通水管路，结构简单，价格低廉，但冷却效果较水冷式差。

冷却器一般应安放在回油管或低压管路上。如溢流阀的出口，系统的主回流路上或单独的冷却系统。

冷却器所造成的压力损失一般约为 0.01～0.1MPa。

4.3.5.2　加热器

液压系统的加热一般常采用结构简单、能按需要自动调节最高和最低温度的电加热器。这种加热器的安装方式是用法兰盘横装在箱壁上，发热部分全部浸在油液内。加热器应安装在箱内油液流动处，以有利于热量的交换。由于油液是热的不良导体，单个加热器的功率容量不能太大，以免其周围油液过度受热后发生变质现象。

4.3.6　压力计及压力计开关

液压系统和各局部回路的压力大小，可以通过压力计观测，以便调整和控制液压系统及各工作点的压力。最常用的压力计是弹簧弯管式压力计。

压力计有普通压力计和标准压力计。普通压力计用于一般压力测量，标准压力计用于精确测量或检验普通压力计的精度。压力计的精度等级以其误差占量程的百分数来表示。选用压力计时系统最高压力约为量程的 3/4 比较合理，为防止压力冲击损坏压力计，常在通至压力汁的通道上设置阻尼器。

压力计开关用于接通或断开压力计与测量点的通路；开关中过油通道 a 很小，以阻尼压力的波动和冲击，防止压力计的指针剧烈地摆动。

压力计开关，按其所能测旦的测量点的数日，分为一点、三点和六点；按连接方式分为管式和板式。多点压力计开关，可以使一个压力计和液压系统中几个被测量油路相通，以分别测量几个油路的压力。图 4-35 所示为一压力计开关的结构，图示位置为非测量位置，此时压力计由沟槽 a 和小孔 b 与油池相通。若将手柄推进去，沟槽 a 将把测量点与压力计连通，并将压力计通往油池的通路切断，这时便可测出一个点的压力；若将手轮转到另一位置，便可测出另一点的压力。

图 4-35　压力计开关

任务 4.4　液压系统的使用维护与管理

【任务描述】

通过对液压系统安装调试的介绍，掌握液压系统安装、调试与使用的基本原则和注意事项。通过对液压系统工作介质的介绍，明确液压系统工作介质的作用，掌握液压传动工作介质的正确使用和维护的要点，掌握液压系统污染控制对系统正常使用的重要性。

【学习及素养目标】

(1) 掌握液压系统安装、维护的要点。
(2) 掌握液压工作介质的正确维护使用。
(3) 掌握液压系统污染控制的知识和措施。
(4) 具备团队意识、诚信品质、敬业精神、遵纪守法意识、文明礼貌生产素质。

【所需知识】

4.4.1　液压系统的安装、调试与使用

液压传动系统的安装、使用及维护是一个实践性很强的问题。故障的判断和排除，一方面决定于对液压元件和系统的理解，另一方面更依赖于实践经验的积累。

4.4.1.1　液压传动系统的安装与调试

A　液压系统的安装

液压系统在安装之前，首先要弄清主机对液压系统的要求及液压系统与机、电、气的动作关系，以充分理解其设计意图；然后验收所有零、部件（型号、规格、数量和质量），并做好清洗等准备工作。

(1) 液压泵和电动机的安装。泵和电动机的轴线，在安装时应保证同心，一般要求用弹性联轴器连接，不允许使用皮带传动泵轴，以免受径向力的作用，破坏轴的密封。安装基础要求有足够的刚性；液压泵进、出口不能接反；有外引泄的泵必须将泄漏油单独引出；需要在泵壳内灌油的泵，要灌液压油；可用手调转，单向泵不能反转。

(2) 液压缸的安装。首先应校正液压缸外圆的上母线、侧母线与机座导轨导向平面的平行；垂直安装的液压缸要防止因重力跌落；长行程液压缸应一端固定，允许另一端浮动，允许其伸长；液压缸的负载中心与推力中心最好重合，免受颠覆力矩，保护密封件不受偏载；液压缸缓冲机构不得失灵；密封圈的预压缩量不要太大；活塞在缸内移动灵活、无阻滞现象。

(3) 液压阀的安装。阀体孔或阀板的安装，要防止紧固螺钉因拧得过紧而产生变形；纸垫不得破损，以免窜腔短路；方向阀各油口的通断情况应与原理图上的图形符号相一致；要特别注意外形相似的溢流阀、减压阀和顺序阀；调压弹簧要放松，等调试时再逐步旋紧调压；安装伺服阀必须先安装冲洗板，对管路进行冲洗；在油液污染度符合要求后才能正式安装；伺服阀进口安装精密过滤器。

B　液压系统的配管

(1) 根据通过流量、允许流速和工作压力选配管径、壁厚、材质和连接方式。对管子要进行检验和处理。

(2) 管路要求越短越好，尽量垂直或平行，少拐弯，避免交叉。吸油管在粗、短、直，尽量减少吸油阻力，确保吸油高度一般不大于 0.5m；严防管接头处泄漏。

（3）安装橡胶软管要防止扭转，应留有一定的松弛量。

（4）配管要进行二次安装；第一次试装后取下进行清洗，然后进行正式安装。

C　液压设备的调试

调试前应全面检查液压管路、电气线路是否正确可靠，油液牌号与说明书上是否一致，油箱内油液高度是否在油面线上。将调节手柄置于零位，选择开关置于"调整"、"手动"位置上。防护装置要完好；确定调试项目、顺序和测量方法，准备检测仪表。先进行设备的外观认识，熟悉手柄、按钮、表牌。

（1）空载试车。空载试车的目的是检查各液压元件是否正常，工作循环是否符合要求。先空载起动液压泵，以额定转速、规定转向运转，听是否有异常声响，观察泵是否漏气（油箱液面上是否有气泡），泵的卸荷压力是否在允许范围内。在执行元件处于停位或低速运动时调整压力阀，使系统压力升高到规定值。调整润滑系统的压力和流量；有两台以上大功率主泵时不能同时启动；在低温下启动泵时，则要开开停停，使油温上升后再启动；一般先启动控制用的泵，后启动主泵，调整控制油路的压力。

然后操纵手柄使各执行元件逐一空载运行，速度由慢到快，行程也逐渐增加，直至低速全程运行以排除系统中的空气；检查接头、元件接合面是否泄漏，检查油箱液面是否下降和滤油器是否露出油面（因为执行元件运动后大量油液要进入油管填充其空腔）。

接着在空载条件下，使各执行元件按预定进行自动工作循环或顺序动作，同时调整各调压弹簧的设定值。如：溢流阀、顺序阀、减压阀、压力继电器、限压式变量泵等的限定压力；电接点压力表上、下限；变量泵偏心或倾角，挡铁及限位开关位置；各液压阻尼开口；保压或延时时间；电磁铁吸动或释放等；检查各动作的协调，如联锁、联动。同步和顺序的正确性；检查启动停止、速度换接的运动平稳性，是否有误信号、误动作和爬行、冲击等现象；要重复多次，使工作循环趋于稳定；一般空载运行 2h 后，再检查油温及液压系统要求的精度，如换向、定位、分度精度及停留时间等。

（2）负载试车。一般设备可进行轻负载、最大工作负载、超负载试车。负载试车的目的是检查液压设备在承受载荷后，是否实现预定的工作要求，如速度负载特性如何、泄漏是否严重、功率损耗及油温是否在设计允许值内（一般机床液压系统油温为 30 ~ 50℃、压力机为 40 ~ 70℃、工程机械为 50 ~ 80℃）、液压冲击和振动噪声要求低于 80dB，是否在允许范围内等。对金属切削机床液压系统要进行试切削，在规定的切削范围内，对试件进行加工，是否达到所规定的尺寸精度和表面粗糙度；对高压液压系统要进行试压，试验压力为工作压力的两倍或大于压力剧变时的尖峰值，并由低到高分级试压，检查泄漏和耐压强度是否合格。

调试期间，对流量、压力、速度、油温、电磁铁和电动机的电流值等各种参数的测试应作好现场记录。如发现液压元件不全要求，在必要或允许的条件下，可单独在试验台上对元件的性能和参数进行测试，测试条件可按规定；对元件的主要性能和参数的测试方法，也可按部标或厂标的规定进行。

4.4.1.2　液压传动系统的维护和保养

保证液压系统的正常工作性能，在很大程度上取决于正确的使用与及时的维护。

（1）建立严格的维护保养制度。严格的维护保养制度是减少故障，使设备处于完好状态的保证。液压设备通常采用"日常检查"和"定期检查"的方法，规定出检查的时间、项目和内容，并要求作好检查记录。

（2）故障发生规律。控制油液的污染以及建立严格的维修制度，虽然可以减少故障的发生，但不能完全杜绝故障。液压系统的故障往往是一种随机现象。液压设备出现故障的机会大致分为三个阶段，如图4-36所示。

图中纵坐标为故障发生的频率，横坐标为机械设备运行的时间。曲线的 A 段为初始故障期。这期间的故障频率最高，但持续时间不长，这类故障往往由设

图4-36 液压设备故障概率曲线图

计、制造和检验中的失误所引起。对液压系统来说，投产前清洗得不够彻底也是产生这类故障的原因之一。曲线的 B 段为随机故障期。这期间故障频率低，但持续时间长，是机械设备高效工作的最佳时期。坚持严格的维护检查制度以及控制油液的污染度，可使这期间的故障维持在相当低的水平，并使这一时期延长。曲线中 C 段为消耗故障期。此时元件已严重磨损，故障较频繁，应更换元件。掌握这一规律，有助于针对性地做好各时期的使用维护工作。

4.4.2 工作介质的使用和管理

4.4.2.1 液压油的选用原则

液压油有很多品种，可根据不同的使用场合选用合适的品种，在品种确定的情况下，最主要考虑的是油液的黏度，其选择主要考虑如下因素。

（1）液压系统的工作压力。工作压力较高的系统宜选用黏度较高的液压油，以减少泄漏；反之便选用黏度较低的油。

例如，当压力 $p = 7.0 \sim 20.0$MPa 时，宜选用 N46 ~ N100 的液压油；当压力 $p < 7.0$MPa 时，宜选用 N32 ~ N68 的液压油。

（2）运动速度。执行机构运动速度较高时，为了减小液流的功率损失，宜选用黏度较低的液压油。

（3）液压泵的类型。在液压系统中，对液压泵的润滑要求苛刻，不同类型的泵对油的黏度有不同的要求，具体可参见有关资料。

4.4.2.2 液压油的使用和维护

液压油使用和维护要点主要有以下几点：

（1）选择适合的液压油。液压油在液压系统中起着传递压力、润滑、冷却、密封的作用，液压油选择不恰当是液压系统早期故障和耐久性下降的主要原因。应按随机《使用说明书》中规定的牌号选择液压油，特殊情况需要使用代用油时，应力求其性能与原牌号性能相同。不同牌号的液压油不能混合使用，以防液压油产生化学反应、性能发生变化。深褐色、乳白色、有异味的液压油是变质油，不能使用。

（2）防止固体杂质混入液压系统。清洁的液压油是液压系统的生命。液压系统中有许

多精密元件，有的有阻尼小孔、有的有缝隙等。若固体杂质入侵将造成精密元件拉伤、发卡、油道堵塞等，危及液压系统的安全运行。一般固体杂质入侵液压系统的途径有：液压油不洁；加油工具不洁；加油和维修、保养不慎；液压元件脱屑等。可以从以下几个方面防止固体杂质入侵系统：

1）加油。液压油必须过滤加注，加油工具应可靠清洁。不能为了提高加油速度而去掉油箱加油口处的过滤器。加油人员应使用干净的手套和工作服，以防固体杂质和纤维杂质掉入油中。

2）保养。拆卸液压油箱加油盖、滤清器盖、检测孔、液压油管等部位，造成系统油道暴露时要避开扬尘，拆卸部位要先彻底清洁后才能打开。如拆卸液压油箱加油盖时，先除去油箱盖四周的泥土，拧松油箱盖后，清除残留在接合部位的杂物（不能用水冲洗以免水渗入油箱），确认清洁后才能打开油箱盖。如需使用擦拭材料和铁锤时，应选择不掉纤维杂质的擦拭材料和击打面附着橡胶的专用铁锤。

3）液压系统的清洗。清洗油必须使用与系统所用牌号相同的液压油，油温在45～80℃之间，用大流量尽可能将系统中杂质带走。液压系统要反复清洗三次以上，每次清洗完后，趁油热时将其全部放出系统。清洗完毕再清洗滤清器、更换新滤芯后加注新油。

（3）作业中注意事项：

1）机械作业要柔和平顺。机械作业应避免粗暴，否则必然产生冲击负荷，使机械故障频发，大大缩短使用寿命。作业时产生的冲击负荷，一方面使机械结构件早期磨损、断裂、破碎，一方面使液压系统中产生冲击压力，冲击压力又会使液压元件损坏、油封和高压油管接头与胶管的压合处过早失效漏油或爆管、溢流阀频繁动作油温上升。还有一个值得注意的问题：操作手要保持稳定。因为每台设备操纵系统的自由间隙都有一定差异，连接部位的磨损程度不同因而其间隙也不同，发动机及液压系统出力的大小也不尽相同，这些因素赋予了设备的个性。只有使用该设备的操作手认真摸索，修正自己的操纵动作以适应设备的个性，经过长期作业后，才能养成符合设备个性的良好操作习惯。一般机械行业坚持定人定机制度，这也是因素之一。

2）要注意气蚀和溢流噪声。作业中要时刻注意液压泵和溢流阀的声音，如果液压泵出现气蚀噪声，经排气后不能消除，应查明原因排除故障后才能使用。如果某执行元件在没有负荷时动作缓慢，并伴有溢流阀溢流声响，应立即停机检修。

3）严格执行交接班制度。交班司机停放机械时，要保证接班司机检查时的安全和检查到准确的油位。系统是否渗漏、连接是否松动、活塞杆和液压胶管是否撞伤、液压泵的低压进油管连接是否可靠、油箱油位是否正确等，是接班司机对液压系统检查的重点。

4）保持适宜的油温。液压系统的工作温度一般控制在30～80℃之间为宜（超过100℃为危险温度）。液压系统的油温过高会导致：油的黏度降低，容易引起泄漏，效率下降；润滑油膜强度降低，加速机械的磨损；生成碳化物和淤渣；油液氧化加速油质恶化；油封、高压胶管过早老化等。

为了避免温度过高：不要长期过载；注意散热器散热片不要被油污染，以防尘土附着影响散热效果；保持足够的油量以利于油的循环散热；炎热的夏季不要全天作业，要避开中午高温时间。油温过低时，油的黏度大，流动性差，阻力大，工作效率低；当油温低于20℃时，急转弯易损坏液压马达、阀、管道等。此时需要进行暖机运转，启动发动机，空载怠速运转 3~5min 后，以中速油门提高发动机转速，操纵手柄使工作装置的任何一个动作（如挖掘机挖斗）至极限位置，保持 3~5min 使液压油通过溢流升温。如果油温更低则需要适当增加暖机运转时间。

5）液压油箱气压和油量的控制。压力式油箱在工作中要随时注意油箱气压，其压力必须保持在随机《使用说明书》规定的范围内。压力过低，油泵吸油不足易损坏，压力过高，会使液压系统漏油，容易造成低压油路爆管。对维修和换油后的设备，排尽系统中的空气后，要按随机《使用说明书》规定的检查油位状态，将机器停在平整的地方，发动机熄火 15min 后重新检查油位，必要时予以补充。

6）其他注意事项。作业中要防止飞落石块打击液压油缸、活塞杆、液压油管等部件。活塞杆上如果有小点击伤，要及时用油石将小点周围棱边磨去，以防破坏活塞杆的密封装置，在不漏油的情况下可继续使用。连续停机在 24h 以上的设备，在启动前，要向液压泵中注油，以防液压泵干磨而损坏。

（4）定期保养注意事项。目前有的工程机械液压系统设置了智能装置，该装置对液压系统某些隐患有警示功能，但其监测范围和程度有一定的局限性，所以液压系统的检查保养应将智能装置监测结果与定期检查保养相结合。

1）250h 检查保养。检查滤清器滤网上的附着物，如金属粉末过多，往往标志着油泵磨损或油缸拉缸，对此，必须确诊并采取相应措施后才能开机。如发现滤网损坏、污垢积聚，要及时更换，必要时同时换油。

2）500h 检查保养。不管滤芯状况如何均应更换，因为凭肉眼难以察觉滤芯的细小损坏情况，如果长时间高温作业还应适当提前更换滤芯。

3）7000h 和 10000h 检查维护。液压系统需由专业人员检测，进行必要的调整和维修。根据实践，进口液压泵、液压马达工作 10000h 后必须大修，否则液压泵、马达因失修可能损坏，对液压系统是致命性的破坏。

4.4.3　液压系统的密封

密封是解决液压系统泄漏问题最重要、最有效的手段。液压系统如果密封不良，可能出现不允许的外泄漏，外漏的油液将会污染环境；还可能使空气进入吸油腔，影响液压泵的工作性能和液压执行元件运动的平稳性（爬行）；泄漏严重时，系统容积效率过低，甚至工作压力达不到要求值。若密封过度，虽可防止泄漏，但会造成密封部分的剧烈磨损，缩短密封件的使用寿命，增大液压元件内的运动摩擦阻力，降低系统的机械效率。因此，合理地选用和设计密封装置在液压系统的设计中十分重要。

4.4.3.1　对密封装置的要求

（1）在工作压力和一定的温度范围内，应具有良好的密封性能，并随着压力的增加能自动提高密封性能。

（2）密封装置和运动件之间的摩擦力要小，摩擦系数要稳定。

（3）抗腐蚀能力强，不易老化，工作寿命长，耐磨性好；磨损后在一定程度上能自动补偿。

（4）结构简单，使用、维护方便，价格低廉。

4.4.3.2　密封装置的类型和特点

密封按其工作原理来分可分为非接触式密封和接触式密封。前者主要指间隙密封，后者指密封件密封。

（1）间隙密封。间隙密封是靠相对运动件配合面之间的微小间隙来进行密封的，常用于柱塞、活塞或阀的圆柱配合副中，一般在阀芯的外表面开有几条等距离的均压槽，它的主要作用是使径向压力分布均匀，减少液压卡紧力，同时使阀芯在孔中对中性好，以减小间隙的方法来减少泄漏。同时槽所形成的阻力，对减少泄漏也有一定的作用。均压槽一般宽 $0.3 \sim 0.5$ mm，深为 $0.5 \sim 1.0$ mm。圆柱面配合间隙与直径大小有关，对于阀芯与阀孔一般取 $0.005 \sim 0.017$ mm。

这种密封的优点是摩擦力小，缺点是磨损后不能自动补偿，主要用于直径较小的圆柱面之间，如液压泵内的柱塞与缸体之间，滑阀的阀芯与阀孔之间的配合。

（2）O 形密封圈。O 形密封圈一般用耐油橡胶制成，其横截面呈圆形，它具有良好的密封性能，内外侧和端面都能起密封作用，结构紧凑，运动件的摩擦阻力小，制造容易，装拆方便，成本低，且高低压均可以用，所以在液压系统中得到广泛的应用。

图 4-37 所示为 O 形密封圈的结构和工作情况。图 4-37（a）所示为其外形圈；图 4-37（b）所示为装入密封沟槽的情况，δ_1、δ_2 为 O 形圈装配后的预压缩量，通常用压缩率 W 表示，即 $W = [(d_0 - h)/d_0] \times 100\%$，对于固定密封、往复运动密封和回转运动密封，应分别达到 $15\% \sim 20\%$、$10\% \sim 20\%$ 和 $5\% \sim 10\%$，才能取得满意的密封效果。当油液工作压力超过 10MPa 时，O 形圈在往复运动中容易被油液压力挤入间隙而提早损坏［图 4-37（c）］，为此要在它的侧面安放 $1.2 \sim 1.5$ mm 厚的聚四氟乙烯挡圈，单向受力时在受力侧的对面安放一个挡圈［图 4-37（d）］，双向受力时则在两侧各放一个［图 4-37（e）］。

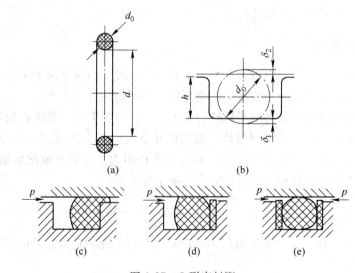

图 4-37　O 形密封圈

O 形密封圈的安装沟槽，除矩形外，也有 V 形、燕尾形、半圆形、三角形等，实际应用中可查阅有关手册及国家标准。

（3）唇形密封圈。唇形密封圈根据截面的形状可分为 Y 形、V 形、U 形、L 形等。其工作原理如图 4-38 所示。液压力将密封圈的两唇边 h_1 压向形成间隙的两个零件的表面。这种密封作用的特点是能随着工作压力的变化自动调整密封性能，压力越高则唇边被压得越紧，密封性越好；当压力降低时唇边压紧程度也随之降低，从而减少了摩擦阻力和功率消耗。除此之外，还能自动补偿唇边的磨损，保持密封性能不降低。

图 4-38　唇形密封圈的工作原理

目前，液压缸中普遍使用如图 4-39 所示的小 Y 形密封圈作为活塞和活塞杆的密封。这种小 Y 形密封圈的特点是断面宽度和高度的比值大，增加了底部支承宽度，可以避免摩擦力造成的密封圈的翻转和扭曲。

(a)　　　　　　　　　　(b)

图 4-39　小 Y 形密封圈

（a）轴用密封圈；（b）孔用密封圈

在高压和超高压情况下（压力大于 25MPa）V 形密封圈也有应用，V 形密封圈的形状如图 4-40 所示，它由多层涂胶织物压制而成，通常由压环、密封环和支承环三个圈叠在一起使用，此时已能保证良好的密封性，当压力更高时，可以增加中间密封环的数量，这种密封圈在安装时要预压紧，所以摩擦阻力较大。

唇形密封圈安装时应使其唇边开口面对压力油，使两唇张开，分别贴紧在机件的表面上。

（4）组合式密封装置。随着液压技术的应用日益广泛，系统对密封的要求越来越高，普通的密封圈单独使用已不能很好地满足密封性能，特别是使用寿命和可靠性方

(a)　(b)　(c)

图 4-40　V 形密封圈

（a）支承环；（b）密封环；（c）压环

面的要求，因此，研究和开发了由包括密封圈在内的两个以上元件组成的组合式密封装置。

图 4-41（a）所示的为 O 形密封圈与截面为矩形的聚四氟乙烯塑料滑环组成的组合密封装置。其中，支持环 2 紧贴密封面，O 形圈 1 为滑环提供弹性预压力，在介质压力等于零时构成密封，由于密封间隙靠滑环，而不是 O 形圈，因此摩擦阻力小而且稳定，可以用于 40MPa 的高压；往复运动密封时，速度可达 15m/s；往复摆动与螺旋运动密封时，速度可达 5m/s。矩形滑环组合密封的缺点是抗侧倾能力稍差，在高低压交变的场合下工作容易漏油。图 4-41（b）所示为由支持环 2 和 O 形圈 1 组成的轴用组合密封，由于支持环与

被密封件之间为线密封，其工作原理类似唇边密封。支持环采用一种经特别处理的化合物，具有极佳的耐磨性、低摩擦和保形性，不存在橡胶密封低速时易产生的"爬行"现象。工作压力可达 80MPa。

图 4-41 组合式密封装置

1—O 形圈；2—支持环

组合式密封装置由于充分发挥了橡胶密封圈和滑环（支持环）的长处，因此不仅工作可靠，摩擦力低而稳定，而且使用寿命比普通橡胶密封提高近百倍，在工程上的应用日益广泛。

（5）回转轴的密封装置。回转轴的密封装置形式很多，图 4-42 所示是一种耐油橡胶制成的回转轴用密封圈，它的内部有直角形圆环铁骨架支撑着，密封圈的内边围着一条螺

图 4-42 回转轴用密封圈

旋弹簧，把内边收紧在轴上来进行密封。这种密封圈主要用作液压泵、液压马达和回转式液压缸的伸出轴的密封，以防止油液漏到壳体外部，它的工作压力一般不超过 0.1MPa，最大允许线速度为 4 ~ 8m/s，须在有润滑情况下工作。

4.4.4 液压系统的污染控制

液压油使用一段时间后会受到污染，常使阀内的阀芯卡死，并使油封加速磨耗及液压缸内壁磨损。造成液压油污染的原因有如下三个方面：

（1）污染。液压油的污染的一般可分为外部侵入的污物和外部生成的不纯物。

1）外部侵入的污物：液压设备在加工和组装时残留的切屑、焊渣、铁锈等杂物混入所造成的污物，只有在组装后立即清洗方可解决。

2）外部生成的不纯物：泵、阀、执行元件、"O"形环长期使用后，因磨损而生成的金属粉末和橡胶碎片在高温、高压下和液压油发生化学反应所生成的胶状污物。

（2）恶化。液压油的恶化速度与含水量、气泡、压力、油温、金属粉末等有关，其中以温度影响为最大，故液压设备运转时，须特别注意油温之变化。

（3）泄漏。液压设备配管不良、油封破损是造成泄漏的主要原因，泄漏发生时，空气、水、尘埃便可轻易地侵入油中，故当泄漏发生时，必须立即加以排除。

液压油经长期使用，油质必会恶化，一般采用目视法判定油质是否恶化，当油的颜色浑浊并有异味时，须立即更换。液压油的保养方法有两种：一种是定期更换（约为5000 ~ 20000h）；另一种是使用过滤器定期过滤。

思考与练习

4-1 构成容积式液压泵应具备哪些条件？

4-2 齿轮泵的泄漏渠道主要有哪三个方面？

4-3 定性地绘出内反馈限压式变量叶片泵的"压力流量特性曲线"，并说明"调压弹簧的预压缩量"、"调压弹簧刚度"、"流量调节螺钉"对"压力流量特性曲线"的影响。

4-4 已知液压泵的额定压力为 p_n，通过节流阀的压力损失为 Δp，如忽略管路压力损失，试确定在如图4-43所示各工况下，泵的工作压力（压力表读数）各为多少？

工况a　　　　工况b　　　　　　工况c　　　　　　工况d

图4-43　题4-4图

4-5 某液压泵的输出油压 $p = 10\text{MPa}$，转速 $n = 1450\text{r/min}$，排量 $V = 100\text{mL/r}$，容积效率 $\eta_V = 0.95$，总效率 $\eta = 0.9$，试求泵的输出功率和电动机的驱动功率。

4-6 某液压泵铭牌上标有额定压力 $p_n = 80 \times 10^5\text{Pa}$，额定流量 $q_n = 60\text{L/min}$，泵的总效率 $\eta = 0.8$。（1）求该泵应选择的电机功率；（2）若泵的输出油压 $p = 30 \times 10^5\text{Pa}$，求泵的输出功率。

4-7 设液压泵转速为 950r/min，排量为 68mL/r，在额定压力 9.5MPa 和同样转速下，测得的实际流量为 150L/min，额定工况下的总效率为 0.87，求：（1）泵的理论流量 q_t；（2）泵的容积效率 η_V；（3）泵的机械效率 η_m；（4）泵在额定工况下，所需电机驱动功率；（5）驱动泵的转矩。

4-8 如图4-44所示，某液压泵如果不是直接从液面为大气压的油箱中吸油，而是采用压力为 p_2 的辅助低压系统向该泵供油。假设泵的转速、效率及液压缸的负载均不变，试分析采用辅助低压系统后，下述参数如何变化（增大，减小，不变）：（1）泵的输出压力；（2）泵的输出流量；（3）泵的输入功率。

4-9 已知单杆活塞式液压缸的内径 $D = 50\text{mm}$，活塞杆直径 $d = 35\text{mm}$，泵供油量为 8L/min，试求：（1）液压缸差动连接时的运动速度；（2）若缸在差动阶段所能克服的外负载 $F = 1000\text{N}$，无杆腔内油液压力该有多大（不计管路压力损失）。

图4-44　题4-8图

4-10 设计一单杆液压缸，已知外负载 $F = 2 \times 10^4\text{N}$，活塞和活塞杆处的摩擦阻力 $F_\mu = 12 \times 10^2\text{N}$，液压缸的工作压力为 5MPa，试计算：（1）液压缸的内径 D；（2）若活塞最大工作进给速度为 4cm/s，系统的泄漏损失为 10%，应选取多大流量的泵？

4-11 如图4-45所示两结构尺寸相同的液压缸串接，$A_1 = 100\text{cm}^2$，$A_2 = 80\text{cm}^2$，$p_1 = 9 \times 10^5\text{MPa}$，$q_1 = 12\text{L/min}$。若不计摩擦损失和泄漏，试问：（1）两缸负载 $F_1 = F_2 = F$ 时，两缸的负载和速度各为多

少？（2）缸 2 的输入压力 p_2 是缸 1 输入压力的一半时，两缸各能承受多少负载？（3）缸 1 不承受负载时，缸 2 能承受多少负载？

图 4-45　题 4-11 图

4-12　设计一单杆液压缸，用以实现"快进→工进→快退"工作循环，且快进与快退的速度相等，均为 5m/min，采用额定流量为 25L/min，额定压力为 6.3MPa 的定量泵供油。若不计摩擦损失，试计算：（1）液压缸内径 D 和活塞杆直径 d；（2）当外负载为 25000N 时，液压缸的工进压力为多少？（3）当工进时的速度为 1m/min 时，进入液压缸的流量为多少？

4-13　简述油箱以及油箱内隔板的功能。

4-14　油箱上装空气滤清器的目的是什么？

4-15　根据经验，开式油箱有效容积为泵流量的多少倍？

4-16　滤油器在选择时应该注意哪些问题？

4-17　简述液压系统中安装冷却器的原因。

4-18　油冷却器按冷却方式可分为哪两大类？

4-19　简述蓄能器的功能。

4-20　蓄能器有哪几类，常用的是哪一类？

4-21　液压系统在安装前的技术准备工作有哪些？

4-22　液压系统的日常维护有哪些？

4-23　液压系统的安装步骤如何？

4-24　液压系统的调试步骤如何，各步骤有何要求？

学习情境 5 液压技能提升

任务 5.1 液压系统设计计算方法

【任务描述】

通过液压系统设计的方法与步骤的学习，掌握常用液压元件的计算和选择方法，掌握液压系统的整体设计思路；通过液压系统设计实例学习，会设计液压系统。

【学习及素养目标】

（1）掌握液压元件的设计方法。

（2）会设计液压系统。

（3）能对液压系统更新改造。

（4）具备团队意识、诚信品质、敬业精神、遵纪守法意识、文明礼貌生产素质。

【所需知识】

液压传动系统的设计是整机设计的一部分，在目前被压系统的设计主要还是经验法，即使使用计算机辅助设计，也是在专家的经验指导下进行的。因而就其设计步骤而言，往往随设计的实际情况，设计者的经验不同而各有差异，但是，从总体上看，其基本内容是一致的，具体为：

（1）明确设计要求、进行工况分析。

（2）拟定液压系统原理图。

（3）计算和选择液压元件。

（4）验算液压系统的性能。

（5）绘制工作图，编制技术文件。

5.1.1 明确设计依据，进行工况分析

5.1.1.1 明确设计要求

液压系统是主机的配套部分，设计液压系统时，首先要明确主机对液压系统提出的技术要求，主要包括：

（1）明确液压系统的动作和性能要求，例如，执行元件的运动方式、行程和速度范围、负载条件、运动的平稳性和精度、工作循环和动作周期、同步和联锁要求、工作可靠性要求等。

（2）明确液压系统的工作环境，例如，环境温度、湿度、尘埃、通风情况、是否易

燃、外界冲击振动的情况及安装空间的大小等。

（3）其他要求。这里主要指液压系统的自重、外形尺寸、经济性等方面的要求。

5.1.1.2　工况分析

工况分析主要指对液压执行元件的工作情况分析，分析的目的是了解在工作的速度、负载变化的规律，并将此规律用曲线表示出来，作为拟定液压系统方案确定系统主要参数（压力和流量）的依据。若液压执行元件动作比较简单，也可不作图，只需找出最大负载和最大速度即可。

A　运动分析

按设备的工艺要求，把所研究的执行元件在完成一个工作循环时的运动规律用图表示出来，这个图称为速度图。现以图 5-1 所示的液压缸驱动的组合床滑台为例说明，图 5-1（a）所示是机床的动作循环，为快进→工进→快退；图 5-1（b）所示是完成一个工作循环的速度-位移曲线，即速度图。

B　负载分析

图 5-1（c）所示是该组合机床的负载图，这个图是按设备的工艺要求，把执行元件在各阶段的负载用曲线表示出来，由此图可直观地看出在运动过程中何时受力最大，何时最小等各种情况，以此作为以后的设计依据。

现具体分析液压缸所承受的负载，液压缸驱动执行驱动机构进行往复直线运动时，所受到的外负载为

图 5-1　组合机床工况图
（a）机床动作循环；（b）速度-位移曲线；
（c）负载图

$$F = F_L + F_f + F_a \qquad (5\text{-}1)$$

（1）工作负载 F_L。工作负载与设备的工作情况有关，在机床上，与运动件的方向同轴的切削力的分量是工作负载，而对于提升机、千斤顶等来说所移动的重量就是工作负载，工作负载可以是定量，也可以是变量，可以是正值，也可以是负值，有时还可能是交变的。

（2）摩擦阻力负载 F_f。摩擦阻力是指运动部件与支承面间的摩擦力，它与支承面的形状、放置情况、润滑条件与及运动状态有关

$$F_f = f F_N \qquad (5\text{-}2)$$

式中，F_N 为运动部件及外负载对支撑面的正压力；f 为摩擦系数，分为静摩擦系数（$f_s \leqslant 0.2 \sim 0.3$）和动摩擦系数（$f_d \leqslant 0.05 \sim 0.1$）。

（3）惯性负载 F_a。惯性负载是运动部件的速度变化时，由其惯性而产生的负载，可用牛顿第二定律计算

$$F_a = ma = \frac{G}{g} \frac{\Delta v}{\Delta t} \qquad (5-3)$$

式中，m 为运动部件的质量，kg；a 为运动部件的加速度，m/s^2；G 为运动部件的重力，N；g 为重力加速度，m/s^2；Δv 为速度的变化量，m/s；Δt 为速度变化所需的时间，s。

　　除此之外，液压缸的受力还有密封阻力（一般用效率 $\eta = 0.85 \sim 0.9$ 来表示），背压力（可在最后计算时确定）等。

　　若执行机构为液压马达，其负载力矩计算方法与液压缸相类似。

　　C　执行元件的参数确定

　　（1）选定工作压力。当负载确定后，工作压力就决定了系统的经济性和合理性。若工作压力低，则执行元件的尺寸就大，质量也大，完成给定速度所需的流量也大；若压力过高，则密封要求就高，元件的制造精度也就更高，容积效率也就会降低。所以应根据实际情况选取适当的工作压力。执行元件工作压力可以根据总负载值或主机设备类型选取，可参见表 4-3 和表 4-4。

　　（2）确定元件的几何参数。对于液压缸来说，它的几何参数就是有效工作面积 A，对液压马达来说就是排量 V。液压缸有效工作面积由下式求得

$$A = \frac{F}{\eta_{cm} p} \qquad (5-4)$$

式中，F 为液压缸上的外负载，N；η_{cm} 为液压缸的机械效率；p 为液压缸的工作压力，Pa；A 为所求液压缸的有效工作面积，m^2。

　　若执行元件为液压马达，则其排量的计算式为

$$V = \frac{2\pi T}{p \eta_{Mm}} \qquad (5-5)$$

式中，T 为液压马达的总负载转矩，N·m；η_{Mm} 为液压马达的机械效率；p 为液压马达的工作压力，Pa；V 为所求液压马达的排量，m^3/r。

　　排量确定后，可从产品样本中选择液压马达的型号。

　　（3）执行元件最大流量的确定。对于液压缸，它所需的最大流量 Q_{max} 就等于液压缸有效工作面积 A 与液压缸最大移动速度 v_{max} 的乘积，即

$$Q_{max} = A v_{max} \qquad (5-6)$$

　　对于液压马达，它所需的最大流量 q_{max} 应为马达的排量 V 与其最大转数 n_{max} 的乘积，即

$$Q_{max} = V n_{max} \qquad (5-7)$$

　　D　绘制液压执行元件的工况图

　　液压执行元件的工况图指的是压力图、流量图和功率图。

　　（1）工况图的作用。从工况图上可以直观地、方便地找出最大工作压力、最大流量和最大功率，根据这些参数即可选择液压泵及其驱动电动机，同时对系统中所有液压元件的选择也具有指导意义，通过分析工况图，有助于设计者选择合理的基本回路，例如：在工况图上可观察到最大流量维持时间，如这个时间较短则不宜选用一个大流量的定量泵供油，而可选用变量泵或采用泵和蓄能器联合供油的方式。另一方面，利用工况图可以对各阶段的参数进行鉴定，分析其合理性，在必要时还可进行调整，例如，若在工况图中看出

各阶段所需的功率相差较大，为了提高功率应用的合理性，使得功率分配比较均衡，则可在工艺允许的条件下对其进行适当调整，使系统所需的最大功率值有所降低。

（2）工况图的绘制。按照上面所确定的液压执行元件的工作面积（或排量）和工作循环中各阶段的负载（或负载转矩），即可绘制出压力图，如图 5-2（a）所示；根据执行元件的图工作面积（或排量）以及工作循环中各阶段所要求的运动速度（或转速），即可绘制如图 5-2（b）所示的流量图；根据所绘制的压力图和流量图，即可计算出各阶段所需的功率，绘制如图 5-2（c）所示的功率图。

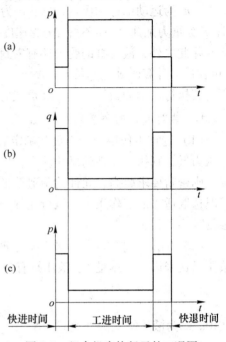

图 5-2　组合机床执行元件工况图
（a）压力图；（b）流量图；（c）功率图

5.1.2　拟定液压系统原理图

液压系统图是整个液压系统设计中最重要的一环，它的好坏从根本上影响整个液压系统。拟定液压系统原理图所需的知识面较广，要综合应用前面的各章内容，一般的方法是：先根据具体的动作性能要求选择液压基本回路，然后将基本回路加上必要的连接措施有机地组合成一个完整的液压系统，拟定液压系统图时，应考虑以下几个方面的问题。

5.1.2.1　液压执行元件的类型

由前面所述内容可知，液压执行元件有提供往复直线运动的液压缸，提供复摆动的摆动缸和提供连续回转运动的液压马达。在设计液压系统时，可按设备所要求的运动情况来选择，在选择时还时应比较、分析，以求设计的整体效果最佳。例如，系统若需要输出往复摆动运动，要实现这个运动，既可采用摆动缸又可使用齿条式液压缸，也可以使用直线往复式液压缸和滑轮钢丝绳传动机构来实现。因此要根据实际情况进行比较、分析，综合考虑做出选择。又如，在设备的工作行程比较长时，为了提高其传动刚性，常采用液压马达通过丝杠螺母机构来实现往复直线运动。此类实例很多，设计时应灵活应用。在实际设计中，液压执行元件的选用往往还受到使用范围的大小和使用习惯的限制。

5.1.2.2　液压回路的选择

在确定了液压执行元件后，要根据设备的工作特点和性能要求，首先确定对主机主要性能起决定性影响的主要回路。例如机床液压系统、调速和速度换接是主要回路；压力机液压系统，调压回路是主要回路等。然后再考虑其他辅助回路，例如有垂直运动部件的系统要考虑平衡回路，有多个执行元件的系统要考虑顺序动作，同步和防干扰回路等。同时也要考虑节省能源，减少发热，减少冲击，保证动作精度等问题。

选择回路时常有可能有多种方案，这时除反复对比外，应多参考或吸收同类型液压系统中使用的并被实践证明是比较好的回路。

5.1.2.3　液压回路的综合

液压回路的综合是把选出来的各种液压回路放在一起，进行归并、整理、再增加一些必要的元件或辅助油路，使之成为完整的液压传动系统，进行这项工作时还必须注意以下几点：

（1）尽可能省去不必要的元件，以简化系统结构。

（2）最终综合出来的液压系统应保证其工作循环中的每个动作都安全可靠，无相互干扰。

（3）尽可能提高系统的效率，防止系统过热。

（4）尽可能使系统经济合理，便于维修检测。

（5）尽可能采用标准元件，减少自行设计的专用件。

5.1.3　液压元件的计算和选择

液压元件的计算，是要计算该元件在工作中承受的压力和通过的流量，以便确定元件的规格和型号。

5.1.3.1　液压泵的计算和选择

先根据设计要求和系统工况确定液压泵的类型，然后根据液压泵的最高供油压力和最大供油量来选择液压泵的规格。

A　确定液压泵的最高工作压力 p_b

液压泵的最高工作压力就是在系统正常工作时泵所能提供的最高压力，对于定量泵系统来说这个压力是由溢流阀调定的，对于变量泵系统来说这个压力是与泵的特性曲线上的流量相对应的。液压泵的最高工作压力是选择液压泵型号的重要依据。

泵的最高工作压力的确定要分两种情况，一是执行机构在运动行程终了，停止时才需最高工作压力的情况（如液压机和夹紧机构中的液压缸）；二是最高工作压力是在执行机构的运动行程中出现的（如机床及提升机等）。对于第一种情况，泵的最高工作压力 p_b 也就是执行机构所需的最大压力 p_1。而对于第二种情况，除了考虑执行机构的压力外还要考虑油液在管路系统中流动时产生的总压力损失，即

$$p_b \geqslant p_1 + \sum \Delta p_1 \tag{5-8}$$

式中，p_1 为执行元件的工作压力，MPa；$\sum \Delta p_1$ 为液压泵的出口至执行机构进口之间的总的压力损失。

总的压力损失包括沿程压力损失和局部压力损失两部分，要准确地估算必须等管路系统及其安装形式完全确定后才能做到，在此只能进行估算，估算时可参考下列经验数据：一般节流调速和管路简单的系统取 $\sum \Delta p_1 = 0.2 \sim 0.5 \text{MPa}$；有调速阀和管路较复杂的系统取 $\sum \Delta p_1 = 0.5 \sim 1.5 \text{MPa}$。

B　确定液压泵的最大供油量 Q_b

液压泵的最大供油量 Q_b 按执行元件工况图上的最大工作流量及回路系统中的泄漏量

来确定，即

$$Q_b \geq K \sum Q_{max} \tag{5-9}$$

式中，K 为考虑系统中有泄漏等因素的修正系数，一般 $K = 1.1 \sim 1.3$，小流量取大值，大流量取小值；$\sum Q_{max}$ 为同时动作的各缸所需流量之和的最大值。

若系统中采用了蓄能器供油时，泵的流量按一个工作循环中的平均值来选取，取

$$Q_b \geq \frac{K}{T} \sum_{i=1}^{n} Q_i \Delta t_i \tag{5-10}$$

式中，K 为工作循环的周期时间；Q_i 为工作循环中第 i 个阶段所需的流量；Δt_i 为第 i 个阶段持续的时间，n 为循环中的阶段数。

C　选择液压泵的规格

根据前面设计计算过程中计算的 p_b 和 Q_b 值，即可从产品样本中选择出合适的液压泵的型号和规格。为了使液压泵工作安全可靠，液压泵应有一定的压力储备量，通常泵的额定压力可比 p_b 高 25%～60%。泵的额定流量则宜与 Q_b 相当，不要超过太多，以免造成过大的功率损失。

D　确定液压泵的驱动功率

当系统中使用定量泵时，视具体工况不同，其驱动功率的计算是不同的。

（1）在工作循环中，如果液压泵的压力和流量比较恒定，可按下式计算液压泵所需驱动功率，即

$$P_{bj} = \frac{p_b Q_b}{\eta_p} \tag{5-11}$$

式中，p_b 为液压泵的最高工作压力，Pa；Q_b 为液压泵的输出流量，m^3/s；η_p 为液压泵的总效率。

（2）在工作循环中，如果液压泵的压力和流量变化较大，则需计算出各个循环内所需功率，然后取平均功率：

$$P_{bj} = \sqrt{\frac{\sum_{i=1}^{n} P_i^2 t_i}{\sum_{i=1}^{n} t_i}} \tag{5-12}$$

式中，t_i 为一个工作循环中第 i 阶段持续的时间；P_i 为各个循环内所需功率。

求出了平均功率后，还要验算每一个阶段电动机的超载量是否在允许的范围内，一般电动机允许短期超载量为 25%。如果在允许超载范围内，即可根据平均功率 P_{bj} 与泵的转速 n 从产品样本中选取电动机。

对于限压式变量系统来说，可按式（5-11）分别计算快速和慢速两种工况时所需驱动功率，计算后，取两者较大值作为选择电动机功率的依据。由于限压式变量泵快速和慢速的转换过程中，必须经过泵流量特性曲线最大功率（拐点）为了使所选择的电动机在经过 P_{max} 点时不致停转，需进行验算，即

$$P_{max} = \frac{p_B q_B}{\eta_p} \leq 2P_n \tag{5-13}$$

式中，p_B 为限压式变量泵调定的拐点压力；q_B 为压力为 p_B 时泵的输出流量；P_n 为所选电动

机的额定功率；η_p 为限压式变量叶片泵的效率。在计算过程中要注意，对于限压式变量叶片泵在输出流量较小时，其效率 η_p 将急剧下降，一般当其输出流量为 $0.2 \sim 1 \text{L/min}$ 时，$\eta_p = 0.03 \sim 0.14$，流量大者取大值。

5.1.3.2 阀类元件的选择

在选择阀类元件时，应注意考虑以下内容：

（1）阀的规格。应根据系统的最高工作压力和通过该阀的最大流量来确定。

选择压力阀时，要考虑调压范围的要求，溢流阀是额定流量应按泵的最大流量来确定。

选择节流阀、调速阀时，应考虑最小稳定流量的要求。

阀的额定流量一般要大于其实际通过流量，必要时允许有 20% 以内的短时间过流量，但不能过大，以免造成太大的压力损失，而使系统发热严重，甚至会使阀的性能变坏。

（2）阀的形式。按安装和操作方式及工作机能等要求来确定。

选择液压阀时，应尽量选择有定型产品的标准件，只在有特殊要求时，才自行设计专用阀件。

5.1.3.3 液压辅助元件的选择

油箱、过滤器、蓄能器、油管、管接头、冷却器等液压辅助元件可按学习情境 4 的任务 4.3 介绍的有关原则选取。

5.1.4 液压系统的性能验算

5.1.4.1 液压系统压力损失的验算

在前面确定液压泵的最高工作压力时提及压力损失，当时由于系统还没有完全设计完毕管道的设置也没有确定，因此只能粗略估算。现在液压系统的元件、安装形式、油管和管接头均可定下来了。所以需验算一下管路系统的总的压力损失，看其是否在前述假设的范围内，借此可以较准确地确定泵的工作压力，较准确地调节变量泵或溢流阀，保证系统的工作性能。若计算结果与前设压力损失的差值较大，则应对原设计进行修正。具体的方法是将计算出来的压力损失代替原设计值，用以下式子重算系统的压力：

（1）当执行元件为液压缸时

$$p_p \geqslant \frac{F}{A_1 \eta_{cm}} + \frac{A_2}{A_1} \Delta p_2 + \Delta p_1 \tag{5-14}$$

式中，F 为作用在液压缸上的外负载；A_1、A_2 为液压缸进、回油腔的有效面积；Δp_1、Δp_2 为进、回油管路的总的压力损失；η_{cm} 为液压缸的机械效率。

计算时要注意，快速运动时液压缸上的外负载小，管路中流量大，压力损失也大；慢速运动时，外负载大，流量小，压力损失也小，所以应分别进行计算。

计算出的系统压力 p_p 值应小于泵额定压力的 75%，因为应使泵有一定的压力储备。否则就应另选额定压力较高的液压泵，或者采用其他方法降低系统的压力，如增大液压缸直径等方法。

（2）当液压执行元件为液压马达时

$$p_p \geqslant \frac{2\pi T}{V\eta_{Mm}} + \Delta p_2 + \Delta p_1 \tag{5-15}$$

式中，V 为液压马达的排量；T 为液压马达的输出转矩；Δp_1、Δp_2 为进、回油管路的压力损失；η_{Mm} 为液压马达的机械效率。

5.1.4.2　液压系统发热温升的验算

液压系统在工作时由于存在各种各样的机械损失、压力损失和流量损失，这些损失大都能转变成为热能，使系统发热、油温升高。油温升高过多会造成系统的泄漏增加，运动件动作失灵，油液变质，缩短橡胶密封圈的寿命等不良后果，所以为了使液压系统保持正常工作，应使油温保持在允许的范围内。

系统中产生热量的元件主要有液压缸、油压泵、溢流阀和节流阀，散热的元件主要是油箱，经一段时间工作后，发热与散热会相等，即达到热平衡，不同的设备在不同的情况下，达到热平衡的温度也不一样，所以必须进行验算。

（1）系统发热量的计算。在单位时间内液压系统的发热量可按下式计算：

$$H = P(1 - \eta) \tag{5-16}$$

式中，P 为液压泵的输入功率，kW；η 为液压系统的总效率，它等于液压泵的效率 η_p、液压回路的效率 η_c 和液压执行元件的效率 η_M 的乘积，即 $\eta = \eta_p \eta_c \eta_M$。

如在工作循环中泵所输出的功率不一样，则可按各阶段的发热量求出系统单位时间的平均发热量：

$$H = \frac{1}{T} \sum_{i=1}^{n} P_i (1 - \eta_i) t_i \tag{5-17}$$

式中，T 为工作循环周期时间，s；t_i 为第 i 工作阶段所持续的时间，s；P_i 为第 i 工作阶段泵的输入功率，kW；η_i 为第 i 工作阶段液压系统的总效率。

（2）系统散热量的计算。在单位时间内油箱的散热量可用下式计算

$$H_0 = hA\Delta t \tag{5-18}$$

式中，A 为油箱的散热面积，m^2；Δt 为系统的温升，℃；$\Delta t = t_1 - t_2$，t_1 为系统达到平衡时的温度，t_2 环境温度；h 为散热系数，$kW/(m^2 \cdot ℃)$。当周围通风较差时，$h = (8 \sim 9) \times 10^3 \ kW/(m^2 \cdot ℃)$；当自然通风好的时候，$h = 15 \times 10^3 \ kW/(m^2 \cdot ℃)$；当风扇冷却时，$h = 23 \times 10^3 \ kW/(m^2 \cdot ℃)$；当循环水冷却时，$h = (110 \sim 170) \times 10^3 \ kW/(m^2 \cdot ℃)$。

（3）系统散热平衡温度的验算。当液压系统达到热平衡温度时有 $H = H_0$，即

$$\Delta t = \frac{H}{hA} \tag{5-19}$$

当油箱的三个边长之比在 1:1:1 ~ 1:2:3 范围内，且油位是油箱高度的 0.8 倍时，其散热面积可近似计算为

$$A = 0.065 \sqrt[3]{V^2} \tag{5-20}$$

式中，A 为散热面积，m^2；V 为油箱有效容积，L。

经式（5-19）计算出来的 Δt 再加上环境温度应不超过液压的最高允许温度，否则必须采取进一步的散热措施。

5.1.5　绘制工作图和编制技术文件

5.1.5.1　绘制工作图

（1）液压系统原理图。图上除画出整个系统的回路之外，还应注明各元件的规格、型号、压力调整值，并给出各执行元件的工作循环图，列出电磁铁及压力继电器的动作顺序表。

（2）集成油路装配图。若选用油路板，应将各元件画在油路板上，便于装配；若采用集成块或叠加阀时，因有通用件，设计者只需选用，最后将选用的产品组合起来绘制成装配图。

（3）泵站装配图。将集成油路装置、泵、电动机与油箱组合在一起画成装配图，标明它们各自之间的相互位置、安装尺寸及总体外形。

（4）画出非标准专用件的装配图及零件图。

（5）管路装配图。标示出油管的走向，注明管道的直径和长度，各种管接头的规格、管夹的安装位置和装配技术要求等。

（6）电气线路图。标示出电动机的控制线，电磁阀的控制线路、压力继电器和行程开关等。

5.1.5.2　编写技术文件

技术文件一般包括：液压系统设计计算说明书，液压系统的使用及维护技术说明书，零部件目录表、标准件通用件及外购件总表等。

任务 5.2　液压系统设计计算举例

本任务以一台上料机的液压传动系统的设计为例。要求驱动它的液压传动系统完成快速上升→慢速上升→停留→快速下降的工作循环，其结构示意图如图 5-3 所示。给定条件见表 5-1。

滑台采用 V 形导轨支撑，其导轨面的夹角为 90°，垂直于导轨的压紧力 $F_N = 60N$。启动加速、减速、制动时间均为 0.5s。液压缸的机械效率 η_m（考虑密封阻力）为 0.91。

（1）运动分析。

图 5-3　上料机结构示意图
1—工作；2—滑台

1）启动阶段，加速度：$a_1 = \dfrac{\Delta v}{\Delta t} = \dfrac{0.045 - 0}{0.5} = 0.09 \text{m/s}^2$

产生的位移：$s_{1-1} = \dfrac{a_1 \Delta t^2}{2} = \dfrac{0.09 \times 0.5^2}{2} = 0.011\text{m} = 11\text{mm}$

表 5-1　给定条件

题　目		数　据
滑台自重		1000N
工件重量		5000N
快速上升	总行程（S_1）	350mm
	匀速段速度（v_1）	45mm/s
慢速上升	总行程（S_2）	100mm
	匀速段速度（v_2）	13mm/s
快速下降	总行程（S_3）	450mm
	匀速段速度（v_3）	55mm/s

2）匀速快上产生的位移：$s_{1-2} = 350 - 11 = 339\text{mm}$

3）减速阶段，加速度：$a_{2-1} = \dfrac{\Delta v}{\Delta t} = \dfrac{0.013 - 0.045}{0.5} = -0.064\text{m/s}^2$

产生的位移：$s_{2-1} = v_1 \Delta t + \dfrac{a_{2-1}\Delta t^2}{2} = 0.045 \times 0.5 + \dfrac{-0.064 \times 0.5^2}{2} = 0.0145\text{m}$

$\qquad\qquad = 14.5\text{mm}$

4）制动阶段，加速度：$a_{2-3} = \dfrac{\Delta v}{\Delta t} = \dfrac{0 - 0.013}{0.5} = -0.026\text{m/s}^2$

产生的位移：$s_{2-3} = v_2 \Delta t + \dfrac{a_{2-3}\Delta t^2}{2} = 0.013 \times 0.5 + \dfrac{-0.026 \times 0.5^2}{2} = 0.00325\text{m}$

$\qquad\qquad = 3.25\text{mm}$

5）匀速慢上产生的位移：$s_{2-2} = 100 - 14.5 - 3.25 = 82.25\text{mm}$

6）反向启动阶段，加速度：$a_{3-1} = \dfrac{\Delta v}{\Delta t} = \dfrac{0.055 - 0}{0.5} = 0.11\text{m/s}^2$

产生的位移：$s_{3-1} = \dfrac{a_{3-1}\Delta t^2}{2} = \dfrac{0.11 \times 0.5^2}{2} = 0.014\text{m} = 14\text{mm}$

7）反向制动阶段，加速度：$a_{3-3} = \dfrac{\Delta v}{\Delta t} = \dfrac{0 - 0.055}{0.5} = -0.11\text{m/s}^2$

产生的位移：$s_{3-3} = v_3 \Delta t + \dfrac{a_{3-3}\Delta t^2}{2} = 0.055 \times 0.5 + \dfrac{-0.11 \times 0.5^2}{2} = 0.014\text{m} = 14\text{mm}$

8）匀速快下产生的位移：$s_{3-2} = 450 - 11 - 14 = 422\text{mm}$

利用以上数据，并在变速段作线性处理后便得到上料机的速度循环图，如图 5-4 所示。

（2）负载分析。

1）工作负载。

$F_L = F_G = (5000 + 1000)\text{N} = 6000\text{N}$

2）摩擦负载。

图 5-4　液压缸速度-位移曲线

由于导轨为夹角 $\theta = 90°$ 的 V 形，垂直于导轨的压紧力分解到垂直于每个摩擦面（共 4 个摩擦面）的正压力为：

$$N = \frac{F_N}{2\sin\frac{\theta}{2}} = \frac{60}{2 \times \sin 45°} = 42.43\text{N}$$

取静摩擦系数 $f_s = 0.2$，动摩擦系数 $f_d = 0.2$，则有

静摩擦负载：

$$F_{fs} = 4N \cdot f_s = 4 \times 42.43 \times 0.2 = 33.94\text{N}$$

动摩擦负载：

$$F_{fd} = 4N \cdot f_d = 4 \times 42.43 \times 0.1 = 16.97\text{N}$$

3）惯性负载。

启动加速

$$F_{a1} = \frac{G\Delta v}{g\Delta t} = \frac{6000 \times 0.045}{9.81 \times 0.5} = 55.05\text{N}$$

减速

$$F_{a2} = \frac{G\Delta v}{g\Delta t} = \frac{6000}{9.81} \times \frac{0.013 - 0.045}{0.5} = -39.14\text{N}$$

制动

$$F_{a3} = \frac{G\Delta v}{g\Delta t} = \frac{6000}{9.81} \times \frac{0 - 0.013}{0.5} = -15.90\text{N}$$

反向启动加速

$$F_{a4} = \frac{G\Delta v}{g\Delta t} = \frac{6000}{9.81} \times \frac{0.055}{0.5} = 67.28\text{N}$$

反向制动

$$F_{a5} = -F_{a4} = -67.28\text{N}。$$

根据以上计算，考虑到液压缸垂直安放，其重量较大，为防止因自重而自行下滑，系统中应设置平衡回路。因此在对快速向下运动的负载分析时，就不考虑滑台的重量。液压缸各阶段中的负载见表 5-2。

表 5-2 液压缸各阶段中的负载

工　况	计算公式	负载 F_i/N
启　动	$F_1 = F_L + F_{fd} + F_{a1}$	6088.99
匀速快上	$F_2 = F_L + F_{fd}$	6016.97
减　速	$F_3 = F_L + F_{fd} - F_{a2}$	5977.83
匀速慢上	$F_4 = F_L + F_{fd}$	6016.97
制　动	$F_5 = F_L + F_{fd} - F_{a3}$	6001.07
反向启动	$F_6 = F_{fd} + F_{a4}$	101.22
匀速快下	$F_7 = F_{fd}$	16.97
反向制动	$F_8 = F_{fd} + F_{a5}$	-50.31

利用以上数据，并利用速度分析中求出的位移计算结果，可画出负载循环图，如图 5-5 所示。

（3）初步拟定液压系统图。液压系统图的拟定，主要是考虑以下几个方面的问题：

1）供油方式。从工况图分析可知，该系统在快上和快下时所需流量较大，且比较接近，在慢上时所需要的流量较小因此从提高系统的效率，节省能源的角度考虑，采用单个定量泵的供油方式显然是不合适的，宜用双联式定量叶片泵作为油源。

图 5-5　液压缸负载-位移曲线

2）调速回路。由工况图可知，该系统在慢速时速度需要调节，考虑到系统功率小，滑台运动速度低工作负载小，所以采用调速阀的回油节流调速回路。

3）速度换接回路。由于快上和慢上之间速度之间需要换接，但对换接的位置要求不高，所以采用由行程开关发讯控制二位二通电磁阀来实现速度的换接。

4）平衡及锁紧。为防止在上端停留时重物下落和停留期间内保持重物的位置，特在液压缸的下腔（无杆腔）进油路上设置了液控单向阀；另一方面，为了克服滑台自重在快下中的影响，设置了单向背压阀。

本液压系统的换向采用三位四通 Y 型中位机能的电磁换向阀，图 5-6 所示为拟定的液压系统原理图。

工况	1YA	2YA	3YA
快上	−	+	−
慢上	−	+	+
快下	+	−	−
停止	−	−	−

图 5-6　液压系统原理图

（4）液压缸主要参数的确定。

1）初选液压缸的工作压力。根据分析设备的负载不大，按类型属机床类，所以初选液压缸的工作压力为2.0MPa。

2）计算液压缸的尺寸。考虑到机械效率 η_m（取 $\eta_m = 0.91$）的影响，则液压缸的最大推力：

$$F_{max} = F_{i\,max}/\eta_m = 6088.99/0.91 = 6691.2\text{N}$$

活塞的有效工作面积：

$$A = \frac{F_{max}}{p} = \frac{6691.2}{20 \times 10^5} = 33.46 \times 10^{-4}\ \text{m}^2$$

则活塞的直径：$D = \sqrt{\dfrac{4A}{\pi}} = \sqrt{\dfrac{4 \times 33.46 \times 10^{-4}}{\pi}} = 6.52 \times 10^{-2}\ \text{m}$

按标准取 $D = 63\text{mm}$。

根据快上和快下的速度比值来确定活塞杆的直径，由式（4-17）、式（4-19）两速度比 ψ 可推出：

$$\frac{D^2}{D^2 - d^2} = \psi = \frac{55}{45}$$

则可得活塞杆的直径为26.86mm，按标准取 $d = 25\text{mm}$，则液压缸的有效作用面积为：

无杆腔有效工作面积

$$A_1 = \frac{1}{4}\pi D^2 = \frac{1}{4}\pi \times 63^2 = 3117\text{mm}^2$$

有杆腔有效工作面积

$$A_2 = \frac{1}{4}\pi(D^2 - d^2) = \frac{1}{4}\pi \times (63^2 - 25^2) = 2626\text{mm}^2$$

（5）液压缸的工况。

1）液压缸的各工作阶段的流量。液压缸快上时，所需理论流量为：

$Q_{快上} = A_1 \times v_{快上} = 31.17 \times 10^{-4} \times 45 \times 10^{-3} = 140.27 \times 10^{-6}\text{m}^3/\text{s} = 8.42\text{L/min}$

液压缸慢上时，所需理论流量为：

$Q_{慢上} = A_1 \times v_{慢上} = 31.17 \times 10^{-4} \times 13 \times 10^{-3} = 40.52 \times 10^{-6}\ \text{m}^3/\text{s} = 2.43\text{L/min}$

液压缸快下时，所需理论流量为：

$Q_{快下} = A_2 \times v_{快下} = 26.26 \times 10^{-4} \times 55 \times 10^{-3} = 144.43 \times 10^{-6}\ \text{m}^3/\text{s} = 8.67\text{L/min}$

2）液压缸的各工作阶段的压力计算。在考虑方向阀、节流阀、管路的压力损失的情况下，近似取系统背压为0.5MPa。液压缸各阶段的所需工作压力计算如下。

液压缸启动时，所需压力为：

$$p_1 = \frac{F_1}{A_1\eta_m} + 0.5 = \frac{6088.99}{3117 \times 0.91} + 0.5 = 2.65\text{MPa}$$

液压缸匀速快上时，所需压力为：

$$p_2 = \frac{F_2}{A_1\eta_m} + 0.5 = \frac{6016.97}{3117 \times 0.91} + 0.5 = 2.62\text{MPa}$$

液压缸减速时，所需压力为：

$$p_3 = \frac{F_3}{A_1 \eta_m} + 0.5 = \frac{5977.83}{3117 \times 0.91} + 0.5 = 2.61 \text{MPa}$$

液压缸匀速慢上时，所需压力为：

$$p_4 = \frac{F_4}{A_1 \eta_m} + 0.5 = \frac{6016.97}{3117 \times 0.91} + 0.5 = 2.62 \text{MPa}$$

液压缸制动时，所需压力为：

$$p_5 = \frac{F_5}{A_1 \eta_m} + 0.5 = \frac{6001.07}{3117 \times 0.91} + 0.5 = 2.61 \text{MPa}$$

液压缸反向启动时，所需压力为：

$$p_6 = \frac{F_6}{A_2 \eta_m} + 0.5 = \frac{101.22}{2626 \times 0.91} + 0.5 = 0.54 \text{MPa}$$

液压缸匀速快下时，所需压力为：

$$p_7 = \frac{F_7}{A_2 \eta_m} + 0.5 = \frac{16.97}{2626 \times 0.91} + 0.5 = 0.507 \text{MPa}$$

液压缸反向制动时，所需压力为：因负载为 0，所以 $p_8 = 0.5 \text{MPa}$。

3）液压缸各工作阶段所需功率计算。

液压缸启动时，所需功率为：

$$P_1 = p_1 \times Q_1 = 2.65 \times 10^6 \times 8.42 \times 10^{-3}/60 = 371.8 \text{W}$$

液压缸匀速快上时，所需功率为：

$$P_2 = p_2 \times Q_1 = 2.62 \times 10^6 \times 8.42 \times 10^{-3}/60 = 367.7 \text{W}$$

液压缸减速时，所需功率为：

$$P_3 = p_3 \times Q_1 = 2.61 \times 10^6 \times 2.43 \times 10^{-3}/60 = 105.7 \text{W}$$

液压缸匀速慢上时，所需功率为：

$$P_4 = p_4 \times Q_2 = 2.62 \times 10^6 \times 2.43 \times 10^{-3}/60 = 106.1 \text{W}$$

液压缸制动时，所需功率为：

$$P_5 = p_5 \times Q_1 = 2.61 \times 10^6 \times 2.43 \times 10^{-3}/60 = 105.7 \text{W}$$

液压缸反向启动时，所需功率为：

$$P_6 = p_6 \times Q_3 = 0.54 \times 10^6 \times 8.67 \times 10^{-3}/60 = 78.0 \text{W}$$

液压缸匀速快下时，所需功率为：

$$P_7 = p_7 \times Q_3 = 0.507 \times 10^6 \times 8.67 \times 10^{-3}/60 = 73.3 \text{W}$$

液压缸反向制动时，所需功率为：

$$P_8 = p_8 \times Q_3 = 0.5 \times 10^6 \times 8.67 \times 10^{-3}/60 = 72.3 \text{W}$$

4）绘制工况图。工作循环中各个工作阶段的液压缸压力、流量和功率见表 5-3。由表 5-3 可绘制出液压缸的工况图，如图 5-7 所示。

（6）液压元件的计算和选择。

1）液压缸的计算。前面已求出液压缸的活塞直径 $D = 63 \text{mm}$、活塞杆直径 $d = 25 \text{mm}$。

①液压缸的有效行程设计为 $L = 450 \text{mm}$。

②确定缸体壁厚 δ 和缸体外径 D_1。

表 5-3　液压缸各工作阶段的压力流量和功率

工　况	压力 p/MPa	流量 $Q/\text{L}\cdot\text{min}^{-1}$	功率 P/W
启　动	2.65	$0\rightarrow8.42$	$0\rightarrow371.8$
匀速快上	2.62	8.42	367.7
减　速	2.61	2.43	105.7
匀速慢上	2.62	2.43	106.1
制　动	2.61	$2.43\rightarrow0$	$105.7\rightarrow0$
反向启动	0.54	8.67	78.0
匀速快下	0.507	8.67	73.3
反向制动	0.5	$8.67\rightarrow0$	$72.3\rightarrow0$

图 5-7　液压缸的工况图

因最大工作压力

$$p_{\max} = 1.5p_n = 1.5 \times 2.65 = 3.975\text{MPa}$$

式中，p_n 为液压缸的额定压力，在此取最大计算压力为 2.65MPa。

缸体采用 45 钢，取屈服强度 $\sigma_s = 350\text{MPa}$，取安全系数 $n_s = 2.5$，则缸筒材料许用应力：

$$[\sigma] = \sigma_s/n_s = 350/2.5 = 140\text{MPa}$$

将以上数据带入式（4-28）（参见学习情境 4），有：

$$\delta \geqslant \frac{p_{\max}D}{2[\sigma]} = \frac{3.975 \times 63}{2 \times 140} = 0.89\text{mm}$$

按热轧无缝钢管系列，并考虑到一定的刚性，取缸筒壁厚 $\delta = 5\text{mm}$，则缸体外径 $D_1 = 73\text{mm}$。

③活塞杆稳定的校核。

因为液压缸有效行程为450mm，因此活塞杆总行程为450mm，可见活塞杆的最小长度应大于450mm。取活塞杆的长度 $l = 500\text{mm}$，而活塞杆直径为25mm，$l/d = 500/25 = 20 > 10$，需要进行稳定性校核，由材料力学中的公式，根据液压缸一端铰接取末端系数 $\varphi_2 = 2$，活塞杆材料用普通碳钢则：材料强度试验值 $f = 4.9 \times 10^8 \text{Pa}$，系数 $\alpha = 1/5000$，柔性系数 $\varphi_1 = 85$，而活塞杆横截面的最小回转半径：

$$r_k = \sqrt{\frac{J}{A}} = \frac{d}{4} = 6.25$$

因为　　　　　　　　　　$\frac{l}{r_k} = 72 < \varphi_1 \sqrt{\varphi_2} = 85\sqrt{2} = 120$

所以其临界载荷 F_k

$$F_k = \frac{fA}{1 + \frac{a}{\varphi_2}\left(\frac{l}{r_k}\right)^2} = \frac{4.9 \times 10^8 \times \frac{\pi}{4} \times 25^2 \times 10^{-6}}{1 + \frac{1}{2 \times 5000}\left(\frac{500}{6.25}\right)^2} = 375634.8\text{N}$$

当安全系数 $n_k = 4$ 时

$$\frac{F_k}{n_k} = \frac{375634.8}{4} = 93908.7\text{N}$$

由于最大负载 $F_2 = 6072.02$，因此有：$F_2 \leqslant \dfrac{F_k}{n_k}$，所以，满足稳定性条件。

2）液压泵和电动机的选择。

①液压泵的选择。工作液压缸的最高工作压力为 $p_{max} = 2.65\text{MPa}$。

工作最大流量为 $Q_{max} = 8.67\text{L/min}$，取泄漏修正系数为1.3，则液压系统所需最大流量根据式（5-9）为：$Q_b \geqslant K\sum Q_{max} = 8.67 \times 1.3 = 11.27\text{L/min}$。

因此可取额定压力为6.3MPa的双联叶片泵，型号为YB1-10/6，规格为6.3MPa，10/6 液压泵的最高工作压力，转速为910r/min。

②电机的选择。电机根据液压系统所需的最大功率来选择电机。由于液压缸所需的功率最大为 $p_{max} = 371.8\text{W}$，考虑到机械效率和留有一定的安全裕量的因素，因此选取电机功率为750W。电机转速与液压泵匹配，转速为910r/min，型号为Y90s-6。

3）其余液压元器件的选择。

①根据液压系统的最大工作压力和最大流量，以及其实现的功能，选择液压控制阀、压力表、滤油器等。

②油箱容积的确定：

$$V_{容} = 6 \times Q_h = 6 \times 11.27 = 67.62\text{L} \approx 70\text{L}$$

③油管参数尺寸的确定。根据式（4-43）有：

$$d_{管} \geqslant 2\sqrt{\frac{q}{\pi v}} = 2\sqrt{\frac{8.67 \times 10^{-3}}{4\pi \times 60}} = 0.007\text{m} = 7\text{mm}$$

取油管公称通径为10mm。

根据式 (4-44)，油管壁厚：

$$\delta \geqslant \frac{pd}{2\sigma_b} = \frac{2.65 \times 10}{2 \times 25} = 0.53\,\text{mm}$$

式中，σ_b 为铜管的抗拉强度，取为 25MPa。取铜管壁厚为 1mm。

④滤油器的确定。根据油路总流量确定。上料机液压系统的设备和元器件的选用见表5-4。

表5-4 上料机液压系统的设备和元器件的选用

设备及元件名称	型　号	规　格	数　量
双联定量叶片泵	YB$_1$-10/6	6.3MPa，10/6mL/r	1
溢流阀	YF3-10B	6.3MPa，63L/min，通径10mm	1
三位四通换向阀	34D$_1$H-B10C	14MPa，30L/min，通径10mm	1
二位二通换向阀	22D$_1$H-B10C	14MPa，40L/min，通径10mm	2
节流阀	LF-B10	14MPa，25L/min，通径10mm	1
单向阀	DIF-L10H$_1$	31MPa，40L/min，通径10mm	1
压力表	Y-60	0～10MPa，通径8mm	1
滤油器	WU-25×180	25L/min，通径15mm	1
电动机	Y90$_s$-6	750W，910r/min	1
液压缸	自行设计		1
油　管		公称通径10mm，壁厚1mm	—

（7）液压系统的性能验算

1）压力损失及调定压力的确定。由于快上时压力和流量均较大，因而以快进为依据来计算卸荷阀和溢流阀的调定压力，此时油液在进油管中的流速为

$$v = \frac{Q_b}{A_{\text{管}}} = \frac{8.42 \times 10^{-3}}{\frac{\pi}{4} \times 10^2 \times 10^{-6} \times 60} = 1.79\,\text{m/s}$$

①沿程压力损失。首先要判别管中的流态，设系统采用 N32 液压油。室温为 20℃，则

$$\gamma = 1.0 \times 10^{-4}\,\text{m}^2/\text{s}$$

所以有：

$$Re = vd/\nu = 1.79 \times 10 \times 10^{-3}/1.0 \times 10^{-4} = 179 < 2320$$

管中为层流，则阻力损失系数

$$\lambda = 75/179 = 0.42$$

若取进、回油管长度均为 2m，油液的密度为 $\rho = 890\text{kg/m}^3$，则其进油路上的沿程压力损失为

$$\Delta p_l = \lambda \frac{l\rho}{d} \frac{v^2}{2} = 0.42 \times \frac{2 \times 890}{10 \times 10^{-3}} \times \frac{1.79^2}{2} = 119769\,\text{Pa} = 0.120\,\text{MPa}$$

②局部压力损失。局部压力损失包括液流方向和断面发生变化引起的局部压力损失 Δp_r，和流经液压件的局部压力损失。前者的计算繁琐，计算准确性差，一般取沿程压力

损失的 10%；而后者主要为通过阀的压力损失，与阀的种类有关，在慢下工作阶段，阀的局部压力损失较大，各阀的压力损失之和 Δp_v 可近似计算为：

$$\Delta p_v = 2 \times \Delta p_{v四通} + 2 \times \Delta p_{v单向} + \Delta p_{v节流} = 2 \times 1.0 \times 10^5 + 2 \times 1 \times 10^5 + 2 \times 10^5$$
$$= 6 \times 10^5 \text{Pa} = 0.6 \text{MPa}$$

式中，$\Delta p_{v四通}$ 为流经四通电磁阀的压力损失；$\Delta p_{v单向}$ 为流经单向阀的压力损失；$\Delta p_{v节流}$ 为流经节流阀的压力损失。所以油路上的局部压力损失为：

$$\Delta p_\zeta = \Delta p_r + \Delta p_v = 0.12 \times 0.1 + 0.6 = 0.61 \text{MPa}$$

③总的压力损失。由上面的计算所得可求出

$$\Delta p_\Sigma = \Delta p_l + \Delta p_\zeta = 0.12 + 0.61 = 0.73 \text{MPa}$$

以下应用计算出的结果来确定系统中压力调定值。

④求压力阀的调定值。双联泵系统中溢流阀的调定值应该满足快进要求，保证双泵同时向系统供油，因而溢流阀的调定值应略大于快进时泵的供油压力。

$$p_{xh} \geqslant p_1 + \Delta p_\Sigma = 2.65 + 0.73 = 3.38 \text{MPa}$$

所以卸荷阀的调压力应取 3.4MPa 为宜。

溢流阀的调定压力应大于卸荷阀调定压力 0.3～0.5MPa，所以取溢流阀调定压力为 3.8MPa。

背压阀的调定压力以平衡滑台自重为根据，即

$$p_背 \geqslant \frac{1000}{31.17 \times 10^{-4}} = 3.2 \times 10^5 \text{Pa} = 0.32 \text{MPa}$$

即 $p_背 = 0.4 \text{MPa}$。

2）系统的发热与温升。根据以上的计算可知，在快上时电动机的输入功率为

$$P_{p快} = \frac{p_1 Q_1}{\eta_p} = \frac{2.62 \times 10^6 \times 8.42 \times 10^{-3}}{0.75 \times 60} = 490.23 \text{W}$$

式中，η_p 为叶片泵的效率，取为 0.75。

而慢上时电动机输入功率

$$P_{p慢} = \frac{p_4 Q_2}{\eta_p} = \frac{2.62 \times 10^6 \times 2.43 \times 10^{-3}}{0.75 \times 60} = 141.48 \text{W}$$

而快上时其有用功率为：

$$P_{p有} = F_{负载} v_1 = 6000 \times 45 \times 10^{-3} = 270 \text{W}$$

慢上时的有用功率为：

$$P_{p有} = F_{负载} v_1 = 6000 \times 13 \times 10^{-3} = 78 \text{W}$$

所以快上时的功率损失为 220.23W，慢上时的功率损失 63.48W，现以较大的值来校核其热平衡，求出发热温升。

设油箱的三个边长在 1:1:1～1:2:3 范围内，则散热面积为

$$A = 0.065 \sqrt[3]{70^2} = 1.104 \text{m}^2$$

假设通风良好，取 $h = 15 \times 10^{-3} \text{kW/(m}^2 \cdot \text{℃)}$，所以油液的温升为

$$\Delta t = \frac{H}{hA} = \frac{220.23 \times 10^{-3}}{15 \times 10^{-3} \times 1.104} = 13.30 \text{℃}$$

室温为 20℃，热平衡温度为 36.71～65℃，没有超出允许范围。

（8）绘制工作图及编写技术文件此项内容在此略去。

思考与练习

5-1 设计一个液压系统一般应有哪些步骤，要明确哪些要求？

5-2 设计液压系统要进行哪些方面的计算？

5-3 液压系统的结构设计一般包括哪些内容？

学习情境 6 气压传动技术技能训练

任务 6.1 气压传动基础知识

【任务描述】

通过对气压传动工作原理的讲解及气压传动基础知识的介绍，掌握气压系统的工作原理，掌握气压元件的结构原理及应用，掌握气压基本回路的应用。

【学习及素养目标】

(1) 掌握气压传动的工作原理。
(2) 掌握气压元件的工作过程及原理。
(3) 掌握气压基本回路的应用。
(4) 学会阅读、分析气动系统图。
(5) 具备团队意识、诚信品质、敬业精神、遵纪守法意识、文明礼貌生产素质。

【所需知识】

6.1.1 气压传动基本知识

气压传动或气动技术全称是气压传动与控制，简称为气动，是以空气压缩机为动力源，以压缩空气为工作介质，进行能量传递或信号传递的工程技术，是实现传递与控制的重要手段之一。

6.1.1.1 气压传动系统的工作原理及组成

A 气压传动系统的工作原理

如图 6-1 所示的气压剪切机工作原理图，图示位置是预备状态。空气压缩机 1 产生的压缩空气，经过冷却器 2、油水分离器 3 进行降温及初步净化后，送入储气罐 4 备用；压缩空气从储气罐引出先经过分水滤气器 5 再次净化，然后经减压阀 6、油雾器 7 和气控换向阀 9 到达气缸 10。此时换向阀下腔的压缩空气将阀芯推到上位，使气缸上腔充压，活塞处于下位，剪切机的剪口张开，处于预备工作状态。当送料机构将工料 11 送入剪切机并送到规定位置时，工料将行程阀 8 的阀芯向右推动，行程阀将换向阀 9 下腔与大气相通。换向阀的阀芯在弹簧的作用下移到下位，将气缸上腔与大气相通，下腔与压缩空气连通。压缩空气推动活塞带动剪刀快速向上运动将工料切下。工料被切下后与行程阀脱开行程阀芯在弹簧作用下复位，将排气通道封闭。换向阀下腔压力上升，阀芯移至上位，使气路换向。气缸下腔排气，上腔进入压缩空气，推动活塞带动剪刀向下运动，系统又恢复到图示

图 6-1　气压剪切机的工作原理图

的预备状态，等待第二次进料剪切。气路中行程阀的安装位置可根据工料的长度进行左右调整。换向阀是根据行程阀的指令来改变压缩空气的通道时气缸活塞实现往复运动的。气缸下腔进入压缩空气时，活塞向上运动将压缩空气的压力能转换为机械能切断工料。此外，还可以根据实际需要，在气路中加入流量控制阀，控制剪切机构的运动速度。图 6-2 所示是气压剪切机用图形符号表示的工作原理图。

图 6-2　气压剪切机图形符号
1—空气压缩机；2—冷却器；3—油水分离器；4—储气罐；5—分水滤气器；6—减压器；
7—油雾器；8—行程阀；9—气控换向阀；10—气缸；11—工料

　　气压剪切机是一个气压传动系统。从其工作过程看出，气压传动与液压工作原理相似，它们都是利用流体（压缩空气或液压油）作为传动介质，将原动机供给的机械能转变为压力能，传动介质经辅助元件及控制元件进入执行元件，再将传动介质的压力能转换成机械能做功，从而驱动工作机构，实现各种机械量的输出（力、速度、位移等）。

　　B　气压传动系统的组成

由图 6-1 可知，气压传动系统主要由以下四部分组成。

（1）气源装置。向气动系统提供干燥、纯洁压缩空气的装置称为气源装置。其主体是空气压缩机。它将原动机的机械能转化为空气压力能的装置，即产生压缩空气的设备。

（2）执行元件。它是将压缩空气的压力能转变成机械能的元件，一般指气缸和气马达。

（3）控制元件。它是在气压传动系统中，用来控制和调节压缩空气的压力、流量和流动方向的，从而保证执行元件完成所要求的运动，如各种压力控制阀、流量控制阀、方向控制阀和逻辑元件等。

（4）辅助元件。它是用来保持压缩空气清洁、干燥、消除噪声以及提供润滑等作用，以保证气动系统正常工作，如过滤器、干燥器、消声器、油雾器、管件等。

6.1.1.2　气动技术应用现状及特点

A　气压传动的应用现状

气动技术相对机械传动来说是一门较新的技术。气动技术目前的应用相当广泛，许多机器设备中装有气动系统，气动技术与现代社会中人们的日常生活、工农业生产、科学研究活动的关系密切，已成为现代机械设备和装置中的基本技术构成，在尖端技术领域如现代控制工程及国防自动化，气动技术也占据着重要的地位。表 6-1 列出了气压传动在各种行业中的一般应用。

表 6-1　气压传动在各种行业中的一般应用

行业名称	应用举例
机械制造	组合机床、剪板机、自动生产线、工业机械手
工程机械	压路机、挖掘机、装载机、推土机
轻工机械	打包机、自动计量、灌装机、注塑机
纺织机械	印染机、织布机、抛砂机
气动工具	凿岩机、气扳机、气动搅拌机、空气铆钉枪
造船工业	防爆控制、气垫船
冶金工业	转炉、轧钢机、压力机
农林牧机械	杂草控制设备、屠宰设备、温室通风设备、收割机

总之，现代实用气动技术是以气动自动化为主体，将机械自动化、电气自动化，有些场合还将液压自动化，紧密结合成一体的一种最先进的传动与控制技术。其应用领域已不局限于普通机械、机床、汽车等一般工业领域，还迅速向有超干燥、超洁净、高真空、节能环保、高速、高频、高精度、小型、轻量等要求的电子半导体、生命科学、食品饮料、精密机械等众多领域扩展。

B　气动技术特点

综合各方面因素，气动技术之所以能得到如此迅速的发展和广泛的应用，是由于它具有如下优点：

（1）工作介质是空气，来源方便，取之不尽，使用后直接排入大气而不污染环境，不需要设置专门的回气装置。

（2）空气的黏度很小，所以流动时压力损失较小，节能高效，适用于集中供应和远距离输送。

（3）气动动作迅速，反应快，维护简单，调节方便，特别适合于一般设备的控制。

（4）工作环境适应性好。特别适合在易燃、易爆、潮湿、多尘、振动、辐射等恶劣条件下工作，外泄漏不污染环境，在食品、轻工、纺织、印刷、精密检测等环境中最为适宜。

（5）成本低，过载能自动保护。

气动系统的主要缺点：

（1）空气具有可压缩性，不易实现准确的速度控制和很高的定位精度，负载变化时对系统的稳定性影响较大。

（2）空气的压力较低，只适用于压力较小的场合。

（3）气动装置的噪声大，高速排气时要加消声器。

（4）空气无润滑性能，故在气路中应设置给油润滑装置。

6.1.2　气源装置及辅助元件

向气动系统提供清洁、干燥的压缩空气的装置称为气源装置。其主体是空气压缩机（简称空压机）。一般的气源装置由三部分组成：空压机，存储、净化压缩空气的设备，连接传输压缩气体的管路及其他辅件。

6.1.2.1　气源装置

A　空气压缩机

空气压缩机（简称空压机）是气动系统的动力源，它是把电动机输出的机械能转换成气体压力能的能量转换装置。

a　空气压缩机的分类

空压机种类很多，可按工作原理、输出压力高低、输出流量大小以及结构形式、性能参数等进行分类。

（1）按工作原理可分为容积式和速度式空压机两类。在容积式空压机中，气体压力的提高是由于空压机内部的工作容积被缩小，使单位体积内的气体分子密度增加而形成的；在速度式空压机中，气体压力的提高是由于气体分子在高速流动时突然受阻而停滞下来，使动能转化为压力能而达到的。容积式空压机又因其结构的不同可分为活塞式、膜片式和螺杆式等；速度式空压机按其结构不同可分为离心式和轴流式等。一般常用活塞式空压机（容积式空压机）。

（2）按输出压力可分为低压空压机（$0.2\text{MPa} < p < 1.0\text{MPa}$）、中压空压机（$1.0\text{MPa} < p < 10\text{MPa}$）、高压空压机（$10\text{MPa} < p < 100\text{MPa}$）和超高压空压机（$p > 100\text{MPa}$）。

（3）按输出的流量分为微型（$0.2\text{m}^3/\text{min} < q < 1.0\text{m}^3/\text{min}$）、小型（$1\text{m}^3/\text{min} < q < 10\text{m}^3/\text{min}$）中型（$10\text{m}^3/\text{min} < q < 100\text{m}^3/\text{min}$）和大型（$q > 100\text{m}^3/\text{min}$）四种空压机。

b　空气压缩机的工作原理

在容积式空气压缩机中，最常用的是活塞式空压机，活塞式空压机是通过曲柄连杆机构使活塞作往复运动而完成吸气、压气，并达到提高气体压力的目的。

图 6-3 所示为活塞式空压机。当活塞 3 向右移动时，气缸内活塞左腔容积增大，其压力低于大气压力，吸气阀 9 被打开，空气在大气压力的作用下进入气缸 2 左腔，这一过程称为吸气过程；当活塞向左移动时，气缸 2 左腔气体被压缩，压力升高，吸气阀 9 在缸内压缩气体的作用下关闭，排气阀 1 被打开，压缩空气排出，缸内气体被压缩，这一过程称为为排气过程。活塞 3 的往复动作是由电动机带动曲柄 8 转动，通过连杆 7、滑块 5、活

塞杆 4 转化成直线往复运动而产生的。

图 6-3　卧式空气压缩机工作原理

1—排气阀；2—气缸；3—活塞；4—活塞杆；5—滑块；

6—滑道；7—连杆；8—曲柄；9—吸气阀

　　c　空气压缩机选择

　　多数气动装置是断续工作的，且负载波动较大，因此，首先应按空压机的特性要求，选择空压机类型；再依据气压传动系统所需的工作压力和流量两个主要参数确定空压机的输出压力 p 和吸入流量 q，最终选取空压机的型号。

　　（1）空压机的输出压力 p

$$p = p_{\max} + \sum \Delta p \qquad\qquad (6\text{-}1)$$

式中，p 为空压机的输出压力，MPa；$p_{\max}$ 为气动执行元件的最高使用压力，MPa；$\sum \Delta p$ 为气动系统总的压力损失，MPa，一般取 $\sum \Delta p = 0.15 \sim 0.2\,\text{MPa}$。

　　（2）空压机的吸入流量 q

$$q = kq_{\max} \qquad\qquad (6\text{-}2)$$

式中，q 为空压机的吸入流量，m^3/s；$q_{\max}$ 为气动系统的最大耗气量，m^3/s；k 为漏气修正系数，一般取 $k = 1.5 \sim 2.0$。

　　气压传动系统常用工作压力为 $0.5 \sim 0.8\,\text{MPa}$，选用额定输出压力 $0.7 \sim 1.0\,\text{MPa}$ 的低压空气压缩机。特殊需要时也可依公式计算空压机的输出压力 p 而选用中压、高压或超高压的空气压缩机，请查询相关的设计手册。

　　在确定空压机的额定排气量时，应满足各种气动设备所需的最大耗气量（应转变为平均自由空气耗气量）之和。

　　B　气源净化装置

　　由空压机产生的压缩空气，含有大量的水分、油分和粉尘杂质等，必须经过降温、净化等一系列处理，以提高压缩空气的质量，再经过减压阀调节系统所需压力，才能供给气动控制元件和执行元件使用。一般的气源净化装置有后冷却器、油水分离器、空气干燥器、储气罐等。

　　a　后冷却器

　　后冷却器（简称冷却器）安装在空压机输出管路上，其作用是将空压机出口排出的压缩空气温度由 $140 \sim 170℃$ 降至 $40 \sim 50℃$，并使其中大部分的水蒸气和油雾气凝结成液态，以便经油水分离器析出，防止相关装置损坏而影响气动系统正常工作。冷却器主要有风冷式和水冷式两种。一般采用水冷散热方式，其结构形式有蛇管式、套管式、列管式和散热片式等。如图 6-4 所示。

图 6-4　几种常见冷却器

（a）蛇管式冷却器；（b）列管式冷却器；（c）套管式冷却器；（d）职能符号

　　风冷式冷却器是靠风扇产生的冷空气吹向带散热片的热气管道来降低压缩空气的温度的。它不需要循环冷却水，使用维护方便，但处理的压缩空气量小，且经冷却后的压缩空气出口温度比冷空气温度高 15℃ 左右。

　　水冷式后冷却器是通过强迫冷却水沿压缩空气流动方向的相反方向流动来进行冷却的，压缩空气的出口温度比冷却水温度高 10℃ 左右。通常使用间接式水冷冷却器。安装时需特别注意压缩空气和冷却水的流动方向。

　　如图 6-4（a）所示为蛇管式后冷却器，主要由一只蛇管状空心盘管和一只盛装此盘的圆筒组成。蛇状盘管可用铜管或钢管弯曲制成，蛇管的表面积也是该冷却器的散热面积。由空气压缩机排出的热空气从蛇管上部进入，从下方出口排出；冷却水在管外水套中流动，通过蛇形管表面带走热量，从而降低管中空气的温度。这种冷却器结构简单，使用维护方便，因而被广泛用于流量较小的场合。列管式和套管式如图 6-4（b）和图 6-4（c）所示，二者工作情况分别在图中标出，这两种结构的冷却器适用于范围较小的场合。

　　b　油水分离器

　　油水分离器（又称除油器）安装在后冷却器出口管道上，其作用是分离与去除压缩空气中冷凝的水滴和油滴及粉尘等杂质，使压缩空气得到初步的净化。其结构形式有撞击折回式、环形回转式、水浴式、离心旋转式等。

　　图 6-5 所示为撞击折回式油水分离器及职能符号。当压缩空气由进气管输入口进入分离器壳体后，气流先受到隔板的阻挡，被撞击而折回向下（如图中箭头所示方向）；之后又上升并产生环形回转，最后从输出管口排出。与此同时，在压缩空气中凝聚的水滴、油滴等杂质，受惯性力作用而分离析出，沉降于壳体底部，由排污阀定期排出。

c 储气罐

储气罐的作用是储存一定数量的压缩空气,调节用气量以备空压机发生故障和临时应急用;消除压力脉动,保证连续、稳定的气流输出;减弱空压机排气压力脉动引起的管道振动;进一步分离压缩空气中的水分和油分。

储气罐一般采用圆筒状焊接结构,有立式和卧式两种,多以立式放置。如图 6-6 所示为立式储气罐结构示意图及职能符号。进气口在下,出气口在上,并应尽可能加大两管口的间距,以利于充分分离空气中的油水等杂质。罐高 H 为罐内径 D 的 2～3 倍。储气罐上设置有安全阀,应调整其极限压力比正常工作压力高 10%;装设有压力表以显示罐内空气压力;装设有清洗入孔或手孔,以便清理检查内部;底部设置排放油、水的接管和阀门,并定时排放。贮气罐应布置在室外、人流较少处和阴凉处。

图 6-5 撞击折回式油水分离器
1—支架;2—隔板;3—输出管;4—进气管;
5—栅板;6—放油水阀

图 6-6 立式储气罐

目前,在气压传动中后冷却器、除油器和储气罐三者一体的结构形式已被采用,这使空气压缩站的辅助设备大为简化。

d 空气干燥器

压缩空气经后冷却器、油水分离器的初步净化后,可进入到储气罐中以满足一般气动系统的使用;而某些对压缩空气质量要求较高的气动设备的用气,还需经过进一步净化处理后才能够使用。干燥器的作用是进一步除去压缩空气中含有的少量的水分、油分、粉尘等杂质,使压缩空气干燥,提供给要求气源质量较高的系统及精密气动装置使用。

目前使用的干燥方法主要有冷冻法、吸附法、机械法和离心法等。在工业上常用的干燥器是冷冻法和吸附法。

(1)冷冻式干燥器。它是使压缩空气冷却到一定的露点温度,然后析出空气中超过饱和气压部分的水分,降低其含湿量,增加空气的干燥程度。此方法适用于处理低压大流量,并对干燥度要求不高的压缩空气。压缩空气的冷却除用冷冻设备外也可采用制冷剂直接蒸发,或用冷却液间接冷却的方法。

(2)吸附式干燥器。它主要是利用具有吸附性能的吸附剂(如硅胶、活性氧化铝、焦炭、分子筛等物质)表面能够吸附水分的特性来清除水分的,从而达到干燥、过滤的目的。吸附法应用较为普遍。当干燥器使用后,吸附剂吸水达到饱和状态而失去吸水能力,因此需设法除去吸附剂中的水分，使其恢复干燥状态，以便继续使用，这就是吸附剂的再生。

如图 6-7 所示为吸附式干燥器。压缩空气从管道 1 进入干燥器内，通过上吸附层 21、铜丝过滤网 20、上栅板 19、下吸附层 16 之后，湿空气中的水分被吸附剂吸附而干燥，再经过铜丝过滤网 15、下栅板 14、毛毡层 13、铜丝过滤网 12 滤去空气中的粉尘杂质，最后干燥、洁净的压缩空气从输出管输出。

图 6-7　吸附式干燥器

1—湿空气进气管；2—顶盖；3、5、10—法兰；4、6—再生空气排气管；7—再生空气进气管；
8—干燥空气输出管；9—排水管；11、22—密封垫；12、15、20—铜丝过滤网；13—毛毡；
14—下栅板；16、21—吸附层；17—支撑板；18—外壳；19—上栅板

如图 6-8 所示为不加热再生式干燥器及职能符号，它有两个填满吸附剂的容器 1、2。当空气从容器 1 的下部流到上部，空气中的水分被吸附剂吸收而得到干燥，一部分干燥后的空气又从容器 2 的上部流到下部，把吸附在吸附剂中的水分带走并放入大气。即实现了不需外加热源而使吸附剂再生，两容器定期 5~10min 的交换工作使吸附剂产生吸附和再生，这样可得到连续输出的干燥压缩空气。

6.1.2.2　气动辅助元件

气动辅助元件有空气过滤器、油雾器、消声器、气-液转换器等。

A　空气过滤器

过滤器的作用是滤去压缩空气中的油分、水分和粉尘等杂质。不同的使用场合对过滤

器的要求不尽相同。过滤器的形式较多，常用的过滤器可分为一次过滤器和二次过滤器。

一次过滤器又称为简易过滤器，一般置于干燥器之后，其滤灰效率为 50%～70%。如图6-9所示为一次过滤器，气流由切线方向进入筒体内，在惯性力的作用下分离出液体，然后气体由下而上通过多孔钢板、毛毡、硅胶、滤网等过滤吸附材料，干燥洁净的压缩空气从筒顶输出。

图6-8　不加热再生式干燥器

图6-9　一次过滤器

1—10mm 密孔管；2—53μm 细钢丝网；3—焦炭；4—硅胶

二次过滤器又称分水滤气器，其滤灰效率为 70%～90%。分水滤气器在气动系统中应用非常普遍，它和减压阀、油雾器一起称为气动三联件，一般置于气动系统的入口处。

如图6-10所示为分水滤气器。压缩空气从输入口进入后，被引入旋风叶子1，旋风叶子上有很多成一定角度的缺口，迫使空气沿切线方向运动产生强烈的旋转。夹杂在气体中较大的水滴、油滴粉尘等杂质，在惯性作用下与存水杯3内壁碰撞，并分离出来沉淀到杯底部；而微颗粒粉尘和雾状水汽则在气体通过滤芯2时被除去，洁净的压缩空气便从输出口输出。沉淀于杯底部的杂质通过排污法及时放掉。

图6-10　分水滤气器

1—旋风叶子；2—滤芯；3—存水杯；4—挡水板

B　油雾器

油雾器是一种特殊的注油装置。其作用是将润滑油喷射雾化后混合于压缩空气中，随压缩空气一起进入到气压传动中的各种阀和气缸等需要润滑的部位，以达到润滑气动元件的目的。这种注油方法具有润滑均匀、稳定，耗油量少和不需要大的储油设备等优点。目前，气动控制阀、气缸和气马达主要是靠这种带有油雾的压缩空气来实现润滑的。

图 6-11 所示为普通型油雾器及职能符号。压缩空气从输入口 1 进入后，其大部分直接由输出口 4 排出，小部分经小孔 3、特殊单向阀进入贮油杯 6 的上方 A 中，油液受到气压作用沿吸油管 10、单向阀 9 和节流阀 7 滴入透明视油器 8 内，然后再滴入喷嘴小孔 2，油滴被主管内高压气流作用下被撕裂成微粒溶入气流中，形成高压雾化气流，使高压雾化气流由输出口 4 去润滑气动系统。其中视油器 8 可看到滴油情况，节流阀 7 用以调节滴油量，可在 1~240 滴/min 范围内调节。

图 6-11　普通型油雾器

1—输入口；2，3—小孔；4—输出口；5—阀座；6—贮油杯；7—节流阀；
8—视油器；9—单向阀；10—吸油管；11—油塞

普通型油雾器能在进气状态下加油，其关键在于特殊单向阀。当无气流输入时，阀中的弹簧把钢球顶起，关闭加压通道，阀处于截止状态，如图 6-12（a）所示；正常工作时，高压气体克服油杯内气体压力和下端弹簧的弹力，推开钢球向下运动，使钢球悬浮于中间位置，截止阀处于打开状态，如图 6-12（b）所示；当需要进气状态下加油时，拧松油塞11，A 腔与大气相通而压力下降，同时输入进来的压缩空气将钢球压在下端位置阀座 5 上，使特殊单向阀处于反向关闭状态，切断压缩空气进入 A 腔的通道，不致使油杯中的油液因高压气体流入而从加油孔中喷出，如图 6-12（c）所示，单向阀的状态。此外，由于吸油管中单向阀 9 的作用，压缩空气也不会从吸油管倒灌到贮油杯中，所以就可以在不停气状态下向油塞 11 加油。加油完毕，拧上油塞，特殊单向阀又恢复工作状态，油雾器又重新开始工作。

贮油杯一般用透明的聚碳酸酯制成，能清楚地看到杯中的贮油量和清洁程度，以便及时补充与更换。视油器用透明的有机玻璃制成，能清楚地看到油雾器的滴油情况。安装油雾器时注意进、出口不能接错；垂直设置，不可倒置或倾斜；保持正常油面，不应过高或过低。其供油量根据使用条件的不同而不同，一般以 $10m^3$ 自由空气（标准状态下）供给

图 6-12　特殊单向阀的工作情况

（a）不工作时；（b）工作（进气）时；（c）加油时

1ml 的油量为基准。

　　油雾器一般安装在分水滤气器、减压阀之后，尽可能靠近换向阀，应避免把油雾器安装在换向阀和气缸之间，以免造成浪费。气动系统中气动三联件安装顺序如图 6-13 所示。

　　C　消声器

　　气动系统与液压系统不同，它一般不设置排气管道，压缩空气使用后直接

图 6-13　气动三联件的安装顺序

1—分水滤气器；2—减压阀；3—油雾器；4—压力表

排入大气，因气体体积急剧膨胀和所形成的涡流，引起气体振动，产生强烈的排气噪音，其排气噪音可达到（100～120）dB 以上，危害人的健康，使作业环境恶化。为降低排气噪音，一般应在气动装置的排气口处安装消声器。常用的消声器有吸收型、膨胀干涉吸收型和膨胀干涉型三种。

　　（1）吸收型消声器。图 6-14 所示为吸收型消声器及职能符号。这种消声器主要靠吸声材料消声，消声套为多孔的吸声材料，是用聚苯乙烯颗粒或铜珠烧结而成的。当有压气体通过消声罩时，气流受阻，声波被吸收一部分并转化为热能，从而降低了噪声强度。吸收型消声器结构简单，具有良好的消除中、高频噪声的功能，可降低噪声约 20dB，在气动系统中应用广泛。

　　（2）膨胀干涉吸收型消声器。图 6-15 所示为膨胀干涉吸收型消声器，该消声器是一种组合型的消声器。气流从对称斜孔分成多束进入扩散室 A，在 A 室内膨胀、减速后与反射套碰撞，然后反射至 B 室，在消声器中心处，气束互相撞击、干涉，进一步减速，噪声得以减弱，然后经

符号

图 6-14　吸收型消声器

1—连接件；2—消声罩

吸声材料从侧壁的小孔排入大气，此时，噪声再次削弱。这种消声器的消声效果好，低频

可消 20dB，高频可消 45dB。

（3）膨胀干涉型消声器。这种消声器的工作原理是气体在管状结构，其直径远大于排气孔径内，气流在其内部扩散、膨胀、碰壁撞击、反射、相互干涉而减弱噪声强度，这种消声器的特点是排气阻力小，消声效果好，可消除中、低频噪声，但结构不紧凑。

D　气-液转换器

气动系统中常采用气-液阻尼缸或使用液压缸作执行元件，以获得较平稳的速度，这就需要把气压信号转换成液压信号的装置，即气-液转换器。

气-液转换器主要有两种，一种是直接作用式，图 6-16 所示为气-液直接接触式转换器。当压缩空气由上部输入管输入后，经过管道末端的缓冲装置使其压缩空气作用在液压油面上，因此液压油就以压缩空气相同的压力，由转换器主体下部的排油孔输出到液压缸，使其动作。气-液转换器的储油量应不小于液压缸最大有效容积的 1.5 倍。另一种气-液转换器是换向阀式，它是一个气控液压换向阀，采用气控液压换向阀时，需另备液压源。

图 6-15　膨胀干涉吸收型消声器　　　图 6-16　气-液直接接触式转换器

6.1.3　气动执行元件

气压传动执行元件在气压系统中是将压缩空气的压力能转化为机械能的元件，称为气压传动执行元件。气压传动执行元件分为气缸和气马达。气缸可实现直线往复运动或摆动，输出为力或转矩，气动马达可实现连续的回转运动，输出为转速、转矩。

6.1.3.1　气缸

气压传动与液压传动相比较，压力低、工作介质黏度小，相应地在执行元件上要求密封性能更好，可用薄膜结构，标准化程度相对较高等。

气缸的优点是结构简单、成本低、工作可靠；在有可能发生火灾和爆炸的危险场合使用安全；气缸的运动速度可达到 1～3m/s，应用在自动化生产线中可以缩短辅助动作（例如传输、夹紧等）的时间，提高劳动生产率。但是气缸主要的缺点是由于空气的压缩性使速度和位置控制的精度不高，输出功率小。

A　气缸的分类

气缸是气动系统中常用的一种执行元件，根据不同的用途和使用条件，其结构、形状、连接方式也有多种形式。常用的分类方法主要有以下几种：

（1）按压缩空气对活塞端面作用力的方向，可分为单作用气缸和双作用气缸。

（2）按气缸的结构特征可分为活塞式、柱塞式、膜片式、叶片摆动式及气-液阻尼缸等。

（3）按气缸的功能可分为普通气缸和特殊气缸。普通气缸用于一般无特殊要求的场合。特殊气缸常用于有某种特殊要求的场合，如缓冲气缸、步进气缸、增压气缸等。

（4）按气缸的安装方式可分为固定式气缸、轴销式气缸、回转式气缸、嵌入式气缸等。

固定式气缸的缸体安装在机架上不动，其连接方式又有耳座式、凸缘式和法兰式。轴销式气缸的缸体绕一固定轴，缸体可作一定角度的摆动。回转式气缸的缸体可随机床主轴作高速旋转运动，常用在机床的气动夹具上。

B　常用气缸的工作原理

大多数气缸的工作原理与液压缸相同，以下介绍几种具有特殊用途的气缸工作原理。

a　膜片式气缸

膜片式气缸是一种利用薄膜片在压缩空气作用下产生变形来推动动活塞杆作往复运动，具有结构简单、紧凑，制造容易，成本低，维修方便，寿命长，泄漏少，效率高等优点，适用于气动夹具、自动调节阀及短行程场合。按其结构可分单作用式和双作用式两种。

图 6-17（a）所示为单作用膜片式气缸，此气缸只有一个气口。当气口输入压缩空气时，推动膜片 2、膜盘 3、活塞杆 4 向下运动，活塞杆的上行需依靠弹簧力的作用。图 6-17（b）所示为双作用膜片式气缸，有两个气口，活塞杆的上下运动依靠压缩空气来推动。膜片式气缸与活塞式气缸相比，因膜片的变形量有限，故气缸的行程较短，一般不超过 $40 \sim 50$ mm。其最大行程 L_{max} 与缸径 D 的关系为：

$$L_{max} = (0.12 \sim 0.25)D \qquad (6-3)$$

因变形要吸收能量，所以活塞杆上的输出力随着行程的增大而减小。膜片式气缸的膜片材料一般为夹织物橡胶、钢片或磷青铜片，膜片的结构有平膜片和碟形膜片及滚动膜片。根据活塞杆的行程来选择不同的膜片结构：平膜片气缸的行程仅为膜片直径的 0.1 倍，碟形膜片行程可达 0.25 倍，滚动膜片气缸的行程可以更长些。

b　冲击气缸

冲击气缸是把气压能转换成为活塞高速运动的冲击动能的一种特殊气缸。

如图 6-18 所示，冲击气缸主要由缸体、中盖、活塞和活塞杆等组成。冲击气缸与普通气缸相比增加了蓄能腔 A 以及带有喷嘴和具有排气小孔的中盖 4。其工作原理是：压缩空气由气孔 2 进入 A 腔，其压力只能通过喷嘴口 3 的面积作用在活塞 6 上，还不能克服 C 腔的排气压力所产生的向上的推力以及活塞与缸体间的摩擦力，喷嘴处于关闭状态，从而使 A 腔的充气压力逐渐升高。当充气压力升高到能使活塞向下移动时，活塞的下移使喷嘴

(a)　　　　　　　　　　　　　　　　　　(b)

图 6-17　膜片式气缸

(a) 单作用膜片式气缸；(b) 双作用膜片式气缸

1—缸体；2—膜片；3—膜盘；4—活塞杆

口开启，聚集在 A 腔中的压缩空气通过喷嘴口突然作用于活塞的全面积上，喷嘴口处的气流速度可达声速。高速气流进入 B 腔进一步膨胀并产生冲击波，其压力可高达气源压力的几倍到几十倍，给予活塞很大的向下的推力。此时 C 腔内的压力很低，活塞在很大的压差作用下迅速加速，在很短的时间（0.25 ~ 1.25s）以极高的速度（最大速度可达 10m/s）向下冲击，从而获得很大的动能，利用此能量做功，可完成锻造、冲压等多种作业。当气孔 10 进气，气孔 2 与大气相通时，作用在活塞下端的压力，使活塞上升，封住喷嘴口，B 腔残余气体，经低压排气阀 5 排向大气。冲击气缸与同等做功能力的冲压设备相比，具有结构简单、体积小、成本低、使用可靠、易维修、冲裁质量好等优点，在生产上得到日益广泛的应用。缺点是噪声较大，能量消耗大，冲击效率较低。故在加工数量大时，不能代替冲床。

　c　气-液阻尼气缸

　一般普通气缸在工作时，由于气体具有很大的压缩性，气缸会产生"爬行"或"自走"现象，输出推力和速度就有波动，气缸的平稳性较差，且不易使活塞获得准确的停止位置。为了克服这些缺点，通常采用气-液阻尼缸，它是由气缸和液压缸组合而成，以压缩空气为能源，以油液作为控制和调节气缸运动速度的介质，利用油液的不可压缩性控制流量来获得气缸的平稳运动和调节活塞的运动速度的，达到活塞的平稳运动。与普通气缸相比，它传动平稳、停位准确、噪声小；与液压缸相比，它不需要液压源，经济性好，同时具有气动和液压的优点，

图 6-18　普通型冲击气缸

1, 9—端盖；2—进气孔；3—喷嘴口；

4—中盖；5—低压排气阀；6—活塞；

7—活塞杆；8—缸体；10—出气孔

因此得到了广泛的应用。

气-液阻尼缸按其组合方式不同可分为串联式和并联式两种。

图 6-19 所示为串联式气-液阻尼缸，它是将气缸和液压缸串接成一个主体，两个活塞固定在一个活塞杆上，在液压缸进、出口之间装有单向节流阀。当气缸右腔进气时，活塞克服外载并带动液压缸活塞向左运动。此时液压缸左腔排油，由于单向阀关闭，油液只能经节流阀 1 缓慢流回右腔，因此对整个活塞的运动起到阻尼作用。调节节流阀即可达到调节活塞运动速度的目的。当压缩空气进入气缸左腔时，液压缸右腔排油，此时单向阀 3 开启，活塞能快速返回。

串联式气-液阻尼缸的缸体较长，加工与装配的工艺要求高，且气缸和液压缸之间容易产生窜油窜气现象。为此，可将气缸与液压缸并联组合。

图 6-20 所示为并联式气-液阻尼缸，其工作原理与串联式气-液阻尼缸相同。这种气-液阻尼缸的缸体较短，结构紧凑，消除了油气互窜现象。但这种组合方式，两个缸不在同一轴线上，安装时对其平行度要求较高。

图 6-19　串联式气-液阻尼缸
1—节流阀；2—油箱；3—单向阀；
4—液压缸；5—气缸

图 6-20　并联式气-液阻尼缸
1—液压缸；2—气缸

d　摆动式气缸

摆动式气缸是将压缩空气的压力能转变成气缸输出轴的有限回转的机械能，多用于安装在位置受到限制，或转动角度小于 360° 的回转工作部件上，例如夹具的回转、阀门的开启及转位装置等机构。

图 6-21 所示为单叶片式摆动气缸，定子 3 与缸体 4 固定在一起，叶片 1 和转子 2（输出轴）连接在一起。当左腔进气时，转子顺时针转动；反之，转子则逆时针转动。转子可做成单叶片式，也可做成双叶片式。

e　回转式气缸

图 6-22 为回转式气缸。回转式气缸由导气头体、缸体、活塞、活塞杆等组成。这种气缸的缸体连同缸盖及导气头芯 6 可被携带回转，活塞 4 及活塞杆 1 只能作

图 6-21　单叶片式摆动气缸
1—叶片；2—转子；3—定子；4—缸体

图 6-22　回转式气缸

1—活塞杆；2，5—密封装置；3—缸体；4—活塞；6—缸盖及导气头芯；7，8—轴承；9—导气头体

往复直线运动，导气头体外接管路，固定不动。

C　气缸的使用

（1）气缸的选择。气缸的品种繁多，各种型号、类别的气缸，其性能、用途及适应的工况不尽相同，在选择气缸时要考虑的因素很多，一般应注意以下几点：

1）气缸的类型。根据工作要求、工况特点及工作环境条件选择气缸的类型。

2）气缸的规格。根据工作负载情况、运动状态和系统工作压力分别确定气缸的轴向负载、负载率和工作压力，对照产品样本选择标准化气缸的缸径和行程。一般应在保证工作要求的前提下适当留出一定的行程余量（10～20mm），防止活塞与缸盖相碰撞。

3）气缸的安装方式。由安装的位置、使用目的、气缸结构等因素决定。一般用途多采用固定式气缸。气缸的常见安装方式可参见相关设计手册。

（2）气缸的使用：

1）正常工作压力的范围一般为 0.4～0.6MPa，环境温度在 -35～+80 ℃之间。

2）安装注意事项：安装前要用 1.5 倍工作压力进行测压实验，以防止泄漏；安装时注意动作方向，防止活塞杆偏心；检查所有密封件的密封性能；调整好活塞行程，以避免活塞和缸体的撞击。

6.1.3.2　气动马达

气动马达属于气动执行元件，它是把压缩空气的压力能转换为回转机械能的能量转换装置。它的作用相当于电动机或液压马达，即输出力矩，并驱动机构做旋转运动。气动马达可分为叶片式、活塞式、膜片式等多种类型，应用最广的是叶片式和活塞式气动马达。

A　气动马达的工作原理

图 6-23 所示为叶片式气动马达。叶片式气动马达有 3～10 个叶片安装在一个偏心转子的径向沟槽中，其工作原理与液压马达相同，当压缩空气从进气口 A 进

图 6-23　叶片式气动马达

1，4—叶片；2—转子；3—定子

入气室后立即喷向叶片 1、4，作用在叶片的外伸部分，通过叶片带动转子 2 作逆时针转动，输出转矩和转速，做完功的气体从排气口 C 排出，残余气体则经 B 排出（二次排气）；若进、排气口互换，则转子反转，输出相反方向的转矩和转速。转子转动的离心力和叶片底部的气压力、弹簧力使得叶片紧密地与定子 3 的内壁相接触，以保证可靠密封，提高容积效率。

　　叶片式气动马达一般在中、小容量，高速旋转的范围内使用，其输出功率为 0.1 ～ 20kW，转速为 500 ～ 25000r/min。叶片式气动马达启动及低速时的特性不好，在转速 500r/min 以下场合使用时，必须使用减速机构。叶片式气动马达主要用于风动工具如风钻、风扳手、风砂轮，高速旋转机械及矿山机械等。

　　B　气动马达的特点及选择及使用

　　a　气动马达的特点

　　（1）工作安全，具有防爆性能，可在易燃、易爆、高温、振动、潮湿、粉尘等恶劣环境下工作，不受高温及振动的影响。

　　（2）具有过载保护作用。可长时间满载工作，且温升较小，过载时马达只是降低转速或停车，过载解除后，可立即重新正常运转。

　　（3）可实现无级调速。通过控制调节节流阀的开度来控制进入气动马达的压缩空气的流量，从而控制调节气动马达的转速。

　　（4）具有较高的启动转矩，可直接带负载启动，启动、停止迅速。

　　（5）功率范围及转速的调速范围较宽。功率小至几百瓦，大至几万瓦；转速可从零到 25000r/min 或更高。

　　（6）与电动机相比，单位功率尺寸小，结构简单，质量轻，适用于安装在位置狭小的场合及手工工具上，操作方便，可正反转，维修容易，成本低。

　　气动马达的缺点是：速度稳定性较差，输出功率小，耗气量大，效率低，噪声大和易产生振动。

　　b　气动马达的选择及使用

　　（1）气动马达的选择。不同类型的气动马达具有不同的特点和适用范围，故主要从负载的状态要求来选择适当的马达。须注意的是产品样本中给出的额定转速一般是最大转速的一半，而额定功率则是在额定转速时的功率（一般为该种马达的最大功率）。

　　（2）气动马达的使用要求。气动马达工作的适应性很强，因此，应用广泛。在使用中应特别注意气动马达的润滑状况，润滑是气动马达正常工作不可缺少的一个环节。气动马达在得到正确、良好润滑情况下，可在两次检修之间至少运转 2500 ～ 3000h。一般应在气动马达的换向阀前装油雾器，以进行不间断的润滑。

6.1.4　气动控制元件

　　在气压传动传动系统中，用来控制与调节压缩空气的压力、流量、方向和发送信号的装置称为气压传动控制阀（简称控制阀）。利用控制阀可以组成各种气动回路，保证执行元件按设计要求进行正常工作。控制阀按功能和作用分为方向控制阀、压力控制阀、流量控制阀、实现逻辑功能的气动逻辑元件等。

6.1.4.1　方向控制阀

方向控制阀是气压传动系统中控制压缩空气的流动方向和气流的通断，来控制执行元件的启动、停止及运动方向的气动元件。气动换向阀和液压换向阀相似，分类方法也大致相同：按其作用特点可分为单向型控制阀和换向型控制阀；按阀芯结构形式不同可分为滑柱式（称滑阀式）、截止式（又称提动式）、平面式（又称滑块式）、旋塞式和膜片式，其中以截止式和滑柱式换向阀应用较多；按阀的密封形式可分为硬质密封和软质密封；按操纵方式可分为电磁换向阀、气动换向阀、机动换向阀和手动换向阀，其中后三类换向阀的工作原理和结构与液压换向阀中相应的阀类基本相同；按阀的工作位数及通路数可分为二位二通、二位三通、二位五通、三位四通、三位五通等。

A　单向型换向阀

单向控制阀的功能：控制气流只能向一个方向流动而不能反向流动的阀。

单向控制阀的种类：单向型控制阀包括单向阀、或门型梭阀、与门型梭阀（双压阀）、快速排气阀等。

a　单向阀

单向阀的工作原理、结构和图形符号与液压阀中的单向阀基本相同，只不过在气动单向阀中，阀芯和阀座之间有一层胶垫（密封垫），如图 6-24 所示。

b　或门型梭阀

在气压传动系统中，当两个通路 P_1 和 P_2 都与通路 A 相通，而不允许 P_1 与 P_2 相通时，就要采用或门型梭阀。由于梭阀像织布梭子一样来回运动，因而称之为梭阀。或门型梭阀相当于两个单向阀的组合，其作用相当于

图 6-24　单向阀

逻辑组件中的"或门"，是构成逻辑回路的重要组件。如图 6-25 所示为或门型梭阀的工作原理图。在图 6-25（a）中，当通路 P_1 进气时，将阀芯推向右边，通路 P_2 被关闭，于是气流从 P_1 进入通路 A；反之，如图 6-25（b）所示，气流则从 P_2 进入 A；当 P_1、P_2 同时进气时，哪端压力高，A 就与哪端相通，另一端就自动关闭。图 6-25（c）为该阀的职能符号图。图 6-26 所示为该阀的结构图。

或门型梭阀应用：或门型梭阀在逻辑回路和程序控制回路中被广泛采用。图 6-27 是在手动-自动回路的转换上常应用的或门型梭阀。

图 6-25　或门型梭阀

图 6-26　或门型梭阀结构图
1—阀体；2—阀芯

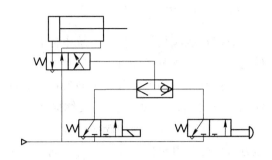

图 6-27　或门型梭阀在手动-自动
换向回路中的应用

  c　与门型梭阀（双压阀）

  与门型梭阀又称双压阀，其结构原理如图 6-28 所示，与或门型梭阀相似。与门型梭阀的逻辑关系为 P_1、P_2 口都有压力气体输入时，A 口才有压力气体输出，否则均无输出。图 6-29 为与门型梭阀工作原理。如图 6-29（a）、（b）所示，当 P_1 或 P_2 单独有输入时，阀芯被推向右端或左端，此时 A 口无输出；如图 6-29（c）所示，只有当 P_1 和 P_2 同时有输入时，A 口才有输出；当 P_1 和 P_2 气体压力不等时，气压高的一端将自身输出通道封闭，则气压低的通过 A 口输出。图 6-29（d）所示为该阀的职能符号图。

图 6-28　双压阀结构图

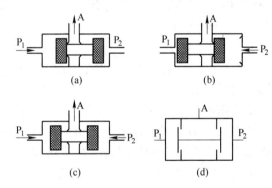

图 6-29　与门型梭阀工作原理

  与门型梭阀应用：与门型梭阀的应用很广泛，图 6-30 为与门型梭阀在钻床控制回路中的应用。

  d　快速排气阀

  快速排气阀简称快排阀。它是为加快气缸运动速度作快速排气而设置的，一般安装在换向阀和气缸之间。通常气缸排气时，气体是从气缸经过管路由换向阀的排气口排出的。如果从气缸到换向阀的距离较长，而换向阀的排气口又小时，排气时间就较长，气缸动作速度较慢。此时，若采用快速排气阀，则气缸内的气体就能直接由快排阀排往大气中，加速气缸的运动速度。实验证明，安装快排阀后，气缸的运动速度可提高 4～5 倍。

  快速排气阀的工作原理如图 6-31 所示。当进气口 P 进入压缩空气时，推动膜片向上变形，使 P 与 A 通路打开，同时关闭排气口 O［图 6-31（a）］；当 P 口没有压缩空气进入时，在 A 口与 P 口压差作用下，膜片向下复位，关闭 P 口，A 口气体经过 O 口快速排出［图 6-31（b）］。图 6-31（c）所示为该阀的图形符号。

快速排气阀结构主要由膜片、阀体组成，如图 6-32 所示。

快速排气阀应用：图 6-33（a）所示为快速排气阀的应用回路，属于直接排气。在实际使用中，快速排气阀应配置在需要快速排气的气动执行元件附近，否则会影响快排效果。

为了增加运动平稳性可在快速排气阀的出口处装背压阀，如图 6-33（b）所示。

图 6-30　与门型梭阀应用回路
1，2—行程阀；3—与门型梭阀；
4—换向阀；5—钻孔缸

图 6-31　快速排气阀工作原理

图 6-32　快速排气阀结构图
1—膜片；2—阀体

图 6-33　快速排气阀的应用回路
（a）快速排气阀应用回路；（b）带背压阀的快速往复回路

B　换向型方向控制阀

换向型方向控制阀（简称换向阀）的功能是改变气体运动方向或通、断，从而改变气动执行元件的运动方向或启动、停止的方向控制元件。

　　换向型方向控制阀的种类较多，分类方法有控制式、密封式、阀芯结构和阀的通路数等。其中比较普遍的是按控制方式分类，可分为气压控制阀、电磁控制阀、机械控制阀、人力控制阀和时间控制阀。

　　a　气压控制换向阀

　　气压控制换向阀是以压缩空气为动力切换，使气路换向或通、断的阀类。气压控制换向阀的用途很广，多用于组成全气阀控制的气压传动系统或易燃、易爆以及高净化等场合。

　　气压控制换向阀按施加压力的方式可分为加压控制、卸压控制、差压控制和时间控制。加压控制是指施加在阀芯控制端的压力逐渐升到一定值时，使阀芯迅速移动换向的控制，阀芯沿着加压方向移动。卸压控制是指施加在阀芯控制端的压力逐渐降到一定值时，阀芯迅速换向的控制，常用作三位阀的控制。差压控制是指阀芯采用气压复位或弹簧复位的情况下，利用阀芯两端受气压作用的面积不等（或两端气压不等）而产生的轴向力之差值，使阀芯迅速移动换向的控制。时间控制是指利用气流向由气阻（节流孔）和气容构成的阻容环节充气，经过一段时间后，当气容内压力升至一定值时，阀芯在压差力作用下迅速移动的控制。常用的是加压控制和差压控制。

　　气控换向阀按主阀结构不同，又可分为截止式和滑阀式两种主要形式，滑阀式气控阀的结构和工作原理与液动换向阀基本相同，在此仅介绍截止式换向阀的工作原理。

　　（1）单气控加压截止式气控阀。利用空气的压力与弹簧力相平衡的原理来进行控制。图 6-34 为单气控加压截止式换向阀的工作原理图。

　　图 6-34（a）所示为无气控制信号 K 时的状态（即常态），此时，阀芯在弹簧的作用下处于上端位置，使阀 A 与 O 相通，阀处于排气状态。图 6-34（b）所示是在有气控信号 K 时阀的状态（即动力阀状态），由于气压力的作用，阀芯压缩弹簧下移，使阀口 A 与 O 断开，P 与 A 接通，气体从 A 口输出。故该阀属常闭型二位三通阀，图 6-34（c）所示为二位三通单气控截止式换向阀的图形符号。

　　　　　　(a)　　　　　　　　　　　(b)　　　　　　　　　　　(c)

图 6-34　单气控加压截止式换向阀

　　（2）截止式换向阀的特点。截止式换向阀和滑阀式换向阀一样，可组成二位三通、二位四通、二位五通或三位四通三位五通等多种形式，与滑阀相比，它的特点是：

　　1）结构简单、紧凑、密封可靠。

2）阀芯的行程短。只要移动很小的距离就能使阀完全开启，如图 6-35 所示，故阀开启时间短，通流能力强，流量特性好，结构紧凑，适用于大流量的场合。

图 6-35　截止式换向阀阀芯的结构形式

（a）结构形式一；（b）结构形式二

3）截止式阀一般采用软质材料（如橡胶）密封，且阀芯始终存在背压，所以关闭时密封性好，泄漏量小但换向力较大，换向时冲击力也较大，所以不宜用在灵敏度要求较高的场合。

4）抗粉尘及污染能力强，对过滤精度要求不高。

b　机械控制换向阀

机械控制换向阀（又称行程阀）多用于行程过程控制系统的信号阀。常依靠凸轮撞块或其他机械外力推动阀芯，使阀换向。按阀的切换位置和接口数目可分为二位三通和二位五通；按阀芯头部结构形式可分为直动式、杠杆滚轮式和可通式。

图 6-36 为一常用的直动式二位三通机械控制阀。利用机械凸轮或挡块直接压下阀顶杆圆头来换向的。如在该阀阀顶杆上部增加一个杠杆滚轮机构成为杠杆滚轮式机控阀，这种装置的优点是减少了顶杆所受的侧向力；同时，通过杠杆传力也减少了外部的机械压力。

图 6-36　直动式机控阀

c　人力控制换向阀

此类阀有手动或脚踏两种操纵方式。手动阀的主体部分与气控阀相似，有按钮式、旋钮式、锁式及推拉式等不同的操纵方式。图 6-37 所示为推拉式手动阀的工作原理图。若用手把阀芯压下，则 P 与 A、B 与 O_2 相通，如图 6-37（a）所示。手放开由于定位装置的作用，使阀保持原来状态。若用手把阀芯拉出，则 P 与 B、A 与 O_1 相通，如图 6-37（b）所示，气路改变，也能保持其状态不变。

d　电磁控制换向阀

电磁换向阀是利用电磁力的作用来实现阀的切换以控制气流的流动方向。气压传动中的电磁控制换向阀和液压传动中的电磁控制换向阀一样，也由电磁铁控制部分和主阀两部分组成，按控制方式不同分为电磁铁直接控制（直动）式电磁阀和先导式电磁阀两种。它们的工作原理分别与液压阀中的电磁阀和电液动阀相类似，只是二者的工作介质不同而已。

（1）直动式电磁阀。由电磁铁的衔铁直接推动换向阀阀芯换向的阀称为直动式电磁阀，直动式电磁阀分为单电磁铁和双电磁铁两种。单电磁铁换向阀的工作原理如图 6-38 所示，图 6-38（a）为原始（没有通电）状态，A 口与 O 口相通，P 口被单独断开；图 6-38（b）为通电时的状态，P 口与 A 口相通，O 口单独断开；图 6-38（c）为该阀的图形符号。从图中可知，这种阀阀芯的移动靠电磁铁，而复位靠弹簧，因而换向冲击较大，故一般只制成小型的阀。

若将阀中的复位弹簧改成电磁铁，就成为双电磁铁直动式电磁阀，如图 6-39 所示。图 6-39（a）为 1 通电、2 断电时的状态，P 与 A 相通，B 与 O_2 相通，O_1 单独断开；图 6-39（b）为 2 通电、1 断电时的状态，P 与 B 相通，A 与 O_1 相通，O_2 单独断开；图 6-39（c）为其图形符号。

图 6-37　推拉式手动阀的工作原理

（a）压下阀芯时状态；（b）拉起阀芯时状态

图 6-38　单电磁铁换向阀工作原理

（a）断电状态；（b）通电状态；（c）图形符号

1—电磁铁；2—阀芯

图 6-39　双电磁铁直动式换向阀工作原理

（a）1 通电、2 断电状态；（b）2 通电、1 断电状态；（c）图形符号

由此可见，这种阀的两个电磁铁只能交替得电工作，不能同时得电，否则会产生误动作。因而这种阀具有记忆的功能。

（2）先导式电磁阀。由电磁铁首先控制从主阀气源节流出来的一部分气体，产生先导压力，再有先导压力推动主阀阀芯换向的阀类，称之为先导式电磁阀。一般电磁先导阀都单独制成通用件，既可用于先导控制，也可用于气流量较小的直接控制。先导式电磁阀也分为单电磁铁控制和双电磁铁控制。图 6-40 所示为双电磁铁控制的先导式换向阀的工作原理图。图 6-40（a）为先导阀 1 通电，3 断电状态，P 与 A 相通，B 与 O_2 相通，O_1 单独断开；图 6-40（b）为先导阀 3 通电，1 断电状态，P 与 B 相通，A 与 O_1 相通，O_2 单独断开；图 6-40（c）是图形符号。

图 6-40　先导滑阀式双电控二位五通换向阀工作原理

（a）1 通电、3 断电状态；（b）3 通电、1 断电状态；（c）图形符号

先导式双电控阀具有记忆功能，即通电时换向，断电时并不复位，直至另一侧来电时为止，相当于一个"双稳"逻辑元件。

e　时间控制换向阀

时间控制换向阀是使气流通过气阻（如小孔、缝隙等）节流后到气容（储气空间）中，经一定时间，气容内建立起一定压力后，再使阀芯换向的阀。在不允许使用时间继电器（电控）的场合（如易燃、易爆、粉尘大等），用气动时间控制就显示出其优越性。

（1）延时阀。图 6-41 所示为二位三通延时换向阀，它是由延时部分和换向部分组成的。当无气控信号 K 时，P 与 A 断开，A 腔排气；当有气控信号 K 时，气体从 K 腔输入经可调节流阀节流后到气容 a 内，使气容不断充气，自到气容内的气压上升到某一值时，使阀芯由左向右移动，使 P 与 A 接通，A 有输出。当气控信号消失后，气容内气压经单向阀到 K 腔排空。这种延时阀的工作压力为 0～0.8MPa，信号压力为 0.2～0.8MPa，延时时间为 0～20s。

图 6-41　延时换向阀
1—单向阀；2—节流阀

（2）脉冲阀。图 6-42 所示为脉冲阀的工作原理图，它与延时阀一样也是气流通过气阻，气容的延时作用，使压力输入长信号变为短暂的脉冲信号输出的阀类。图 6-42（a）无信号输入时，A 口无输出；图 6-42（b）当有气压从 K 口输入时，阀芯在气压作用下向上移动，A 端有输出。同时，气流从阻尼小孔向气容充气，在充气压力达到动作压力时，阀芯下移，输出消失，如图 6-42（c）所示。这种脉冲阀的工作气压范围为 0.2～0.8MPa，脉冲时间小于 2s。图 6-42（d）为其结构图。

图 6-42　脉冲阀的工作原理及结构图

C　方向控制阀的选用

（1）根据所需流量选择阀的通流能力（公称通径、额定流量、有效截面积）。一般来说，主控阀应根据略大于工作压力状态下的最大流量来选，并注意样本上给出的额定流量是有压还是无压状态下的流量数值；信号阀则根据它所控制阀的远近、被控制阀的数量和动作时间来选，一般选公称通径 3～6mm 的阀即可。

（2）根据工作需要确定阀的功能。若选不到合适的二通、三通或四通阀时可用同通径五通阀改造后代用。

（3）根据适用场合的条件选择阀的技术条件。如压力、电源条件、介质、环境温度及湿度和粉尘等情况。

（4）根据使用条件和要求来选择阀的结构形式。如对密封性要求高，应选软质密封；要求换向力小、有记忆性，应选滑阀式阀芯；气源过滤条件差，则选截止式阀芯较好。

（5）安装方式的选择。要从安装和维修两方面考虑，对集中控制系统推荐采用板式连接。

（6）尽量采用标准化系列产品，避免采用专用阀，阀的生产厂家最好是同一厂家。

6.1.4.2　压力控制阀

压力控制阀用来调节和控制气压系统中压缩空气的压力以控制执行元件的负载、动作顺序的阀称为压力控制阀。这类阀的共同特点是：利用作用于阀芯上的压缩空气的压力所产生的力和弹簧力相平衡的原理来进行工作的。从阀的作用来看，压力控制阀可分为三类。一类阀是当输入压力变化时，能保证输出压力不变，如减压阀、定值器等；一类阀是用于保持一定的输入压力，如溢流阀等；还有一类阀是根据不同的压力进行某种控制的，如顺序阀、平衡阀等，如下所示。

A　减压阀

减压阀的作用是将输出压力调节在比输入压力低的调定值上，并保持稳定不变。减压阀也称调压阀（由于气源空气压力往往比每台设备实际所需要的压力高些，同时压力波动值比较大，因此需要用减压阀将其压力减到每台设备所需要的压力）。与液体减压阀一样，气动减压阀也是以出口压力为控制信号的。

减压阀的溢流结构有非溢流式、溢流式和恒量排气式三种，如图 6-43 所示。非溢流式减压阀如图 6-43（a）所示，没有溢流孔，使用时回路中要安装一个放气阀，如图 6-44 所示，以排出输出侧的部分气体，它适用于调节有害气体的压力；溢流式减压阀如图 6-43（b）所示，是当减压阀的输出压力超过调定压力时，气流能从溢流孔中排出，维持输出压力不变；恒量排气式如图 6-43（c）所示，始终有微量气体从溢流阀座上的小孔排出。

a　减压阀的工作原理

图 6-45 所示为 QTY 型直动式减压阀的结构原理图。其工作原理是：当阀处于工作状态时，调节手柄 1，由调压弹簧 2、3，推动膜片 5 和阀杆 6 下移，使阀芯 9 也下移，进气

图 6-43　减压阀的溢流结构

（a）非溢流式；（b）溢流式；（c）恒流排气

图 6-44　非溢流式减压阀的应用

1—减压阀；2—放气阀

图 6-45　QTY 型直动式减压阀结构及其图形符号

1—手柄；2，3—调压弹簧；4—溢流口；5—膜片；6—阀杆；7—阻尼孔；
8—阀座；9—阀芯；10—复位弹簧；11—排气孔

阀口被打开，有压力气流从左至右输出。同时，输出气压经阻尼孔 7 在膜片 5 下面产生向上的推力。这个推力把阀口开度关小，使其输出压力下降。当作用于膜片上的向上推力与向下弹簧力相平衡后，减压阀的输出压力便保持稳定。当减压阀出口压力大于调定值时，作用在膜片上的向上推力大于弹簧力，使阀芯 9 向上移动，减压阀阀口减小，压力损失增大，减压阀输出压力下降，直到阀芯达到新的平衡，压力倾于调定值；当减压阀出口压力小于调定值时，作用在膜片上的向上推力小于弹簧力，使阀芯 9 向下移动，减压阀阀口增大，压力损失减小，减压阀输出压力升高，直到阀芯达到新的平衡，压力倾于调定值。所以减压阀自动控制出口压力近于不变，不随负载变化而变化，这种减压阀在使用过程中，常有溢流孔排出少量气体，称为溢流式减压阀，多用于低压系统。

当不使用时，可旋松手柄，使弹簧 2、3 处于自由状态，阀芯 9 在复位弹簧 10 作用下，关闭进气阀，减压阀处于截止状态，无气流输出。

安装减压阀时，要按气流的方向和减压阀上所示的箭头方向，依照分水滤气器→减压阀→油雾器的安装次序进行安装。调压时应由低向高调，直至规定的调压值为止。阀不用时应把手柄松开，以免膜片经常受压变形。

b　压力特性和流量特性

（1）压力特性。减压阀的压力特性是在一定的流量下，输出压力和输入压力之间的函数关系。图 6-46 所示为减压阀的压力特性曲线。由图可知，当输出压力较低、流量适当时，减压阀的稳压性能最好。当输出压力较高、流量太大或太小时，减压阀的稳定性能较差。

（2）流量特性。流量特性表示输入压力为定值时，输出流量和输出压力之间的函数关系。图 6-47 所示是减压阀的流量特性曲线。它表明，输入压力一定时，输出压力越低，流量变化引起输出压力的波动越小。

图 6-46　减压阀压力特性曲线

图 6-47　减压阀流量特性曲线

c　先导式减压阀

当减压阀的输出压力较高或配管内径很大时，用调压弹簧直接调压，同直动式液压减压阀一样，输出压力波动较大，阀的尺寸也会很大，为克服这些缺点可采用先导式减压阀。

先导式减压阀工作原理和主阀结构与直动式减压阀基本相同。先导式减压阀所采用的调压空气是由小型直动式减压阀供给的。若把小型直动式减压阀装在主阀的内部，则称为内部先导式液压。若将小型直动式减压阀装在主阀的外部，则称为外部先导式减压阀。

图 6-48 所示为先导式减压阀（内部先导式）结构原理图。当喷嘴 4 与挡板 3 之间的距离发生微小变化时（零点几毫米），就会使 B 室中的压力发生明显变化，从而使膜片 10 产生较大的位移，并控制阀芯 6，使之上下移动并使进气阀口 8 开大或关小。对阀芯控制

的灵敏度提高，使输出压力的波动减小，因而稳压精度比直动式减压阀高。

　　d　定值器

　　图 6-49 所示为定值器结构图。定值器是一种高精度减压阀，其输出压力的波动不大于最大输出压力的 1%。它适用于射流装置系统、气动自动检测等需要精确的信号压力和气源压力的场合。

　　图 6-50 所示为定值器工作原理图。当无输出时，由气源输入的压缩空气进入 A 室和 E 室。主阀芯 10 在弹簧和气源压力作用下压在阀座上，使 A 室和 B 室隔断。同时气流经稳压阀口 6 进入 F 室，通过恒节流孔 7 压力降低后分别进入 G 室和 D 室。由于还未对膜片 2 施加向下的力，挡板距喷嘴较远，由喷嘴流出的气流阻力低，故 G 室气压较低，膜片 5 和 8 为原始位置，进入 H 室的微量气体经输出口及 B 室和排气阀口 9 由排气口排出。

图 6-48　先导式减压阀（内部先导式）
1—旋钮；2—调压弹簧；3—挡板；4—喷嘴；
5—孔道；6—阀芯；7—排气口；8—进气阀口；
9—固定节流口；10，11—膜片

　　当转动手轮时，压下弹簧并推动膜片 2 连同挡板一同下移，使 D 室和 G 室压力上升，膜片 8 下移将排气阀口 9 关闭，使主阀口开启，压缩空气经 B 室和 H 室由输出口流出。同时，H 室压力上升并反馈到膜片 2 下部，当反馈作用力和弹簧力平衡时，定值器有稳定的输出压力。

　　当输出压力波动时，如压力上升，则 B 室和 H 室压力增高，使膜片 2 上移，挡板与喷嘴的距离拉大，D 室压力下降。由于 B 室压力已上升，故膜片 8 向上移动，使主阀口开度减小，使输出压力下降，直到稳定在调定值上。

　　如气源压力上升，则 E 室和 F 室的气压增高，使膜片 5 上移，稳压阀口 6 开度减小，节流作用增强，F 室压力下降。由于恒节流孔 7 的作用，D 室压力下降，主阀口开度减小，减压作用增强。

　　反之，气源压力下降时，会使主阀口开度加大，减压作用减小。定值器就是利用喷嘴挡板的放大作用及稳压阀口作用进一步提高稳压灵敏度。图 6-51 所示为将减压阀应用在高、低压转换回路中。

　　B　溢流阀（安全阀）

　　当贮气罐或回路中压力超过某调定值时，气流需经安全阀排出，以保证系统安全；当回路中仅靠减压阀的溢流孔排气难以保持执行机构的工作压力时，也可并联一个安全阀作为溢流阀用。

　　a　直动式溢流阀

　　图 6-52 所示为直动式溢流阀的工作原理图。当无气源时，溢流阀关闭；当气体作用在阀芯 3 上的力小于弹簧 2 的力时，阀也处于关闭状态。当系统压力升高，作用在阀芯上

图 6-49 定值器结构图

1—过滤器；2—排气口；3，8，15—膜片；4—喷嘴；5—挡板；6，9，10，14，17，20—弹簧；7—调压手柄；
11—稳压阀芯；12—稳压阀口；13—恒节流孔；16—排气口；18—排气阀芯；19—主阀芯

图 6-50 定值器工作原理图

1—调压手柄；2，5，8—膜片；3—挡板；4—喷嘴；6—稳压阀口；
7—恒节流孔；9—排气阀口；10—主阀芯；11—气源

图 6-51　高、低压转换回路　　　　　图 6-52　直动式溢流阀工作原理

1—调节杆；2—弹簧；3—阀芯

的气压力略大于弹簧力时，则阀芯被气压托起而上移，阀开启并溢流，使气压不再升高。通过手轮调节杆 1 调节弹簧力，就可改变阀的进口压力，达到调节系统压力的目的。

图 6-53 所示是直动式溢流阀的结构图，分为球阀式和膜片式。图 6-53（a）所示为球阀式溢流阀，结构较简单、坚固，但灵敏度与稳定性较差。图 6-53（b）所示为膜片式溢流阀，结构较复杂，膜片较易损坏，但膜片惯性小，动作灵敏度高。

　　b　先导式溢流阀

　　先导式溢流阀一般都采用膜片式结构，如图 6-54 所示。采用一个小型直动式减压或气动定值器作为它的先导阀，接在 C 口。工作时，由减压阀减压后的空气从 C 口进入阀内，控制 P 口的压力，相当于直动式阀中的弹簧。调节 C 口的进气压力，就调节了主阀的开启压力，用直动式作先导阀其流量特性好，灵敏度高，压力超调量小。适用于大流量和远距离控制的场合。

图 6-53　直动式溢流阀

（a）球阀式；（b）膜片式

　　c　溢流阀的使用

　　（1）作溢流阀用。用于调节和稳定系统压力。正常工作时，溢流阀有一定的开启量，一部分多余气体溢出，以保持进口处的气体压力基本不变，即保持系统压力基本不变。所以溢流阀的调节压力等于系统的工作压力。

图6-54　先导式溢流阀

　　（2）作安全阀用。用于保护系统，当系统以调整的压力正常工作时，此阀关闭，不溢流。只有在系统因某些原因（如过载等）使系统压力升高到超过工作压力一定数值时，此阀开启，溢流泄压，对系统起到安全保证作用。所以作安全阀用时其调整压力要高于系统工作压力。

　　C　顺序阀

　　顺序阀是依靠气路中压力的变化来控制执行元件按顺序动作的压力阀。顺序阀的动作原理与溢流阀基本一样，所不同的是溢流阀的出口为溢流口，输出压力为零。而顺序阀相当于一个控制开关，当进口的气体压力达到顺序阀的调整压力而将阀打开时，阀的出口输出二次压力。

　　为了气流的反向流动，将顺序阀与单向阀并联组合成单向顺序阀，如图6-55所示。其工作原理是：气流正向流通时，单向阀关闭，气流压力必须达到顺序阀的调整压力时，即克服弹簧力时阀被打开，P口与A口相通。当气流反向流动时，单向阀被打开，A口直接通P口，此时顺序阀不起作用。

6.1.4.3　流量控制阀

　　在气压传动系统中，凡用来控制气体流量的阀，称为流量控制阀。流量控制阀就是通过改变阀的通流截面积来调节压缩空气流量控制，从而控制执行元件的运动速度。它包括节流阀、单向节流阀、排气节流阀和柔性节流阀等。

符号

图6-55　单向顺序阀

　　由于节流阀和单向节流阀的工作原理与液压阀中同类型阀相似，在此不再重复。以下仅对排气节流阀和柔性节流阀作一简要介绍。

　　A　排气节流阀

　　排气节流阀的节流原理和节流阀一样，也是靠调节通流面积来调节阀的流量的。它们的区别是，节流阀通常是安装在系统中调节气流的流量，而排气节流阀只能安装在排气口处，调节排入大气的流量。以此来调节执行机构的运动速度。图6-56所示为排气节流阀的工作原理图，气流从 A 口进入阀内，由节流口 1 节流后经消声套 2 排出。因而它不仅能调节执行元件的运动速度，还能起到降低排气噪声的作用。

B　柔性节流阀

图 6-57 所示为柔性节流阀的原理图，依靠阀杆夹紧柔韧的橡胶管而产生节流作用；也可以利用气体压力来代替阀杆压缩橡胶管。柔性节流阀结构简单，动作可靠性高，对污染不敏感，通常工作压力范围为 0.3 ~ 0.63MPa。流量控制阀在使用时，由于气体具有较大压缩性，尤其负载变化较大时对速度调控困难，故使用时应尽量使其接近气缸；尽量减少外界因素（如润滑、泄漏及气缸加工精度）的影响。

图 6-56　排气节流阀

1—节流口；2—消声套

图 6-57　柔性节流阀

1—上阀杆；2—橡胶管；3—下阀杆

还应当指出的是，用流量控制阀控制气动执行元件的运动速度，其精度远不如液压控制高。特别是在超低速控制中，要按照预定行程变化来控制速度，只用气动是很难实现的。在外部负载变化较大时，仅用气动流量阀也不会得到满意的调速效果。为提高其运动平稳性，建议采用气液联动的方式。

6.1.4.4　气动逻辑元件

气动逻辑元件是用压缩空气为工作介质，通过元件的可动部件在气控信号作用下动作，改变气流方向以实现一定逻辑功能的气体控制元件。实际上气动方向控制阀也具有逻辑元件的各种功能，所不同的是它的输出功率较大，尺寸大。而气动逻辑元件的尺寸较小，因此在气动控制系统中广泛采用各种形式的气动逻辑元件（逻辑阀）。

A　气动逻辑元件的分类

气动逻辑元件的种类很多，一般可按下列方式来分类：

（1）按工作压力来分。可分为高压元件（工作压力为 0.2 ~ 0.8MPa）、低压元件（工作压力 0.02 ~ 0.2MPa）及微压元件（工作压力 0.02MPa 以下）三种。

（2）按逻辑功能分。可分为"是门"（$S = A$）元件、"或门"（$S = A + B$）元件、"与门"（$S = A \cdot B$）元件，"非门"（$S = \overline{A}$）元件和双稳元件等。

（3）按结构形式分。可分为截止式逻辑元件、膜片式逻辑元件和滑阀式逻辑元件等。

B　高压截止式逻辑元件

高压截止式逻辑元件是依靠控制气压信号推动阀芯或通过膜片的变形推动阀芯动作，改变气流的流动方向以实现一定逻辑功能的逻辑元件。这类元件的特点是行程小、流量大、工作压力高、对气源净化要求低，便于实现集成安装和实现集中控制，其拆卸也很方便。

a 或门

截止式逻辑元件中的或门，大多由硬芯膜片及阀体所构成，膜片可水平安装，也可垂直安装。图6-58 所示为或门元件的工作原理图，图中 A、B 为信号输入孔，S 为输出孔。当只有 A 有信号输入时，阀芯 a 在信号气压作用下向下移动，封住信号孔 B，气流经 S 输出；当只有 B 有输入信号时，阀芯口在此信号作用下上移。封住 A 信号孔通道，S 也有输出；当 A、B 均有输入信号时，阀芯口在两

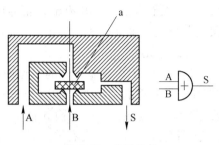

图 6-58 或门元件

个信号作用下或上移、或下移、或保持在中位，S 均会有输出。也就是说，或有 A，或有 B，或者 A、B 二者都有，均有输出 S，也就是 $S = A + B$。

b 是门和与门元件

图 6-59 所示为是门和与门元件的工作原理图，图中 A 为信号输入孔，S 为信号输出孔中间孔接气源 P 时为是门元件。也就是说，在 A 输入孔无信号时，阀芯 2 在弹簧及气源压力 p 作用下处于图示位置，封住 P、S 间的通道，使输出孔 S 与排气孔相通，S 无输出。反之，当 A 有输入信号时，膜片 1 在输入信号作用下将阀芯 2 推动下移，封住输出口与排气孔间通道，P 与 S 相通，S 有输出。也就是说，无输入信号时无输出；有输入信号时就有输出。元件的输入和输出信号之间始终保持相同的状态，即 $S = A$。

若将中间孔不接气源而换接另一输入信号 B，则成与门元件，也就是只有当 A、B 同时有输入信号时，S 才有输出。即 $S = A \cdot B$。

c 非门和禁门元件

图 6-60 所示为非门和禁门元件的工作原理图。当元件的输入端 A 没有信号输入时，阀芯 3 在气源压力作用下紧压在上阀座上，输出端 S 有输出信号；反之，当元件的输入端 A 有输入信号时，作用在膜片 2 上的气压力经阀杆使阀芯 3 向下移动，关断气源通路，没有输出。也就是说，当有信号 A 输入时，就没有输出 S；当没有信号 A 输入时，就有输出 S，即 $S = \bar{A}$。显示活塞 1 用以显示有无输出。

图 6-59 是门和与门元件
1—膜片；2—阀芯

图 6-60 非门和禁门元件
1—活塞；2—膜片；3—阀芯

若把中间孔不作气源孔 P，而改作另一输入信号孔 B，该元件即为"禁门"元件。也就是说。当 A、B 均有输入信号时，阀杆及阀芯 3 在 A 输入信号作用下封住 B 孔，S 无输出；在 A 无输入信号而 B 有输入信号时，S 就有输出。A 的输入信号对 B 的输入信号起"禁止"作用。即 $S = \bar{A}$。

　　d　或非元件

图 6-61 所示为或非元件的工作原理图，它是在非门元件的基础上增加两个信号输入端，即具有 A、B、C 三个输入信号。很明显，当所有的输入端都没有输入信号时，元件有输出 S，只要三个输入端中有一个有输入信号，元件就没有输出 S，即 $S = A + B + C$。或非元件是一种多功能逻辑元件，用这种元件可以实现是门、或门、与门、非门及记忆等。

　　e　双稳元件

双稳元件属记忆元件，在逻辑回路中起

图 6-61　或非元件

着重要的作用。图 6-62 所示为双稳元件的工作原理图。当 A 有输入信号时，阀芯 a 被推向图中所示的右端位置，气源的压缩空气便由 P 通至 S1 输出，而 S2 与排气口相通，此时"双稳"处于"1"状态；在控制端 B 的输入信号到来之前，A 的信号虽然消失，但阀芯 a 仍保持在右端位置，S1 总是有输出；当 B 有输入信号时，阀芯 a 被推向左端，此时压缩空气由 P 至 S2 输出，而 S1 与排气孔相通，于是"双稳"处于"0"状态，在 B 信号消失后，A 信号输入之前，阀芯 a 仍处于左端位置，S2 总有输出。所以该元件具有记忆功能。即 $S1 = K_A^B, S2 = K_A^B$。但是，在使用中不能在双稳元件的两个输入端同时加输入信号，否则元件将处于不定工作状态。

图 6-62　双稳元件

　　C　高压膜片式逻辑元件

高压膜片元件是利用膜片式阀芯的变形来实现各种逻辑功能的。它的最基本的单元是三门元件和四门元件。

　　a　三门元件

三门元件的工作原理如图 6-63 所示，膜片将左右两个气室隔开，膜片左边有输入口 A 和输出口 B，膜片右边有一个控制口 C。因为元件共有三个口，所以称为三门元件。在图

6-63 中，A 口接气源的输入，B 口为输出口，C 口接控制信号。若 A 口和 C 口输入相等的压力，由于膜片两边作用面积不同，受力不等，A 口通往 B 口的通道被封闭。当 C 口的信号消失后，膜片在 A 口气源压力作用下变形，使 A 到 B 的气路接通。但在 B 口接负载时，气路的关断必须是在 B 口降压或 C 口升压的情况下才能保证可靠地关断。利用这个压力差作用的原理，关闭或开启元件的通道，可组成各种逻辑元件。

b 四门元件

四门元件的工作原理如图 6-64 所示，膜片将元件分成左右两个对称的气室，膜片左边有输入口 A 和输出口 B，膜片右边有输入口 C 和输出口 D。因为共有四个口，所以称之为四门元件。四门元件是一个压力竞争元件。若输入口 A 的气压比输入口 C 的气压低，则膜片封闭 B 的通道，使 A 和 B 气路断开，C 和 D 气路接通。反之，C 到 D 通路断开，A 到 B 气路接通。也就是说膜片两侧都有压力且压力不相等时，压力小的一侧通道被断开，压力高的一侧通道被导通；若膜片两侧气压相等，则要看那一通道的气流先到达气室，先到者通过，迟到者不能通过。

根据上述三门和四门这两个基本元件，就可构成逻辑回路中常用的或门、与门、非门、记忆元件等。

图 6-63　三门元件　　　　　　　　　　图 6-64　四门元件

D 逻辑元件的选用

气动逻辑控制系统中，所用气源必须保障逻辑元件正常工作，所提高的气压必须满足压力的变化范围和输出端切换时所需的切换压力，且逻辑元件的输出流量和响应时间等在设计系统时可根据系统要求参照有关资料选取。在选用时应注意以下几点：

（1）无论采用截止式或膜片式高压逻辑元件，都要尽量将元件集中布置，以便于集中管理。

（2）由于信号的传输有一定的延时，信号的发出点（例如行程开关）与接收点（例如元件）之间，不能相距太远。一般说来，最好不要超过几十米。

（3）当逻辑元件要相互串联时，一定要有足够的流量，否则可能无力推动下一级元件。

（4）尽管高压逻辑元件对气源过滤要求不高，但最好使用过滤后的气源，不要使用油雾器经雾化的气源进入逻辑元件。

6.1.4.5　气动比例阀及气动伺服阀

随着工业自动化的发展，气动比例阀及气动伺服阀得到了广泛的应用。

A　气动比例阀

气动比例阀是一种输出量与输入信号成比例的气动控制阀，它可以按给定的输入信号连续地、按比例地控制气流的压力、流量和方向等。由于比例阀具有压力补偿的性能，所以其输出压力、流量等可不受负载变化的影响。

按控制信号的类型，可将气动比例阀分为气控比例阀和电控比例阀。气控比例阀以气流作为控制信号，控制阀的输出参量。可以实现流量放大，在实际系统中应用时，一般应与电-气转换器相结合，才能对各种气动执行机构进行压力控制。电控比例阀则以电信号作为控制信号。

a　气控比例压力阀

图 6-65 所示为比例压力阀的结构原理图。气控比例压力阀是一种比例元件，阀的输出压力 p_2 与信号压力 p_1 成比例，当有输入信号压力 p_1 时，膜片 1 变形，推动膜片 2 使主阀芯 3 向下运动，打开主阀口，气源压力经过主阀芯节流后形成输出压力 p_2。膜片 2 起反馈作用，并使输出压力信号与信号压力之间保持比例。当输出压力 p_2 小于信号压力 p_1 时，膜片组向下运动，使主阀口开大，输出压力 p_2 增大。当 p_2 大于 p_1 时，膜片 2 向上运动，溢流阀芯开启，多余的气体排至大气。调节针阀的作用是使输出压力的一部分加到信号压力腔，形成正反馈，增加阀的工作稳定性。

图 6-65　气控比例压力工作原理
1—信号压力膜片；2—输出压力膜片；3—主阀芯；
4—调节针阀；5—溢流阀芯；6—弹簧

b　电控比例压力阀

图 6-66 所示为喷嘴挡板式电控比例压力阀。它由动圈式比例电磁铁、喷嘴挡板放大器、气控比例压力阀三部分组成。比例电磁铁由永久磁铁 1、线圈 2 和片簧 7 构成。当电流输入时，线圈 2 带动挡板 3 产生微量位移，改变其与喷嘴 4 之间的距离，使喷嘴 4 的背压 p_1 改变。膜片组 10 为比例压力阀的信号膜片及输出压力反馈膜片。背压 p_1 的变化通过膜片 10 控制阀芯 11 的位置，从而控制输出压力 p_2。喷嘴 4 的压缩空气由气源 p_S 经节流阀 5 供给。

B　气动伺服阀

气动伺服阀的工作原理类似于气动比例阀，它也是通过改变输入信号来对输出的参数进行连续的、成比例的控制。

图 6-66　电控比例压力阀原理

1—永久磁铁；2—线圈；3—挡板；4—喷嘴；5—节流阀；6—溢流口；
7—片簧；8—过滤片；9—插头；10—膜片组；11—阀芯

　　气动伺服阀的控制信号均为电信号，故又称电-气伺服阀。这是一种将电信号转换成气压信号的电气转换装置，是电-气伺服系统中的核心部件。图 6-67 为力反馈式电-气伺服阀结构原理图。其中第一级气压放大器为喷嘴挡板阀，由力矩马达控制，第二级气压放大器为滑阀，阀芯位移通过反馈杆转换成机械力矩反馈到力矩马达上。其工作原理为：当有一电流输入力矩马达控制线圈时，力矩马达产生电磁力矩，使挡板偏离中位（假设其向左偏转），反馈杆变形。这时两个喷嘴挡板阀的喷嘴前腔产生压力差（左腔高于右腔），在此压力差的作用下，滑阀向右移动，反馈杆端点随着一起移动，反馈杆进一步变形，反馈杆变形产生的力矩与力矩马达的电磁力矩相平衡，使挡板停留在某个与控制电流相对应的偏转角上。反馈杆的进一步变形使挡板被部分拉回中位，反馈杆端点对阀芯的反作用力与阀芯两端的气动力相平衡，使阀芯停留在与控制电流相对应的位移上。这样，伺服阀就输出一个对应的流量，达到了用电

图 6-67　电-气伺服阀工作原理

1—永久磁铁；2—导磁体；3—支撑弹簧；
4—线圈；5—挡板；6—喷嘴；7—反馈杆；
8—阻尼气室；9—滤气器；
10—固定节流孔；11—补偿弹簧

流控制流量的目的。

6.1.5 气动基本回路

气压传动系统的形式很多，由不同功能的基本回路组成的。气压传动基本回路是由有关气动元件组成，完成某种特定功能的气动回路。熟悉常用的基本回路是分析气压传动系统的必要基础。

6.1.5.1 方向控制回路

方向控制回路通过换向阀得电、失电使气缸改变运动方向的换向回路。常用的有单作用气缸换向回路、双作用气缸换向回路。

（1）单作用气缸换向回路。如图 6-68 所示回路采用二位三通手动换向阀控制单作用气缸换向。当按下按钮 1V1，手动换向阀换至左位后，气缸左腔进气，活塞克服弹簧力和负载力右行。当放开按钮 1V1 时，活塞在复位弹簧力作用下退回，缸内压缩空气由 2 口流向 3 口排放。

（2）双作用气缸换向回路。控制双作用气缸的前进、后退可以采用二位四通阀，如图 6-69（a）所示，或采用二位五通阀，如图 6-69（b）所示。按下按钮，压缩空气从 1 口流向 4 口，同时 2 口流向 3 口排气，活塞杆伸出。放开按钮，阀内弹簧复位，压缩空气由 1 口流向 2 口，同时 4 口流向 3 口或 5 口排放，气缸活塞杆缩回。

图 6-68　单作用气缸控制回路

图 6-69　双作用气缸控制回路
（a）采用二位四通阀；（b）采用二位五通阀

（3）利用梭阀的方向控制回路。如图 6-70 所示为利用梭阀的控制回路，当按下 1S1 按钮时，左边二位三通阀处于左位，压缩空气经梭阀 1V1 出口进入气缸左腔；松开按钮 1S1、气缸在弹簧力作用下复位，空气经梭阀、二位三通阀排出；同理，当按下或松开 1S2 按钮时，可按上述方法进气、回气。在该回路中回路中的梭阀相当于实现"或"门逻辑功能的阀。在气动控制系统中，有时需要在不同地点操作单作用缸或实施手动/自动并用操作回路。

（4）利用双压阀的方向控制回路。如图 6-71 所示为利用双压阀的控制回路。在该回路中，同时按下 1S1、1S2 按钮，两个二位三通阀处于左位，压缩空气经双压阀 1V1 出口进入气缸左腔；松开按钮 1S1、1S2 ，气缸在弹簧力作用下复位，空气经双压阀、二位三通阀排出。在该回路中，需要两个二位三通阀同时动作才能使单作用气缸前进，实现"与"门逻辑控制。

图 6-70　利用梭阀控制回路　　　　　　图 6-71　利用双压阀控制回路

6.1.5.2　压力控制回路

（1）压力控制的单往复回路。如图 6-72 所示为利用顺序阀的压力控制的单往复回路。按下按钮阀 1S1，主控阀 1V1 换向，活塞前进，当活塞腔气压达到顺序阀的调定压力时，打开顺序阀 1V2，使主阀 1V1 换向，气缸后退，完成一次循环。但应注意：活塞的后退取决于顺序阀的调定压力，如活塞在前进途中碰到负荷也会产生后退动作，也无法保证活塞一定能够到达端点。此类控制只能用在无重大安全要求的场合。

（2）带行程检测的压力控制回路。如图 6-73 所示为带行程检测的压力控制回路。按下按钮阀 1S1，主控阀 1V1 换向，活塞前进，当活塞杆碰到行程阀 1S2 时，若活塞腔气压达到顺序阀的调定压力，则打开顺序阀 1V2，压缩空气经过顺序阀 1V2、行程阀 1S2 使主阀 1V1 复位，活塞后退。这种控制回路可以保证活塞到达行程终点，且只有当活塞腔压力达到预定压力值时，活塞才后退。

图 6-72　利用顺序阀的压力控制往复回路　　　图 6-73 利用顺序阀和限位开关的往复控制回路

6.1.5.3　速度控制回路

（1）单作用气缸的速度控制回路。如图 6-74 所示为利用单向节流阀控制单作用气缸活塞速度的回路。单作用气缸前进速度的控制只能用入口节流方式，如图 6-74（a）所示。单作用气缸后退速度的控制只能用出口节流方式，如图 6-74（b）所示。如果单作用气缸前进及后退速度都需要控制，则可以同时采用两个节流阀控制，回路如图 6-74（c）所示。活塞前进时由节流阀 1V1 控制速度，活塞后退时由节流阀 1V2 控制速度。

图 6-74　单作用缸的速度控制

（a）活塞伸出速度控制；（b）活塞缩回速度控制；（c）双向速度控制

（2）双作用气缸的速度控制回路。如图 6-75 所示为双作用气缸的速度控制回路。如图 6-75（a）所示的使用二位四通阀的回路，必须采用单向节流阀实现速度控制。一般将带有旋转接头的单向节流阀直接拧在气缸的气口上来实现排气节流，安装使用方便。如图 6-75（b）所示，在二位五通阀的排气口上安装了排气消声节流阀，以调节节流阀开口度，实现气缸背压的排气控制，完成气缸往复速度的调节。使用图 6-75（b）所示的速度控制方法时应注意：换向阀的排气口必须有安装排气消声节流阀的螺纹口，否则不能选用。图 6-75（c）所示是用单向节流阀来实现进气节流的速度控制。

图 6-75　双作用缸的速度控制回路

6.1.6　气压传动系统

气压传动技术是实现工业生产自动化、半自动化的方式之一，其应用十分广泛。本节主要介绍气动控制机械手和数控加工中心气压换刀系统。一般说来，构成机械设备中的气压传动部分统称为气压传动系统。若机械设备的工作主体是用气压来传动时，则它被称为气压设备。阅读和分析气压传动系统图的大致步骤和方法如下：

（1）了解设备的用途及对气压传动系统的要求。

（2）初步浏览各执行元件的工作循环过程，所含元件的类型、规格、性能、功用和各元件之间的关系。

（3）读懂气压传动系统图，对系统图中的子系统对其分析，清楚其中包含哪些基本回路，然后针对各元件的动作要求，参照动作顺序表读懂子系统。

（4）根据气压传动系统中各执行元件的互锁、同步和防干扰等要求，分析各子系统之间的联系，并进一步读懂在系统中是如何实现这些要求的。

（5）在全面读懂回路的基础上，归纳、总结整个系统有哪些特点，以便加深对系统的理解。阅读分析系统图的能力只有在实践中多学习、多读、多看和多练的基础上才能提高。

6.1.6.1　气动控制机械手

A　概述

机械手是自动化生产设备和生产线上的重要装置之一，它可以根据自动化设备的工作需要，模拟人手的部分动作，按照预先设计的控制程序动作。因此，在机械加工、冲压、锻造、铸造、装配和热处理等生产过程中被广泛用来搬运工件，以减轻工人的劳动强度；也可实现自动取料、上料、卸料和自动换刀的功能，气动机械手是机械手的一种，它具有结构简单质量轻动作迅速平稳可靠和节能等优点。

B　气动机械手结构原理

图 6-76 所示是一种电子元件生产线多功能气动机械手的结构示意图（手指部分分为真空吸头，可以不安装 A 部分）。从图中可以看出该系统由四个气缸组成，可在三个坐标内运动。图中 A 为夹紧缸，其活塞退回时夹紧工件，活塞伸出时松开工件。B 为长臂伸缩缸，可实现伸出和缩回动作。C 为立柱升降缸。D 为立柱回转缸，该气缸有两个活塞，分别装在带齿条的活塞杆两头，齿条的往复运动带动立柱上的齿轮旋转，从而实现立柱及长臂的回转。

图 6-77 所示是一种通用机械手气

图 6-76　气动机械手结构示意图

A—夹紧缸；B—长臂伸缩缸；C—立柱升降缸；D—立柱回转缸

动系统工作原理图（不安装 A 部分），要求工作循环为：立柱（垂直）缸上升→长臂缸（水平缸）伸出→回转机构缸置位→回转机构缸复位→长臂缸（水平缸）退回→立柱（垂直）缸下降。

图 6-77　气动机械手系统原理图

a_0，a_1，b_0，b_1，c_0，c_1—磁接近开关或行程开关

由上述工作循环，机械手气动系统工作原理如下：

立柱（垂直）缸上升。按下启动按钮，4YA 通电，电磁换向阀 2 处右位。其进气路为气源装置→油雾器→换向阀 2→立柱（垂直）缸下腔，立柱（垂直）缸上升为碰到行程开关 a_1 时，4YA 断电而停止；回气路为立柱（垂直）缸上腔→单向节流阀 2 节流口→大气。

长臂缸（水平缸）伸出。立柱（垂直）缸碰到行程开关 a_1 时，发出信号 4YA 断电、5YA 通电。此时进气路是气源装置→油雾器→电磁换向阀 3 左位→长臂缸（水平缸）左腔，长臂缸（水平缸）右伸出碰到行程开关 b_1 时，5YA 断电而停止，真空吸头吸取工件；回气路为长臂缸（水平缸）左腔→单向节流阀 3 节流口→电磁换向阀 2→大气。

回转机构缸置位。当长臂缸（水平缸）右伸出到预定位置碰到行程开关 b_1 时，5YA 断电 1YA 通电。其进气路为气源装置→油雾器→电磁换向阀 1 左位→单向阀→回转机构缸左腔；回气路为回转机构缸右腔→单向节流阀 1 节流口→换向阀 1 左位→大气。

当齿条的活塞杆到到位时，真空吸头工件下料工作，碰到行程开关 c_1 时，使 1YA 断电、2YA 通电，回转机构缸停止向反方向复位。

回转机构缸复位→长臂缸（水平缸）退回→立柱（垂直）缸下降→原位停止，其动作顺序由挡块碰到行程开关控制电磁换向阀来完成，其气路和上述相反。立柱（垂直）缸下降原位时，缸碰到行程开关 a_0，使 3YA 断电而结束整个工作循环。如在按下启动按钮，

又将按上述工作循环。该机械手电磁铁动作顺序见表6-2。

表 6-2　电磁铁动作顺序表

动作顺序	电磁铁						讯号
	1YA	2YA	3YA	4YA	5YA	6YA	
立柱（垂直）缸上升	−	−	−	+	−	−	按　钮
长臂缸（水平缸）伸出	−	−	−	−	+	−	行程开关 a_1
回转机构缸置位	+	−	−	−	−	−	行程开关 b_1
回转机构缸复位	−	+	−	−	−	−	行程开关 c_1
长臂缸（水平缸）退回	−	−	−	−	−	+	行程开关 c_0
立柱（垂直）缸下降	−	−	+	−	−	−	行程开关 b_0
原位停止							行程开关 a_0

C　系统特点

本系统采用行程控制式多缸顺序动作，并由电磁换向阀换向。

本系统采用单向节流阀调节与控制各气缸工作速度，在生产线上，广泛采用动作速度控制。

6.1.6.2　数控加工中心气动换刀系统

A　概述

数控加工中心气动换刀系统，加工中心由 CNC 控制，可在一次装夹中完成多种加工工序的机、电、液、气一体化高效自动化机床，气动技术在加工中心中用于刀库、机械手自动进行刀具交换及选择，主轴松夹刀具装置等动作。

B　气动系统工作原理

图 6-78 所示为某数控加工中心气动换刀系统原理，该系统在换刀过程中实现主轴定位、主轴松刀、拔刀、向主轴锥孔吹气和插刀动作。该系统的电磁铁动作顺序见表6-3。

图 6-78　数控加工中心气动换刀系统原理图

1—气动三联件；2—二位二通电磁换向阀；3，5，10，11—单向节流阀；4—二位三通电磁换向阀；

6—二位五通电磁换向阀；7，8—快速排气阀；9—三位五通电磁换向阀；

A—定位气缸；B—刀具松夹气缸；C—刀具插拔气缸

其工作原理为：当数控系统发出换刀指令时，主轴停止旋转，同时 4YA 通电，压缩空气经气动三联件 1→换向阀 4→单向节流阀 5→主轴定位缸 A 的右腔→缸 A 活塞左移，使主轴自动定位。定位后压下无触点开关，使 6YA 通电，压缩空气经换向阀 6→快速排气阀 8→气压增压缸 B 的上腔→增压缸的高压油使活塞伸出，实现主轴松刀，同时使 8YA 通电，压缩空气经换向阀 9→单向节流阀 11→缸 C 的上腔，缸 C 下腔排气，活塞下移实现拔刀。由回转刀库交换刀具，同时 1YA 通电，压缩空气经换向阀 2→单向节流阀 3 向主轴锥孔吹气。稍后 1YA 断电，2YA 通电，停止吹气。8YA 断电、7YA 通电，压缩空气经换向阀 9→单向节流阀 10→缸 C 下腔→活塞上移，实现插刀动作。6YA 断电、5YA 通电，压缩空气经换向阀 6→气液增压缸 B 的下腔→活塞返回，主轴的机械机构使刀具夹紧。4YA 断电，3YA 通电，缸 A 的活塞在弹簧力作用下复位，恢复到开始状态，换刀结束。

表 6-3　电磁铁动作顺序表

动作顺序	电磁铁							
	1YA	2YA	3YA	4YA	5YA	6YA	7YA	8YA
主轴定位	-	-	-	+	-	-	-	-
主轴松刀	-	-	-	+	-	+	-	-
拔刀	-	-	-	+	-	+	-	+
主轴锥孔吹气	+	-	-	+	-	+	-	+
吹气停止	-	+	-	+	-	+	-	+
插刀	-	-	-	+	-	+	+	-
刀具夹紧	-	-	-	+	+	-	-	-
主轴复位	-	-	+	-	-	-	-	-

C　系统特点

（1）本系统全部采用电磁换向阀的换向回路，有利于数控系统的控制。

（2）各换向阀排气口均安装消声器，以减少噪声。

（3）刀具松夹气缸采用气液增压结构，运动平稳。

（4）吹气、定位刀具插拔机构均采用单向节流阀调节流量或速度，结构简单，操纵方便。

任务6.2　气压回路安装调试及故障排除

下面以双作用气缸的速度控制回路安装调试为例进行介绍。

（1）任务实施目的：

1）通过气管的连接、安装、掌握元件原理技能。

2）通过实验掌握与连接控制气路回路。

（2）实验器材：

YL-102-1 型 PLC 控制的气动实训台 1 台，三联件 1 个，双作用气缸 1 个，双气控二位

五通阀 1 个，按钮阀常闭式 2 个，减压阀 1
个，单向节流阀 2 个，气管若干。

（3）任务实施步骤：

图 6-79 中装了两只单向节流阀，目的
是对活塞向两个方向运动时的排气进行节
流，而气流是通过单向节流阀里的单向阀
供给活塞，所以供气时没有节流作用，按
下按钮阀 1 调节单向节流阀 3 的大小，越
大，活塞杆伸出的速度越快；越小，活塞
杆伸出的速度越慢。按下按钮阀 2 调节单
向节流阀 4 的大小，越大，活塞杆缩回的
速度越快；反之，调节越小，活塞杆缩回
的速度越慢。松开按钮阀，压缩空气从按
钮阀 R 口排放。

图 6-79   双作用气缸的速度控制原理图

思考与练习

6-1　什么是气压传动，气压传动系统由哪几部分组成？

6-2　气压传动系统有哪些优点和缺点？

6-3　气源装置包括哪些设备，各部分的作用是什么？

6-4　什么是"气动三大件"，每个元件起什么作用？

6-5　气缸有哪些类型，各有何特点？

6-6　单杆双作用气缸内径 $D = 125\text{mm}$，活塞杆直径 $d = 36\text{mm}$，工作压力 $p = 0.5\text{MPa}$，气缸机械效率为
　　0.9，求该气缸的前进和后退时的输出力各为多少？

6-7　方向控制阀的主要作用是什么，按操纵方式分为哪几种？

6-8　减压阀、顺序阀、安全阀这三种压力阀的图形符号有什么区别，它们各有什么用途？

6-9　用一个二位三通阀能否控制双作用气缸的换向？若用两个二位三通阀控制双作用气缸，能否实现气
　　缸的启动和停止？

6-10　简述气压调压阀与液压调压阀的相同和不同之处。

6-11　分别用气动换向阀和气动逻辑元件实现"与非"逻辑功能。

6-12　速度控制回路的作用是什么，常用的有哪些？

附　　录

附录1　液压实验报告（样表）

实验名称	
实验目的	
实验工具及材料	
实验要求	
实验步骤	
实验报告内容	

附录2 常用液压与气动元件图形符号
（GB/T 786.1—1993）

附表1 基本符号、管路及连接

名　称	符　号	名　称	符　号
工作管路	——————	管端连接于油箱底部	
控制管路	- - - - - - -	密闭式油箱	
连接管路		直接排气	
交叉管路		带连接排气	
柔性管路		带单向阀快换接头	
组合元件线	——————	不带单向阀快换接头	
管口在液面以上的油箱		单通路旋转接头	
管口在液面以下的油箱		三通路旋转接头	

附表 2   机构和控制方法控制

名　称	符　号	名　称	符　号
按钮式人力控制		单向滚轮式机械控制	
手柄式人力控制		单作用电磁控制	
踏板式人力控制		双作用电磁控制	
顶杆式机械控制		电动机旋转控制	
弹簧控制		加压或泄压控制	
滚轮式机械控制		内部压力控制	
外部压力控制		电液先导控制	
气压先导控制		电气先导控制	
液压先导控制		液压先导泄压控制	
液压二级先导控制		电反馈控制	
气液先导控制		差动控制	

附表 3　泵、马达和缸

名　称	符　号	名　称	符　号
单向定量液压泵		定量液压泵、马达	
双向定量液压泵		变量液压泵、马达	
单向变量液压泵		液压整体式传动装置	
双向变量液压泵		摆动马达	
单向定量马达		单作用弹簧复位缸	
双向定量马达		单作用伸缩缸	
单向变量马达		双作用单活塞杆缸	
双向变量马达		双作用双活塞杆缸	
单向缓冲缸		双作用伸缩缸	
双向缓冲缸		增压器	

附表4 控制元件

名 称	符 号	名 称	符 号
直动型溢流阀		可调节流阀	
先导型溢流阀		溢流减压阀	
先导型比例 电磁溢流阀		先导型比例 电磁式溢流阀	
卸荷溢流阀		定比减压阀	
双向溢流阀		定差减压阀	
直动型减压阀		直动型顺序阀	
先导型减压阀		先导型顺序阀	
直动型卸荷阀		单向顺序阀（平衡阀）	
制动阀		集流阀	
不可调节流阀		分流集流阀	

续附表 4

名　　称	符　　号	名　　称	符　　号
液控单向阀		单向阀	
可调单向节流阀		液压锁	
减速阀		或门型梭阀	
带消声器的节流阀		与门型梭阀	
调速阀		快速排气阀	
温度补偿调速阀		二位二通换向阀	
旁通型调速阀		二位三通换向阀	
单向调速阀		二位四通换向阀	
分流阀		二位五通换向阀	
三位四通换向阀		四通电液伺服阀	
三位五通换向阀			

附表5 辅助元件

名 称	符 号	名 称	符 号
过滤器		气罐	
磁芯过滤器		压力计	
污染指示过滤器		液面计	
分水排水器		温度计	
空气过滤器		流量计	
除油器		压力继电器	
空气干燥器		消声器	
油雾器		液压源	
气源调节装置		气压源	
冷却器		电动机	
加热器		原动机	
蓄能器		气-液转换器	

参 考 文 献

[1] 胡运林，蒋祖信．液压气动技术与实践［M］．北京：冶金工业出版社，2013.

[2] 袁晓东．液压与气压传动［M］．成都：西南交通大学出版社，2008.

[3] 雷天觉．新编液压工程手册［M］．北京：北京理工大学出版社，1998.

[4] 林建亚，何存兴．液压元件［M］．北京：机械工业出版社，2009.

[5] 杨文生．液压与气压传动［M］．北京：电子工业出版社，2007.

[6] 张林．液压与气压传动技术［M］．北京：人民邮电出版社，2008.

[7] 关肇勋，黄奕．实用液压技术［M］．上海：上海科学技术文献出版社，2002.

[8] 路甬祥．液压气动技术手册［M］．北京：机械工业出版社，2002.

[9] 韩学军，宋锦春，陈立新．液压与气压传动实验教程［M］．北京：冶金工业出版社，2008.

[10] 刘震北．液压元件制造工艺学［M］．哈尔滨：哈尔滨工业大学出版社，2002.

[11] 赵世友．液压与气压传动［M］．北京：北京大学出版社，2007.

[12] 胡世超．液压与气动技术［M］．郑州：郑州大学出版社，2008.

冶金工业出版社部分图书推荐

书　名	作者	定价(元)
现代企业管理(第2版)(高职高专教材)	李　鹰	42.00
Pro/Engineer Wildfire 4.0(中文版)钣金设计与焊接设计教程(高职高专教材)	王新江	40.00
Pro/Engineer Wildfire 4.0(中文版)钣金设计与焊接设计教程实训指导(高职高专教材)	王新江	25.00
应用心理学基础(高职高专教材)	许丽遐	40.00
建筑力学(高职高专教材)	王　铁	38.00
建筑CAD(高职高专教材)	田春德	28.00
冶金生产计算机控制(高职高专教材)	郭爱民	30.00
冶金过程检测与控制(第3版)(高职高专教材)	郭爱民	48.00
天车工培训教程(高职高专教材)	时彦林	33.00
机械制图(高职高专教材)	阎　霞	30.00
机械制图习题集(高职高专教材)	阎　霞	28.00
冶金通用机械与冶炼设备(第2版)(高职高专教材)	王庆春	56.00
矿山提升与运输(第2版)(高职高专教材)	陈国山	39.00
高职院校学生职业安全教育(高职高专教材)	邹红艳	22.00
煤矿安全监测监控技术实训指导(高职高专教材)	姚向荣	22.00
冶金企业安全生产与环境保护(高职高专教材)	贾继华	29.00
液压气动技术与实践(高职高专教材)	胡运林	39.00
数控技术与应用(高职高专教材)	胡运林	32.00
洁净煤技术(高职高专教材)	李桂芬	30.00
单片机及其控制技术(高职高专教材)	吴　南	35.00
焊接技能实训(高职高专教材)	任晓光	39.00
心理健康教育(中职教材)	郭兴民	22.00
起重与运输机械(高等学校教材)	纪　宏	35.00
控制工程基础(高等学校教材)	王晓梅	24.00
固体废物处置与处理(本科教材)	王　黎	34.00
环境工程学(本科教材)	罗　琳	39.00
机械优化设计方法(第4版)	陈立周	42.00
自动检测和过程控制(第4版)(本科国规教材)	刘玉长	50.00
金属材料工程认识实习指导书(本科教材)	张景进	15.00
电工与电子技术(第2版)(本科教材)	荣西林	49.00
计算机网络实验教程(本科教材)	白　淳	26.00
FORGE塑性成型有限元模拟教程(本科教材)	黄东男	32.00